Wärmeplanung und Heizungstausch

Wolf Probst

Wärmeplanung und Heizungstausch

Darauf müssen Immobilieneigentümer und Vermieter achten

1. Auflage

Haufe

Bibliografische Information der Deutschen Nationalbibliothek

Die Deutsche Nationalbibliothek verzeichnet diese Publikation in der Deutschen Nationalbibliografie; detaillierte bibliografische Daten sind im Internet über http://dnb.dnb.de/ abrufbar.

Print:	ISBN 978-3-648-17857-7	Bestell-Nr. 16115-0001
ePub:	ISBN 978-3-648-17865-2	Bestell-Nr. 16115-0100
ePDF:	ISBN 978-3-648-17872-0	Bestell-Nr. 16115-0150

Wolf Probst
Wärmeplanung und Heizungstausch
1. Auflage, Juni 2025

Munzinger Str. 9, 79111 Freiburg
www.haufe.de | info@haufe.de

Bildnachweis (Cover): Stoffers Grafik-Design, Leipzig, KI-generiert mit Midjourney

Produktmanagement: Jasmin Jallad
Lektorat: Maria Ronniger, Text + Design Jutta Cram

Inhaltsverzeichnis

Vorwort

»Die Zukunft hängt davon ab, was wir heute tun.«
Mahatma Gandhi

Einer der Momente, die mir als Energieberater besonders in Erinnerung geblieben sind, war ein Termin bei einem älteren Ehepaar. Sie hatten sich nach Jahrzehnten harter Arbeit endlich ihren Traum erfüllt: eine Eigentumswohnung in einem Mehrfamilienhaus, klein, gemütlich und mit viel Liebe zum Detail eingerichtet. Als ich dort eintraf, war ich gespannt, wie ich diesen Menschen, deren Heim plötzlich durch die immer weiter steigenden Energiepreise belastet wurde, helfen könnte. Der Mann empfing mich mit einem warmen Lächeln, das jedoch die tiefe Sorge in seinen Augen nicht verbergen konnte. Seine Frau, eine ruhige und herzliche Person, bot uns Tee an und nahm Platz. Nach einigen Minuten sagte er leise: »Wir wissen nicht, wie lange wir das noch halten können.« Diese Worte, so einfach und zugleich so erschütternd, brachten mich zum Nachdenken: Hier standen Menschen, die sich über ihr ganzes Leben hinweg ein Zuhause erarbeitet hatten, und nun drohten sie von steigenden Heizkosten überwältigt zu werden.

Die Heizkosten waren mehr als nur Zahlen auf einer Abrechnung. Denn diese Herausforderungen haben Millionen Haushalte in Deutschland jeden Tag. Was vor 30 Jahren noch als bezahlbarer Grundbedarf galt, ist heute zu einer erdrückenden Last geworden. Erinnern Sie sich an das Jahr 1998, als Haushalte durchschnittlich rund 17 Cent pro Kilowattstunde zahlten? Bis 2021 stiegen diese Preise auf über 27 Cent, und 2023 erreichte der Strompreis mit 44 Cent einen historischen Höchststand. Eine Verdopplung in nur wenigen Jahren, die nicht nur den Geldbeutel belastet, sondern auch die Lebensqualität vieler Menschen beeinträchtigt.

Die Gründe für diesen drastischen Anstieg sind vielschichtig. Geopolitische Krisen, wie der Ukraine-Krieg, haben die Gaspreise in die Höhe getrieben und damit unmittelbar auch die Strompreise beeinflusst. Deutschland war lange Zeit stark von russischem Erdgas abhängig, und als die Lieferengpässe eintraten, stiegen die Großhandelspreise sprunghaft an. Gleichzeitig wirken staatliche Umlagen, Abgaben und ein schrittweise erhöhter CO_2-Preis als zusätzliche Belastung. Der CO_2-Preis sorgt dafür, dass für jede Tonne freigesetztem CO_2 nun ein Preis gezahlt werden muss – ein Anreiz, auf umweltfreundlichere Technologien umzusteigen, der aber kurzfristig viele Haushalte zusätzlich belastet.

Dennoch liegt gerade in diesen Herausforderungen auch eine enorme Chance. Ich erinnere mich noch gut an die Beratung des Ehepaars, das vor Jahren vor einem ähnlichen Dilemma stand. Gemeinsam führten wir eine umfassende Bestandsaufnahme ihrer Immobilie durch, verbesserten die Dämmung, tauschten alte Fenster aus und setzten letztlich auf eine moderne, effiziente Heizungsanlage. Das Ergebnis war beeindruckend: Ihre Heizkosten sanken um fast die Hälfte, und sie gewannen so nicht nur finanziellen Spielraum, sondern auch ein Stück Lebensqualität zurück. Diese Erfahrung zeigt: Es gibt Wege, den hohen Energiekosten entgegenzuwirken – Wege, die auf fundierten Fakten und individuellen Lösungen basieren.

Die Geschichte des Ehepaars ist repräsentativ für viele Menschen in Deutschland. In den letzten 30 Jahren haben sich die Rahmenbedingungen rasant verändert. Die Liberalisierung des Strommarktes im Jahr 1998 brachte zunächst Hoffnung, doch die Realität entwickelte sich anders. Der stetige Anstieg der Energiepreise, die Unwägbarkeiten der geopolitischen Lage und die zunehmende Belastung durch staatliche Abgaben haben den Energiemarkt tiefgreifend umgestaltet. Gerade der Energiesektor ist heute geprägt von einer Vielzahl von Faktoren, die weit über den reinen Verbrauch hinausgehen. Etwa 70 Prozent der Energie in deutschen Haushalten werden für Raumwärme aufgewendet – und dabei dominiert Gas als wichtiger Energieträger, gefolgt von Öl. Doch erneuerbare Energien wie Solarthermie, Wärmepumpen und Holzpellets gewinnen kontinuierlich an Bedeutung, und auch Fernwärme hat in urbanen Gebieten Einzug gehalten.

Diese Entwicklungen machen deutlich, wie notwendig es ist, sich von fossilen Energieträgern zu lösen und auf nachhaltige, zukunftssichere Technologien zu setzen. Die CO_2-Bepreisung spielt dabei eine zentrale Rolle, denn sie schafft einen ökonomischen Anreiz, umweltfreundlichere Lösungen zu wählen. Wenn Heizöl teurer wird, entscheiden sich mehr Menschen für Wärmepumpen oder bessere Dämmung – Alternativen, die sich langfristig schneller amortisieren. Dabei werden Umweltkosten, wie Klimaschäden oder Gesundheitsbelastungen, endlich sichtbar gemacht und in die Kalkulation einbezogen.

Doch während diese politischen und wirtschaftlichen Rahmenbedingungen noch oft umstritten und in ständiger Diskussion sind, liegt die wahre Kraft in Ihrer eigenen Entscheidung als Eigentümer bzw. Eigentümerin. Sie haben die Freiheit und Verantwortung, den Kurs Ihres Zuhauses selbst zu bestimmen – unabhängig von kurzfristigen politischen Schwankungen. Es geht darum, sich fundiert zu informieren, kompetente Beratung in Anspruch zu nehmen und auf bewährte, moderne Technologien zu setzen. Lassen Sie sich nicht von den lauten Stimmen in der Politik verunsichern, sondern bauen Sie Ihr Fundament auf den unerschütterlichen Fakten auf.

Stellen Sie sich vor, Sie könnten eines Tages ohne die ständige Sorge um hohe Heizkosten in Ihrem Haus leben – einem Haus, das nicht nur energieeffizient, sondern auch klimaneutral ist. Ein Zuhause, das mit modernster Technik ausgestattet ist und dessen Energieversorgung aus erneuerbaren Quellen stammt. Genau diese Vision einer nachhaltigen Zukunft ist es, die den Wandel in der Wärmewende vorantreibt. Sie ist das Ziel, das wir gemeinsam erreichen können – Schritt für Schritt, mit fundierten Entscheidungen und dem Mut, neue Wege zu gehen.

Die Zukunft unserer Wärmeversorgung ist in vielerlei Hinsicht bereits greifbar. Moderne Wärmepumpen, Fernwärmesysteme, Solarthermie und Biomasse-Anlagen sind längst keine Zukunftsmusik mehr, sondern bewährte Lösungen, die Sie in Ihrer Immobilie realisieren können. Ein Vergleich macht das deutlich: Ein unsaniertes Haus mit ca. 145 m^2 der Energieeffizienzklasse H verbraucht über 250 kWh pro Quadratmeter und Jahr – ein Verbrauch, der sich in der beeindruckende Summe von über 36.000 kWh jährlich niederschlägt. Im Gegensatz dazu benötigt ein gut saniertes Gebäude der Klasse B lediglich etwa 9.000 kWh jährlich – ein deutliches Einsparpotenzial von 75 Prozent, das den Unterschied zwischen finanzieller Belastung und nachhaltiger Wirtschaftlichkeit ausmachen kann.

Doch all diese Zahlen und Fakten sind nur der Ausgangspunkt. Es ist Ihre Entscheidung, wie Sie mit diesen Informationen umgehen. Wie das oben genannte Ehepaar haben Sie die Möglichkeit, Ihr Zuhause aktiv zu modernisieren und den Weg in eine nachhaltige Zukunft zu ebnen. Es erfordert Mut, sich von alten, ineffizienten Systemen zu trennen, und es verlangt eine langfristige Planung, die nicht von kurzfristigen politischen Debatten abhängig ist. Sie haben die Macht, den Wandel selbst in die Hand zu nehmen und Ihr Zuhause so zu gestalten, dass es nicht nur heutigen, sondern auch zukünftigen Anforderungen gerecht wird.

Die Wärmewende ist eine gesamtgesellschaftliche Aufgabe, die weit über die Politik hinausgeht. Während Politiker noch darüber streiten, wie und wann gesetzliche Vorgaben umgesetzt werden sollen, liegt die wahre Veränderung in den Händen derjenigen, die täglich in ihren eigenen vier Wänden leben. Es ist Ihre Immobilie, Ihr Rückzugsort, Ihr Vermächtnis – und Sie haben das Recht und die Pflicht, sie für kommende Generationen zukunftssicher zu machen. Jeder Schritt, den Sie jetzt unternehmen, sei es eine energetische Sanierung, der Einbau moderner Heiztechnik oder die Nutzung erneuerbarer Energien, ist ein Beitrag zu einer besseren, nachhaltigeren Zukunft.

Lassen Sie sich von der Vision eines klimaneutralen Deutschlands inspirieren – einem Land, in dem Strom zu 100 Prozent aus erneuerbaren Quellen stammt, in dem Gebäude aus recycelten und nachwachsenden Materialien errichtet werden und in dem innovative Wärmepumpen, Fernwärme und Solarthermie die Wärmeversorgung dominieren. Diese Vision mag ambitioniert klingen, doch sie ist erreichbar, wenn jeder von uns seinen Teil dazu beiträgt. Und genau hier beginnt Ihr persönlicher Beitrag: mit Ihrer Entscheidung, aktiv zu handeln und in die Zukunft Ihrer Immobilie zu investieren.

Wir leben in einer Welt, in der sich die politischen Rahmenbedingungen ständig ändern. Daher liegt die wahre Stabilität in der Eigenverantwortung. Es ist nicht die Politik, die über das Schicksal Ihres Hauses entscheidet – es sind Sie. Sie entscheiden, wie modern, energieeffizient und nachhaltig Ihr Zuhause sein soll. Nutzen Sie die zahlreichen Förderprogramme, holen Sie sich die Unterstützung von erfahrenen Energieberatern, und entwickeln Sie ein individuelles Konzept, das exakt auf die Bedürfnisse Ihres Gebäudes zugeschnitten ist. Ihre Entscheidung, Ihren Wandel aktiv zu gestalten, ist der erste Schritt in eine Zukunft, in der Sie nicht nur finanziell entlastet werden, sondern auch einen bedeutenden Beitrag zum Klimaschutz leisten.

Nehmen Sie diesen Moment als Ihre Chance wahr. Die Herausforderung der steigenden Energiekosten und der notwendigen Wärmewende ist groß, aber sie bietet auch enorme Chancen. Es geht darum, sich nicht von Unsicherheiten lähmen zu lassen, sondern mutig voranzuschreiten – Schritt für Schritt, Entscheidung für Entscheidung. Ihr Engagement, Ihre Investition in moderne Technologien und Ihre Bereitschaft, Verantwortung zu übernehmen, sind der Schlüssel zu einer nachhaltigen, klimaneutralen Zukunft.

Packen Sie es an, lassen Sie sich von den Fakten leiten und gestalten Sie Ihre Zukunft eigenverantwortlich. Ihre Immobilie ist Ihr Zuhause – und mit jeder fundierten Entscheidung, die Sie treffen, bauen Sie nicht nur an deren Werterhalt, sondern auch an einer lebenswerten Zukunft für uns alle. Ihre Zukunft beginnt jetzt – in Ihren Händen liegt die Macht, den Wandel zu schaffen. Gehen Sie voran, seien Sie mutig und zeigen Sie, dass Eigenverantwortung der Motor einer nachhaltigen Wärmewende ist.

Disclaimer: Meinungen und Fakten

»Jeder hat das Recht auf eine eigene Meinung.
Aber die Fakten bleiben unverändert.«

Die politische Debatte um die Wärmewende wirkt oftmals wie ein wankelmütiger Sturm. Doch inmitten all der Meinungen, die in den Medien und bei politischen Entscheidungsträgern kursieren, ist es Ihre persönliche Verantwortung, fundierte Entscheidungen zu treffen. Dabei dürfen Sie nie vergessen: Jeder und jede hat das Recht auf eine eigene Meinung, doch niemand besitzt das Recht auf eigene Fakten. Meine Meinung fließt hier natürlich mit ein: aus den öffentlichen Diskussionen, aus Gesprächen im Bekannten- und Freundeskreis, aus der Presse und auch aus den Wahlversprechen. Doch bilden Sie sich Ihre eigene, und vor allem: Beachten Sie die Fakten.

Wenn Sie in den Spiegel schauen, sehen Sie nicht nur den heutigen Zustand Ihrer Immobilie, sondern auch die Möglichkeit, eine nachhaltige Zukunft zu gestalten. Dann strahlt Ihr saniertes Haus nicht nur in neuem Glanz, sondern ist auch ein Symbol für Eigenverantwortung und Weitsicht.

Manchmal fühlt es sich an, als stünde man auf einem unerschütterlichen Felsen inmitten eines tosenden Meeres aus Meinungen. Die politische Landschaft ist oft unbeständig und von kurzfristigen Versprechen geprägt, doch der Fels – die Fakten – bleibt beständig. Es ist dieser solide Boden, auf dem Sie Ihr persönliches Fundament bauen können. Vertrauen Sie auf das, was sich bewährt hat: die technischen Daten, die Wirtschaftlichkeitsanalysen und die Erfahrungen aus der Praxis. Jede Entscheidung, die Sie treffen, sollte auf diesem unerschütterlichen Fundament beruhen, damit Ihre Investition nicht nur den Herausforderungen von heute, sondern auch den Anforderungen von morgen standhält. Oder Sie machen es einfach aus Ihrer Überzeugung heraus. Faktenbasiert geht allerdings leichter.

Die Zukunft der Wärmeversorgung in Deutschland mag für manche ein fernes, politisches Traumgebilde sein – ein Ziel, das in den Schlagzeilen von 2045, 2035 oder sogar 2026 diskutiert wird. Doch Sie wissen: Es geht nicht um abstrakte Jahreszahlen, sondern um Ihre Immobilie, Ihren Lebensraum und Ihren Beitrag zum Klimaschutz. Und letztendlich um die Bezahlbarkeit Ihrer Wärmeversorgung. Nichts ist so teuer, wie am Alten festzuhalten. Entscheiden Sie sich für bewährte Technologien und nutzen Sie die zahlreichen Fördermöglichkeiten, die Ihnen helfen, den finanziellen Aufwand zu reduzieren.

Es liegt an Ihnen, nicht passiv auf den nächsten politischen Aufschub zu warten, sondern selbst aktiv zu werden. Informieren Sie sich, sprechen Sie mit Experten, lassen Sie sich beraten und planen Sie mit Weitblick. Ihr Haus ist nicht der Spielball politischer Debatten, sondern Ihre eigene Domäne, in der Sie den Wandel vorantreiben können. Nehmen Sie Ihren Mut zusammen und zeigen Sie, dass Eigenverantwortung der Schlüssel zur Transformation ist.

Jeder Schritt, den Sie jetzt gehen, bringt Sie näher an eine Zukunft, in der Ihre Immobilie nicht nur energieeffizient, sondern auch klimaneutral ist – eine Zukunft, die Sie selbst gestalten. Vertrauen Sie auf Ihr Urteilsvermögen, handeln Sie mit Überzeugung und lassen Sie sich von den unerschütterlichen Fakten leiten. Und prüfen Sie die Fakten in diesem Buch bitte gegen. Das gibt Ihnen in Ihren Entscheidungen Sicherheit. Denn Ihre Entscheidungen sind der Motor Ihrer nachhaltigen und lebenswerten Zukunft.

Packen Sie es an – denn Ihre Zukunft beginnt genau jetzt.

1 Klimaschutz und Grundgesetz

»Wir haben die Erde nicht von unseren Eltern geerbt,
wir haben sie von unseren Kindern geliehen.«
Indianische Weisheit

Die verfassungsrechtliche Verankerung des Klimaschutzes hat in den vergangenen Jahren eine bemerkenswerte Entwicklung durchlaufen und bildet heute eine entscheidende Grundlage für die Transformation unserer Wärmeversorgung. Während das Thema Klimaschutz ursprünglich primär als politische Aufgabe verstanden wurde, hat es inzwischen den Rang eines Verfassungswerts erlangt. Diese rechtliche Aufwertung wirkt sich unmittelbar auf die Rahmenbedingungen der Wärmewende aus und schafft neue Handlungsspielräume, aber auch Verpflichtungen für staatliche Akteure, Unternehmen und private Haushalte.

1.1 Wie kam der Klimaschutz ins Grundgesetz?

Die Geschichte des Klimaschutzes im deutschen Grundgesetz beginnt 1994 mit der Aufnahme des Umweltschutzes als Staatsziel in Artikel 20a GG. Diese bewusst weit gefasste Formulierung verpflichtet den Staat, »die natürlichen Lebensgrundlagen und die Tiere« zu schützen, ohne jedoch den Klimaschutz explizit zu erwähnen. In den folgenden Jahrzehnten reifte das Bewusstsein für die Bedrohung durch den Klimawandel, wissenschaftliche Erkenntnisse verdichteten sich, und internationale Abkommen wie das Kyoto-Protokoll und später das Pariser Klimaabkommen entstanden. Die verfassungsrechtliche Dimension des Klimaschutzes blieb dennoch lange Zeit unbestimmt. Deshalb streiken unsere Kinder und Enkelkinder.

Ein Wendepunkt kam mit dem bahnbrechenden Urteil des Bundesverfassungsgerichts vom 24. März 2021. Die Richter in Karlsruhe entschieden über Verfassungsbeschwerden mehrerer junger Menschen, die argumentierten, dass das damalige Klimaschutzgesetz ihre künftigen Freiheitsrechte verletze, weil es die CO_2-Reduktionslasten ungerecht in die Zukunft verschiebe. Das Gericht gab ihnen in wesentlichen Punkten Recht und entwickelte dabei den »intertemporalen Freiheitsschutz« – eine innovative juristische Figur, die besagt, dass heutiges staatliches Handeln oder Unterlassen die Freiheitsrechte künftiger Generationen nicht unverhältnismäßig einschränken darf. Und wir beschäftigen uns meist mit Unterlassen. Ist das fair gegenüber unseren Kindern und Enkelkindern?

Mit diesem Urteil leitete das Bundesverfassungsgericht aus Artikel 20a GG eine konkrete Verpflichtung zum Klimaschutz ab und verband diese mit den Grundrechten.

Der Staat sei verpflichtet, die Erderwärmung auf deutlich unter 2 °C und möglichst auf 1,5 °C gegenüber vorindustriellen Werten zu begrenzen, wie es das Pariser Klimaabkommen vorsieht. 2024 haben wir dann 1,55 °C geschafft. Ein mehr als dürftiges Ergebnis. Das verbleibende CO_2-Budget sei begrenzt, und eine zu starke Verschiebung der Reduktionslasten in die Zukunft würde die Freiheitsrechte künftiger Generationen unverhältnismäßig einschränken.

Diese Entscheidung veränderte die rechtlichen Rahmenbedingungen für die Wärmewende grundlegend. Der Klimaschutz war nun nicht mehr nur eine politische Option unter vielen, sondern ein verfassungsrechtlich gebotenes Ziel, das bei allen staatlichen Entscheidungen berücksichtigt werden muss. Das Urteil führte unmittelbar zu einer Nachschärfung des Klimaschutzgesetzes mit ambitionierteren Zielen und einem konkreteren Reduktionspfad.

Im Jahr 2024 erfuhr das Grundgesetz eine weitere bedeutsame Änderung: Die Klimaneutralität bis 2045 wurde in Artikel 143h GG aufgenommen. Diese Entwicklung erfolgte im Kontext eines umfassenden Finanzpakets und sollte in erster Linie die rechtliche Grundlage für ein Sondervermögen schaffen, das außerhalb der regulären Haushaltsplanung und der Schuldenbremse geführt werden konnte. Die Verankerung des Klimaneutralitätsziels hatte primär den Zweck, die Verfassungsmäßigkeit dieser finanziellen Sonderregelung zu stärken. Und damit wurde das Ganze zum politischen Spielball – und erschwerte es Politik und Gesellschaft, sich wirklich darum zu kümmern.

So entstand die Situation, dass der Klimaschutz nun in zweifacher Form im Grundgesetz verankert ist: einerseits als Teil des allgemeinen Staatsziels Umweltschutz in Artikel 20a GG, andererseits als konkretes Ziel der Klimaneutralität bis 2045 im Kontext eines Sondervermögens in Artikel 143h GG. Beide Verfassungsnormen entfalten eine gemeinsame Signalwirkung und verdeutlichen, dass der Klimaschutz ein Anliegen von Verfassungsrang ist.

1.2 Welche Auswirkungen hat die Verankerung des Klimaschutzes im Grundgesetz?

Die praktischen Auswirkungen dieser verfassungsrechtlichen Verankerung auf die Wärmewende sind vielfältig. In der Gesetzgebung müssen Klimaschutzbelange nun stärker berücksichtigt werden, und Gesetze, die dem Klimaschutz zuwiderlaufen, können einer verschärften verfassungsrechtlichen Prüfung unterzogen werden. Das 2023 beschlossene Gebäudeenergiegesetz (GEG) beispielsweise kann als direkte Konsequenz dieser verfassungsrechtlichen Aufwertung des Klimaschutzes verstanden werden. Es schreibt vor, dass ab 2024 neu eingebaute Heizungen zu mindestens 65 Prozent mit erneuerbaren Energien betrieben werden müssen.

Für kommunale Wärmeplanungen ergeben sich darüber hinaus neue Perspektiven. Während Kommunen traditionell einen großen Spielraum bei der Ausgestaltung ihrer Energieversorgung hatten, müssen sie nun verstärkt klimapolitische Aspekte berücksichtigen. Das Wärmeplanungsgesetz verpflichtet Kommunen zur Erstellung von Wärmeplänen und schafft damit einen konkreten Rahmen für die lokale Umsetzung der Wärmewende. Diese Pläne müssen den verfassungsrechtlichen Vorgaben zum Klimaschutz entsprechen und einen Pfad zur Klimaneutralität bis 2045 aufzeigen.

Ein anschauliches Beispiel für die Auswirkungen der verfassungsrechtlichen Verankerung des Klimaschutzes ist die Stadt Freiburg. Nach dem Klimaschutz-Urteil des Bundesverfassungsgerichts überarbeitete die Stadt ihren Wärmeplan grundlegend. Der neue Plan sieht einen beschleunigten Ausbau des Fernwärmenetzes vor, das bis 2035 vollständig auf erneuerbare Energien umgestellt werden soll. Gleichzeitig wurden die Anforderungen an den Wärmeschutz bei Neubauten verschärft und ein kommunales Förderprogramm für den Heizungstausch aufgelegt. Die Stadt begründet diese Maßnahmen ausdrücklich mit den verfassungsrechtlichen Vorgaben zum Klimaschutz und dem Ziel der Klimaneutralität bis 2045.

Auch für Unternehmen, insbesondere Energieversorger und die Heizungsindustrie, hat die verfassungsrechtliche Verankerung des Klimaschutzes erhebliche Konsequenzen. Sie müssen ihre Geschäftsmodelle und Produktportfolios an den verschärften rechtlichen Rahmenbedingungen ausrichten. Hersteller konventioneller Heizungstechnik haben ihr Angebot an Wärmepumpen und anderen klimafreundlichen Heizsystemen deutlich ausgeweitet. Energieversorger investieren verstärkt in erneuerbare Energien und in den Ausbau klimaneutraler Fernwärmenetze. Diese Entwicklung wird durch die verfassungsrechtliche Absicherung des Klimaschutzes beschleunigt und erhält eine langfristige Perspektive.

Für private Haushalte bedeutet die verfassungsrechtliche Verankerung des Klimaschutzes einerseits eine gewisse Planungssicherheit: Die Transformation der Wärmeversorgung ist keine vorübergehende politische Mode, sondern ein langfristiges, verfassungsrechtlich abgesichertes Projekt. Andererseits entstehen dadurch auch neue Anforderungen und Verpflichtungen. Der Umstieg auf klimafreundliche Heizsysteme wird nicht nur politisch gefördert, sondern ist in einen verfassungsrechtlichen Rahmen eingebettet, der langfristig immer strengere Vorgaben erwarten lässt.

Seit über 30 Jahren ist das nun schon gesetzlich verankert. Und trotzdem reagieren viele von uns, als wenn Klimaschutz eine Erfindung der letzten zwei Jahre wäre.

Die verfassungsrechtliche Verankerung des Klimaschutzes stärkt außerdem die Klagemöglichkeiten für Bürgerinnen und Bürger. Das Klimaschutz-Urteil des Bundesverfassungsgerichts hat gezeigt, dass unter bestimmten Voraussetzungen eine Verfassungsbeschwerde gegen unzureichende Klimaschutzmaßnahmen möglich ist. Die Aufnahme des Klimaneutralitätsziels 2045 in Artikel 143h GG könnte diese Klagemöglichkeiten weiter stärken, indem es einen konkreten zeitlichen Bezugspunkt für die Beurteilung staatlicher Klimaschutzanstrengungen liefert.

Ein besonders interessantes Beispiel für die rechtlichen Auswirkungen ist der Fall eines Hausbesitzers aus Nordrhein-Westfalen, der 2023 gegen die Stadtwerke seiner Kommune klagte. Er forderte den Anschluss seines Grundstücks an ein mit erneuerbaren Energien betriebenes Fernwärmenetz, das in seinem Stadtteil ausgebaut werden sollte, aber zunächst an seinem Grundstück vorbeigeführt wurde. Das Verwaltungsgericht gab seiner Klage statt und verwies dabei ausdrücklich auf die verfassungsrechtliche Dimension des Klimaschutzes und das Ziel der Klimaneutralität bis 2045. Die Stadtwerke wurden verpflichtet, einen Anschluss anzubieten, sofern dies technisch möglich und wirtschaftlich zumutbar sei.

Dieses Beispiel zeigt, wie die verfassungsrechtliche Verankerung des Klimaschutzes konkrete Auswirkungen auf die Rechte und Pflichten im Kontext der Wärmewende haben kann. Sie schafft einen rechtlichen Rahmen, der sowohl Verpflichtungen als auch Ansprüche begründet und damit den Transformationsprozess rechtlich absichert.

1.3 Ist Klimaschutz verpflichtend?

Die verfassungsrechtliche Verankerung des Klimaschutzes ist nicht unumstritten. Kritiker bemängeln, dass die Aufnahme des Klimaneutralitätsziels in die Finanzverfassung eine unnötige Vermischung von Finanz- und Klimapolitik darstelle, die der Klarheit der Verfassung abträglich sei. Andere kritisieren, dass die Verankerung in Artikel 143h GG zu schwach sei und stattdessen eine Stärkung des Klimaschutzes im Rahmen von Artikel 20a GG sinnvoller gewesen wäre.

Zudem wird diskutiert, inwieweit das in Artikel 143h GG genannte Ziel der Klimaneutralität bis 2045 rechtlich verbindlich ist. Da dieses Ziel nur im Kontext eines spezifischen Sondervermögens verankert wurde und nicht als allgemeines Staatsziel, stellt sich die Frage nach seiner rechtlichen Tragweite. Während einige Rechtswissenschaftler ihm lediglich eine symbolische Bedeutung zuschreiben, sehen andere darin zumindest eine interpretatorische Leitlinie für die Auslegung von Artikel 20a GG, die den Staat indirekt zur Erreichung der Klimaneutralität bis 2045 verpflichtet.

Für die praktische Umsetzung der Wärmewende ist entscheidend, dass die verfassungsrechtliche Verankerung des Klimaschutzes einen stabilen rechtlichen Rahmen schafft, der über politische Konjunkturen hinaus Bestand hat. Sie gibt dem Transformationsprozess eine langfristige Orientierung und schützt ihn vor kurzfristigen politischen Kehrtwendungen. Für Investitionen in klimafreundliche Heiztechnologien und Infrastrukturen ist diese Planungssicherheit von großer Bedeutung.

Die verfassungsrechtliche Aufwertung des Klimaschutzes wirkt sich außerdem auf die Abwägung mit anderen Verfassungswerten aus. Während der Klimaschutz früher oft hinter wirtschaftlichen Interessen, Eigentumsrechten oder der kommunalen Selbstverwaltung zurückstehen musste, hat er nun ein stärkeres Gewicht in der verfassungsrechtlichen Abwägung erhalten. Dies bedeutet nicht, dass der Klimaschutz automatisch Vorrang hat, aber seine Position ist deutlich gestärkt worden. Bei der Ausgestaltung der Wärmewende müssen die verschiedenen Verfassungswerte in eine angemessene Balance gebracht werden, die dem Klimaschutz das notwendige Gewicht beimisst, ohne andere Verfassungswerte unverhältnismäßig einzuschränken.

Ein konkretes Beispiel dafür ist der Konflikt zwischen Klimaschutz und Denkmalschutz bei der energetischen Sanierung historischer Gebäude. Während der Denkmalschutz verfassungsrechtlich durch die Kulturhoheit der Länder und den Schutz des Eigentums abgesichert ist, steht ihm nun der ebenfalls verfassungsrechtlich verankerte Klimaschutz gegenüber. In mehreren Fällen haben Gerichte entschieden, dass der Denkmalschutz nicht pauschal Vorrang vor dem Klimaschutz genießt, sondern eine Einzelfallabwägung erforderlich ist. Die Installation von Solaranlagen auf denkmalgeschützten Gebäuden oder der Austausch historischer Fenster durch energieeffiziente Modelle kann unter Umständen zulässig sein, wenn der Eingriff in die Denkmalsubstanz verhältnismäßig ist und dem verfassungsrechtlich gebotenen Klimaschutz dient.

Die verfassungsrechtliche Verankerung des Klimaschutzes ist Teil einer dynamischen Entwicklung, die noch nicht abgeschlossen ist. In der politischen und gesellschaftlichen Diskussion werden immer wieder Forderungen nach einer stärkeren Verankerung des Klimaschutzes im Grundgesetz laut. Verschiedene Initiativen setzen sich für eine Änderung von Artikel 20a GG ein, um den Klimaschutz und das Ziel der Klimaneutralität dort ausdrücklich zu verankern.

In diesem Prozess wird die Rechtsprechung, insbesondere das Bundesverfassungsgericht, eine wichtige Rolle bei der weiteren Konkretisierung der verfassungsrechtlichen Klimaschutzverpflichtungen spielen. Das Klimaschutz-Urteil von 2021 hat gezeigt, dass das Gericht bereit ist, aus Artikel 20a GG weitreichende Verpflichtungen abzuleiten und den Klimaschutz als verfassungsrechtliches Gebot ernst zu nehmen. Es ist zu erwarten, dass künftige Gerichtsentscheidungen die Verpflichtungen des Staates zum

Klimaschutz weiter konkretisieren werden, möglicherweise auch unter Berücksichtigung des in Artikel 143h GG genannten Ziels der Klimaneutralität bis 2045.

Die verfassungsrechtliche Verankerung des Klimaschutzes bietet somit eine solide Grundlage für die Wärmewende in Deutschland. Sie verleiht diesem komplexen Transformationsprozess Stabilität und Legitimität und schafft einen rechtlichen Rahmen, der die verschiedenen Akteure – von der Politik über die Wirtschaft bis zu den privaten Haushalten – in die Pflicht nimmt, aber auch schützt und ihre Rechte stärkt.

Machen Sie Gebrauch von Ihren Rechten

Sie als Bürgerinnen und Bürger können diese verfassungsrechtliche Dimension des Klimaschutzes aktiv nutzen. Informieren Sie sich über die rechtlichen Rahmenbedingungen der Wärmewende und die daraus resultierenden Rechte und Pflichten. Prüfen Sie, welche Fördermöglichkeiten für klimafreundliche Heizsysteme bestehen, und lassen Sie sich von qualifizierten Energieberatern unterstützen. Beteiligen Sie sich an kommunalen Planungsprozessen, etwa bei der Erstellung von Wärmeplänen, und bringen Sie Ihre Perspektive ein. Die verfassungsrechtliche Verankerung des Klimaschutzes gibt Ihnen dabei ein starkes Argument an die Hand. Möglicherweise können Sie sogar rechtliche Schritte in Erwägung ziehen, wenn Ihre klimabezogenen Rechte verletzt werden – sei es durch unzureichende staatliche Maßnahmen oder durch Hindernisse beim Umstieg auf klimafreundliche Heizsysteme. Der Klimaschutz ist nicht mehr nur eine politische Frage, sondern ein Verfassungswert, der Ihr Handeln legitimiert und stärkt. Nutzen Sie diese rechtliche Grundlage, um aktiv zur Wärmewende beizutragen und damit zum Schutz unseres Klimas für heutige und künftige Generationen.

2 Die Wärmewende und wie wir sie erreichen können

2.1 Der Energieverbrauch in deutschen Haushalten

»Energie ist der Treibstoff unserer Zukunft –
und ihre Einsparung der Schlüssel zu mehr Lebensqualität.«

Der Energieverbrauch in Deutschland verteilt sich auf vier Hauptsektoren. Der Industriesektor, der Güter produziert, verbraucht etwa 30 Prozent der Endenergie. Der Verkehrssektor, zu dem Autos, Züge und Flugzeuge gehören, macht rund 31 Prozent des gesamten Energieverbrauchs aus. Private Haushalte benötigen Energie vor allem für Heizung, Warmwasser und elektrische Geräte und haben einen Anteil von etwa 25 Prozent. Der Bereich Gewerbe, Handel und Dienstleistungen, der Büros, Geschäfte und andere Dienstleistungsunternehmen umfasst, verbraucht ungefähr 14 Prozent der Endenergie. Diese Verteilung zeigt, wie unterschiedlich die Energiebedarfe in den einzelnen Sektoren sind und wo Potenziale für Energieeinsparungen liegen könnten.

Stellen Sie sich ein altes, knarrendes Fahrrad vor, das mit jedem Tritt eine Menge Energie verliert, weil die Kette verrostet ist und die Bremsen schleifen. So ähnlich ist die aktuelle Situation vieler privater Haushalte, wenn es um ihren Energieverbrauch geht: ein ineffizientes System, das mehr verbraucht, als es sollte – auf Kosten der Umwelt und des Geldbeutels. Doch genau wie das Fahrrad repariert und optimiert werden kann, gibt es auch für Gebäude und Haushalte enorme Einsparpotenziale. Es ist Zeit, diese Potenziale zu nutzen.

2.1.1 Was verursacht den größten Energieverbrauch in privaten Haushalten?

In privaten Haushalten geht der mit Abstand größte Anteil des Energieverbrauchs auf das Konto der Heizung. Laut Daten des Umweltbundesamts wurden im Jahr 2022 beeindruckende 82,7 Prozent der gesamten Energie in Kilowattstunden für die Erzeugung von Raumwärme und Warmwasser verwendet. Eine ähnlich hohe Zahl zeigt auch die temperaturbereinigte Statistik von 2019: 70,7 Prozent des Energieverbrauchs entfielen auf das Heizen. Das bedeutet, dass mehr als zwei Drittel der Energie, die Haushalte verbrauchen, buchstäblich in die Luft gehen – oder besser gesagt: in ungedämmte Wände, alte Fenster und ineffiziente Heizsysteme.

Hier kommt die Geschichte von Katrin und Andreas ins Spiel. Sie leben mit ihren zwei Kindern in einem typischen Einfamilienhaus aus den 1970er-Jahren – ein großzügiges Zuhause mit Charme, aber energetisch gesehen ein wahrer Dinosaurier. Ihre jährliche Heizkostenabrechnung gleicht einer Hiobsbotschaft: 4.200 Euro für Gasheizung und Warmwasserbereitung. »Wir lieben unser Haus«, sagt Katrin, »aber wir hatten das Gefühl, dass wir mit unserem Geld auch die Straße heizen.« Eine energetische Sanierung stand schon länger auf ihrer Wunschliste, doch die Kosten und die Frage, wo sie anfangen sollten, hielten sie zurück.

Die Situation von Katrin und Andreas ist alles andere als ungewöhnlich. Besonders ältere Gebäude, die noch in den Energieeffizienzklassen E bis H eingestuft sind, verbrauchen Unmengen an Energie. Unsanierte Häuser der Klasse H benötigen oft mehr als 250 kWh pro Quadratmeter und Jahr. Zum Vergleich: Ein modernes, energieeffizientes Haus der Klasse A liegt bei maximal 50 kWh/m²/Jahr. Der Unterschied ist enorm und zeigt, wie dringend der Handlungsbedarf ist.

Neben der Heizung tragen auch elektrische Geräte erheblich zum Energieverbrauch bei. Insbesondere die Bereiche Unterhaltungselektronik und Kommunikationstechnik haben in den letzten Jahren an Bedeutung gewonnen. Laut Statistiken machen TV-Geräte, Computer, Smartphones und Audiotechnik zusammen 28 Prozent des gesamten Stromverbrauchs eines Haushalts aus. Der Anteil der Unterhaltungselektronik liegt dabei bei 17 Prozent – ein Wert, der stetig wächst. Die zunehmende Vernetzung durch Smarthome-Technologien, Streaming-Plattformen und Gaming-Konsolen führt dazu, dass der Strombedarf moderner Haushalte trotz effizienterer Geräte nicht sinkt. Ein typisches Beispiel ist Familie Müller, die sich ein neues Smart-TV-System mit Sprachsteuerung zugelegt hat. Während das Gerät im Betrieb relativ wenig Strom verbraucht, frisst der ständige Standby-Modus unbemerkt Energie. Kleine Verbraucher wie diese summieren sich und können bis zu 10 Prozent des Jahresstromverbrauchs ausmachen.

Es muss nicht immer Hightech sein

Hightech ist nicht immer ein guter Weg. Lowtech macht auch Sinn. Denken Sie mal darüber nach.

Während Heizung und elektrische Geräte oft im Fokus stehen, wird die Warmwasserbereitung leicht übersehen. Dabei macht sie einen Anteil von 10 bis 15 Prozent am Energieverbrauch eines Haushalts aus. Vor allem elektrische Durchlauferhitzer oder Boiler sind oft ineffizient und treiben die Stromkosten in die Höhe. Alternativen wie solarthermische Anlagen oder zentrale Warmwassersysteme könnten hier Abhilfe schaffen, werden aber nur zögerlich umgesetzt.

Mit einem Anteil von rund 25 Prozent am Endenergieverbrauch in Deutschland tragen private Haushalte maßgeblich zum Gesamtverbrauch bei. Die Dimensionen werden klarer, wenn man die Verbräuche in Relation setzt: Ein unsaniertes Haus der Energieklasse H kann pro Jahr Energie im Wert von 20 Litern Heizöl pro Quadratmeter verschlingen. Für ein durchschnittliches Einfamilienhaus mit 120 m^2 bedeutet das 2.400 Liter Heizöl jährlich – genug, um damit einen SUV über 40.000 Kilometer zu fahren. Moderne Gebäude oder gut sanierte Häuser verbrauchen hingegen nur noch einen Bruchteil. Ein Passivhaus benötigt im Jahr oft weniger als 15 kWh/m^2, was im Heizölvergleich nur etwa 1,5 Litern pro Quadratmeter entspricht. Dieser Unterschied zeigt, dass die Einsparpotenziale nicht nur theoretisch sind, sondern konkret und umsetzbar.

Die richtige Entscheidung hängt immer von der Immobilie ab. Ein Altbau wie bei Katrin und Andreas erfordert andere Maßnahmen als ein Neubau oder ein Mehrfamilienhaus. Typische Ansätze sind die Dämmung von Fassade, Dach und Fenstern, der Umstieg auf moderne Heizsysteme wie Wärmepumpen oder die Optimierung des Stromverbrauchs durch den Austausch alter Geräte gegen energieeffiziente Modelle. Doch auch die Wahl der richtigen Reihenfolge der Maßnahmen spielt eine Rolle, um Synergien zu nutzen und langfristige Effekte zu sichern.

Die Energiewende in privaten Haushalten ist nicht nur eine technische Herausforderung, sondern auch eine soziale Aufgabe. Sie betrifft nicht nur Eigenheimbesitzer, sondern auch Mieter, Vermieter und die gesamte Gesellschaft. Während einige den Schritt zur Sanierung als Belastung empfinden, sehen andere darin eine Chance für mehr Komfort, geringere Kosten und einen Beitrag zum Klimaschutz. Ein oft diskutierter Punkt ist die Finanzierung. Viele Menschen fragen sich: »Wie sollen wir uns das leisten können?« Förderprogramme wie die Bundesförderung für effiziente Gebäude (BEG) bieten hier Unterstützung, doch die Antragsverfahren sind oft kompliziert. Es braucht mehr Aufklärung und niedrigschwellige Angebote, um wirklich jeden mitzunehmen. Doch dazu später mehr.

2.1.2 Unser CO_2-Fußabdruck

Alles, was wir im Bereich Energieverbrauch machen, kann man heute in einem CO_2-Fußabdruck darstellen. Stellen Sie sich vor, Sie hinterlassen Spuren im Sand. Jeder Schritt, den Sie machen, zeichnet sich ab und bleibt für eine Weile sichtbar. Der CO_2-Fußabdruck funktioniert ganz ähnlich: Es ist der Abdruck, den wir mit unserem Lebensstil, unserem Energieverbrauch und unseren Entscheidungen auf diesem Planeten hinterlassen. Doch im Gegensatz zu Spuren im Sand verschwindet der CO_2-Fußabdruck nicht von allein. Er bleibt, summiert sich und hat direkte Auswirkungen auf unser Klima. Wie groß dieser Abdruck ist und wie Sie ihn verringern können, liegt in Ihrer Hand.

Der CO_2-Fußabdruck beschreibt die Menge an Kohlendioxid (CO_2) und anderen Treibhausgasen, die durch menschliche Aktivitäten verursacht wird. Dazu gehört alles, was wir tun – vom Heizen unserer Häuser über das Autofahren, unseren Stromverbrauch und die Produktion unserer Kleidung bis hin zu den Lebensmitteln, die wir essen. Jedes Produkt und jede Dienstleistung hinterlässt eine Spur, die in Form von Treibhausgasen gemessen wird. Diese Emissionen tragen zur globalen Erwärmung bei und sind einer der Hauptgründe für den Klimawandel.

Man unterscheidet dabei zwischen dem direkten und dem indirekten CO_2-Fußabdruck. Der direkte Fußabdruck umfasst die Emissionen, die durch unsere unmittelbaren Aktivitäten entstehen, wie das Verbrennen von Gas oder Öl zum Heizen oder den Benzinverbrauch unseres Autos. Der indirekte Fußabdruck hingegen beinhaltet die Emissionen, die bei der Produktion, dem Transport und der Entsorgung von Waren und Dienstleistungen anfallen.

In einem durchschnittlichen Haushalt gibt es drei Bereiche, die den CO_2-Fußabdruck besonders stark prägen:

- Heizung und Warmwasser,
- Stromverbrauch und
- Ernährung.

Allein die Raumwärme macht etwa 70 Prozent des Energieverbrauchs aus, und wenn fossile Energieträger wie Gas oder Heizöl genutzt werden, verursacht dies einen Großteil der Emissionen. Ein unsaniertes Haus mit einer alten Heizungsanlage kann jährlich mehrere Tonnen CO_2 ausstoßen. Zum Vergleich: Eine moderne Wärmepumpe, die mit Ökostrom betrieben wird, erzeugt nahezu keine Emissionen.

Der Stromverbrauch ist der zweitgrößte Posten. Besonders elektrische Geräte wie Kühlschränke, Fernseher und Unterhaltungselektronik, die rund um die Uhr laufen, tragen dazu bei. Eine ineffiziente Beleuchtung, Standby-Geräte und veraltete Geräte können den CO_2-Fußabdruck eines Haushalts um Hunderte Kilogramm pro Jahr erhöhen.

Tipp

Ein einfacher Wechsel zu energieeffizienten Geräten und das bewusste Ausschalten von Standby-Modi können hier enorme Einsparungen bewirken.

Die Ernährung ist der dritte große Faktor. Die Produktion von Fleisch, insbesondere von Rindfleisch, verursacht enorme Mengen an Treibhausgasen. Für ein Kilogramm

Rindfleisch werden etwa 27 Kilogramm CO_2 ausgestoßen – das ist mehr als die Emissionen eines durchschnittlichen Benzinautos auf einer 200-Kilometer-Fahrt. Im Gegensatz dazu liegt der CO_2-Ausstoß von pflanzlichen Lebensmitteln wie Gemüse, Getreide und Hülsenfrüchten oft unter einem Kilogramm pro Kilogramm Produkt.

Sabine lebt in einem charmanten Fachwerkhaus aus dem Jahr 1920, das sie von ihren Großeltern geerbt hat. Sie liebt die Geschichte und die Atmosphäre des Hauses, doch energetisch gesehen ist es ein echter Problemfall. Mit einer Ölheizung aus den 1980er-Jahren und ungedämmten Wänden stößt ihr Haus jährlich fast 12 Tonnen CO_2 aus – mehr als der doppelte Durchschnitt eines deutschen Haushalts. Sabine fühlte sich oft überfordert von den Sanierungskosten und wusste nicht, wo sie anfangen sollte. Doch als sie ihren CO_2-Fußabdruck berechnete und sah, welchen Unterschied selbst kleine Maßnahmen machen können, beschloss sie, den ersten Schritt zu gehen. Sie ließ die Wände dämmen und die Fenster austauschen. Danach stellte sie auf eine Wärmepumpe um, die mit Solarstrom betrieben wird. Die Emissionen ihres Hauses sanken von 12 auf 2 Tonnen CO_2 pro Jahr. »Es war ein Prozess«, sagt Sabine, »aber es fühlt sich gut an zu wissen, dass ich meinen Beitrag leiste – und gleichzeitig spare ich jedes Jahr mehrere Tausend Euro Heizkosten.«

Die durchschnittliche CO_2-Bilanz pro Einwohner liegt bei etwa 10 Tonnen CO_2 pro Jahr. Zum Vergleich: Damit wir die Klimaziele erreichen und die globale Erwärmung auf maximal 1,5 °C begrenzen, müsste der individuelle Fußabdruck auf 2 Tonnen CO_2 pro Jahr sinken. Das zeigt, wie weit wir noch von einem nachhaltigen Lebensstil entfernt sind – aber auch, wie viel Potenzial zur Verbesserung besteht.

Die Haupttreiber des CO_2-Fußabdrucks in Deutschland sind

- der Energieverbrauch im Haushalt (Heizung, Warmwasser, Strom) mit 3 bis 4 Tonnen CO_2 pro Person,
- Mobilität (Auto, Flugreisen, öffentlicher Nahverkehr) mit 2 bis 3 Tonnen CO_2,
- Ernährung (insbesondere tierische Produkte) mit 1,5 bis 2 Tonnen CO_2 und
- Konsumgüter wie Kleidung, Elektronik und Möbel mit einer Tonne CO_2.

Der Weg zu einem kleineren CO_2-Fußabdruck beginnt mit dem Bewusstsein für das Problem und kleinen, machbaren Schritten. Der Austausch alter Heizsysteme gegen moderne, CO_2-arme Alternativen wie strombasierte Heizungen ist ein entscheidender Faktor. Auch die Dämmung und der Austausch von Fenstern können den Wärmeverlust drastisch reduzieren und den CO_2-Ausstoß verringern. Ein Wechsel zu Ökostrom, die Nutzung energieeffizienter Geräte und das Vermeiden von Standby-Verlusten tragen ebenfalls dazu bei. Darüber hinaus können eine Reduzierung des Fleischkonsums und der Fokus auf regionale, saisonale Lebensmittel den CO_2-Fußabdruck erheblich verringern. Im Bereich Mobilität hilft es, Kurzstreckenflüge zu vermeiden, öffentliche Verkehrsmittel zu nutzen oder auf ein Elektrofahrzeug umzusteigen.

Die Diskussion um den CO_2-Fußabdruck ist nicht nur eine individuelle, sondern auch eine gesellschaftliche. Während einzelne Maßnahmen wichtig sind, ist klar, dass die großen Emissionstreiber – etwa die Energieerzeugung, Industrie und Verkehr – ebenfalls dringend reformiert werden müssen. Förderprogramme, klare gesetzliche Vorgaben und Innovationen spielen eine zentrale Rolle, um die notwendigen Rahmenbedingungen zu schaffen. Doch es geht auch um Fairness. Menschen mit geringem Einkommen haben oft weniger Möglichkeiten, energieeffizient zu leben, da ihnen die finanziellen Mittel für Sanierungen fehlen. Hier sind Politik und Wirtschaft gefragt, um für Chancengleichheit zu sorgen und die Energiewende sozialverträglich zu gestalten.

Ihr CO_2-Fußabdruck

Der CO_2-Fußabdruck ist kein abstraktes Konzept – er ist ein Spiegel Ihres Lebensstils und Ihrer Entscheidungen. Doch er ist auch eine Chance. Jeder Schritt, den Sie tun, um Ihren Abdruck zu verkleinern, trägt dazu bei, lebenswerter zu agieren. Stellen Sie sich vor, wie sich Ihr Leben verändert, wenn Sie wissen, dass Sie nicht nur für sich selbst, sondern auch für kommende Generationen handeln. Es sind nicht die großen Sprünge, die die Welt verändern, sondern die vielen kleinen Schritte. Und der erste Schritt beginnt genau jetzt – mit Ihnen.

Am Ende ihrer Sanierungsreise haben es auch Katrin und Andreas geschafft. Sie haben ihre Heizkosten um fast 60 Prozent gesenkt und leben nun in einem warmen, energieeffizienten Zuhause. »Es war nicht immer einfach«, sagt Andreas, »aber es hat sich mehr als gelohnt.« Ihre Geschichte zeigt, dass jeder Schritt – egal wie klein er scheint – zählt. Zukunftssicher, energieeffizient und klimafreundlich. Die Wärmewende beginnt nicht irgendwo, sondern genau hier – bei Ihnen zu Hause. Und dem Geldbeutel tut es auch sehr gut.

2.2 Warum braucht es eine Dekarbonisierung?

»Der Weg zum Klimaschutz führt über Dekarbonisierung.«

Die Dekarbonisierung ist die größte Herausforderung unserer Zeit – und die größte Chance, die Welt neu zu gestalten. Sie bedeutet einen grundlegenden Wandel in allen Lebensbereichen mit dem Ziel, den Ausstoß von Kohlendioxid (CO_2) und anderen Treibhausgasen drastisch zu reduzieren.

Im Zentrum steht dabei der Abschied von fossilen Brennstoffen wie Kohle, Öl und Gas, die jahrzehntelang das Rückgrat der Energieversorgung waren. Stattdessen richtet sich der Fokus auf erneuerbare Energien, innovative Technologien und eine effizientere Nutzung von Ressourcen. Doch Dekarbonisierung geht weit über technische Maßnahmen hinaus – sie ist eine gesamtgesellschaftliche Aufgabe, die auch wirtschaftliche, soziale und politische Dimensionen umfasst. Die Anpassung des Energiesystems an aktuelle Herausforderungen ist heute zudem einer der größten Jobmotoren. Und für die Zukunft unvermeidbar.

2.2.1 Welche Maßnahmen können zur Dekarbonisierung beitragen?

Die Dekarbonisierung ist, wie gesagt, die größte Herausforderung unserer Zeit – und zugleich eine der größten Chancen für uns. Sie steht für den Übergang zu einer klimafreundlichen, nachhaltigen und technologisch fortschrittlichen Gesellschaft. Um den Blick nach vorn zu richten, ist es entscheidend, die Ausblicke und Zukunftsperspektiven der Dekarbonisierung zu verstehen.

Langfristig verfolgt die Dekarbonisierung das Ziel, die Weltwirtschaft klimaneutral zu gestalten. Dieses Ziel, das oft mit dem Begriff »Netto-Null-Emissionen« beschrieben wird, bedeutet, dass alle verbleibenden CO_2-Emissionen ausgeglichen werden, sei es durch Technologien wie die Kohlenstoffabscheidung oder durch natürliche Maßnahmen wie Aufforstung. Ein zentrales Etappenziel ist die Klimaneutralität bis 2050, die viele Länder, darunter Deutschland und die EU, anstreben. Dieses Ziel erfordert einen radikalen Wandel in allen Wirtschaftssektoren: Energieerzeugung, Industrie, Verkehr, Landwirtschaft und vor allem im Gebäudebereich, der derzeit für einen erheblichen Anteil der weltweiten CO_2-Emissionen verantwortlich ist. Der Übergang zur kohlenstofffreien Energieversorgung wird durch den vollständigen Ersatz fossiler Energieträger durch erneuerbare Energien wie Wind, Solar und Geothermie vorangetrieben. Unterstützt wird dieser Prozess durch den Einsatz von Umwelttechniken und durch die Entwicklung moderner Speichertechnologien, die die Schwankungen erneuerbarer Energien ausgleichen können.

Neben der Umgestaltung der Energieversorgung spielt die Dekarbonisierung der Industrie eine zentrale Rolle. Schwerindustrien wie Stahl, Zement und Chemie sind große CO_2-Verursacher, können aber durch den Einsatz von grünem Wasserstoff und kohlenstoffarmen Produktionsprozessen nachhaltig transformiert werden. In der Industrie macht Wasserstoff Sinn. Im Sektor Wohnen nicht wirklich. Hierzu später noch genauere Ausführungen (vgl. Kap. 3.6). Trotz allem ist dies nicht nur eine technische Herausforderung, sondern auch eine wirtschaftliche Chance, da die Entwicklung und der Export solcher Technologien neue Märkte erschließen und Arbeitsplätze schaffen.

Parallel dazu werden unsere Städte zu zentralen Orten der Veränderung. Zukünftig sollen sie nicht nur emissionsfrei, sondern auch lebenswerter, widerstandsfähiger und nachhaltiger gestaltet werden. Der Einsatz von Smart-Grid-Technologien, grünen Verkehrsnetzen und energieeffizienter Infrastruktur wird in diesen urbanen Zentren zur Normalität. Ebenso die Bereitstellung von Wärme durch die Kommunen. Sie wohnen im eher dicht besiedelten Bereich? Da ist ganz sicher auch der Abschnitt der kommunalen Wärmeplanung (Kap. 5) für Sie interessant.

Ein weiterer technologischer Durchbruch ist die Kohlenstoffabscheidung und -speicherung (Carbon Capture and Storage, CCS). Diese Technologie ermöglicht es, CO_2 direkt aus der Atmosphäre oder aus industriellen Prozessen abzuscheiden und sicher zu speichern, beispielsweise in geologischen Formationen. CCS wird oft als Brückentechnologie bezeichnet, die uns hilft, die Dekarbonisierungsziele schneller zu erreichen, während wir die Nutzung fossiler Brennstoffe schrittweise reduzieren.

Auch Energiespeicherlösungen wie moderne Batterietechnologien oder thermische Speicher sind ein weiterer entscheidender Faktor in der Dekarbonisierung. Sie ermöglichen es, überschüssige Energie aus erneuerbaren Quellen zwischenzuspeichern und bei Bedarf freizusetzen, wodurch die Versorgungssicherheit erhöht wird. Darüber hinaus werden intelligente Energiesysteme eine wichtige Rolle spielen. Smarte Thermostate, vernetzte Gebäude und KI-gestützte Energiemanagementsysteme optimieren den Energieverbrauch und sorgen dafür, dass Energie effizienter genutzt wird. Auch die Kreislaufwirtschaft wird durch technologische Innovationen gestärkt. Fortschritte in der Materialwissenschaft ermöglichen es, Abfälle vollständig zu recyceln und wiederzuverwenden, wodurch Ressourcen geschont und CO_2-Emissionen reduziert werden.

Sie sehen: Es gibt viele Möglichkeiten, hier alles richtig zu machen. Dieses Buch soll Ihnen helfen, die richtige Entscheidung für Ihren Weg zu treffen.

2.2.2 Warum Dekarbonisierung langfristig Kosten spart

Dekarbonisierung ist nicht nur gut fürs Klima, sondern auch für den Geldbeutel von Immobilienbesitzern und Mietern. Fossile Energieträger wie Öl und Gas sind teuer und ihre Preise schwanken stark, oft nach oben. Wenn Gebäude mit erneuerbaren Energien wie Solarstrom, Wärmepumpen oder Holzpellets beheizt werden, sinken die Betriebskosten langfristig, weil Sonne, Wind und Co. keine Rohstoffkosten haben.

Für Immobilienbesitzerinnen und -besitzer bedeutet das außerdem eine Wertsteigerung der Immobilie. Gebäude, die auf fossile Energien angewiesen sind, könnten zukünftig schwerer zu verkaufen sein, weil sie nicht den Anforderungen an Energieeffizienz und Klimaschutz entsprechen. Dazu kommt, dass mit steigenden CO_2-Preisen Heizungen, die mit fossilen Brennstoffen arbeiten, immer teurer im Betrieb werden, was besonders für Mieter zu höheren Nebenkosten führt. Investitionen in die Dekarbonisierung zahlen sich somit doppelt aus: geringere Heizkosten und eine zukunftssichere Immobilie.

Die Rolle der Energieeffizienz von Gebäuden in der Immobilienfinanzierung
Und was heute noch kaum jemand im Blick hat: Die Verpflichtung der Banken, Immobilien mit den Energieeffizienzklassen G und H zu finanzieren, steht vor bedeutenden Veränderungen. Einer der Hauptgründe liegt in der gestiegenen Bedeutung der Energieeffizienz für die Kreditvergabe. Immobilien mit schlechter Effizienzklasse bringen ein höheres Risiko mit sich, da sie oft umfassende Sanierungen benötigen und weniger wertstabil sind. Banken könnten daher höhere Darlehenszinsen für solche Immobilien verlangen, um das finanzielle Risiko auszugleichen.

Der Energieausweis wird zu einem zentralen Dokument in der Kreditvergabe. Banken fordern zunehmend, dass er vorgelegt wird, um die energetische Qualität von Immobilien bewerten zu können. Besonders bei Sanierungen und Anschlussfinanzierungen wird dies eine wichtige Rolle spielen. Hinzu kommen regulatorische Vorgaben der BaFin und der EZB, die Banken verpflichten, den energetischen Zustand ihrer finanzierten Immobilien zu dokumentieren. Diese Regelungen zwingen Banken, ihre Kreditportfolios stärker nach Energieeffizienzklassen zu strukturieren.

Ein weiterer Einflussfaktor ist die mögliche Einführung einer indirekten Sanierungspflicht. Das bedeutet, dass Eigentümer von Immobilien mit niedrigem Energieeffizienzstandard gezwungen sein könnten, energetische Sanierungen durchzuführen, um Kredite zu erhalten oder bestehende Finanzierungen zu verlängern. Wobei sich das letztendlich durch die Energie- und damit Kosteneinsparung schnell amortisiert. Nachhaltigkeitskriterien spielen ebenfalls eine immer größere Rolle. Banken könnten sich dazu entscheiden, Kredite für Immobilien mit schlechten Energieeffizienzklassen entweder ganz zu verweigern oder nur unter strengen Bedingungen zu gewähren.

Die Kombination aus höheren Zinsen, der Pflicht zur Vorlage eines Energieausweises und den zunehmenden regulatorischen Anforderungen führt dazu, dass energetische Sanierungen für viele Immobilienbesitzer unausweichlich werden. Für Eigentümer bedeutet dies zwar höhere Investitionskosten, langfristig aber auch Vorteile wie geringere Betriebskosten und eine gesteigerte Wertbeständigkeit der Immobilie. Mieter profitieren ebenfalls von diesen Maßnahmen, da energetisch sanierte Immobilien immer niedrigere Heizkosten und eine bessere Wohnqualität bieten.

Energieeffiziente Gebäude haben die Nase vorn

Insgesamt zeigt sich, dass die Energieeffizienz in der Immobilienfinanzierung künftig eine Schlüsselrolle spielt und sowohl ökologische als auch ökonomische Vorteile bringt.

2.2.3 Welche Rolle spielt die Gesellschaft?

Die Rolle der Gesellschaft und des Einzelnen ist in der Dekarbonisierung von zentraler Bedeutung. Jeder und jede Einzelne kann durch bewusste Entscheidungen und Verhaltensänderungen einen Beitrag leisten. Die Umstellung auf energieeffiziente Geräte, die Nutzung von Ökostrom und der Verzicht auf Standby-Verbrauch sind einfache Maßnahmen, die sofort Wirkung zeigen. Auch der Wechsel zu nachhaltigen Mobilitätsformen, wie die Nutzung öffentlicher Verkehrsmittel, Fahrräder oder Elektrofahrzeuge, trägt dazu bei, den CO_2-Ausstoß zu reduzieren. Ein bewussterer Konsum, etwa durch den Kauf regionaler und saisonaler Lebensmittel oder die Reduzierung des Fleischkonsums, hat ebenfalls einen großen Einfluss auf die persönliche Klimabilanz.

Neben individuellen Maßnahmen ist auch die gesellschaftliche Verantwortung entscheidend. Gemeinschaftsprojekte wie Bürgerenergieanlagen, Carsharing-Initiativen oder Mobilitätskonzepte für ganze Regionen zeigen, wie kollektives Handeln Veränderungen bewirken kann. Gleichzeitig sind Bildung und Aufklärung unverzichtbar. Ein besseres Verständnis für die Folgen des Klimawandels und die Möglichkeiten der Dekarbonisierung fördert nicht nur das Bewusstsein, sondern motiviert auch zum Handeln. Schulen, Medien und gemeinnützige Organisationen spielen eine wichtige Rolle bei der Vermittlung dieses Wissens. Auch die politische Partizipation ist entscheidend. Indem sie nachhaltige Projekte unterstützt oder politische Entscheidungsträger unter Druck setzt, kann die Bevölkerung dazu beitragen, dass die notwendigen Veränderungen schneller umgesetzt werden.

Die Dekarbonisierung ist eine langfristige Aufgabe. Sie ist keine einfache Herausforderung, doch sie bietet eine einzigartige Gelegenheit, eine lebenswertere Zukunft zu schaffen. Sie ermöglicht eine Welt, in der Energie sauber und nachhaltig ist, in der Städte grüner und lebenswerter werden und in der wirtschaftliches Wachstum im Einklang mit der Natur steht.

Unsere erforderlichen Klimaanpassungsmaßnahmen sind der Hauptgrund, warum die Dekarbonisierung unverzichtbar ist. Die Erde hat bereits spürbare Auswirkungen der globalen Erwärmung erlebt: Steigende Meeresspiegel, intensivere Wetterextreme und das Abschmelzen von Gletschern und Polkappen sind nur einige Beispiele. Diese Entwicklungen sind direkt mit dem Treibhauseffekt verbunden, der durch den Ausstoß von CO_2 und anderen Treibhausgasen verstärkt wird. Ohne eine gezielte Dekarbonisierung würde die globale Durchschnittstemperatur weiter steigen – mit katastrophalen Folgen für Mensch und Natur. Wissenschaftler warnen davor, dass ein Temperaturanstieg von mehr als 1,5 °C im Vergleich zum vorindustriellen Zeitalter irreversible Schäden verursachen könnte. Das Überschreiten dieser Schwelle könnte den Verlust ganzer Ökosysteme bedeuten, zu häufigeren und längeren Dürreperioden führen und die globale Nahrungsmittelversorgung erheblich bedrohen.

Dekarbonisierung ist essenziell

Dekarbonisierung bedeutet nicht nur Klimaschutz – sie ist ein Akt der Verantwortung gegenüber kommenden Generationen und eine unverzichtbare Grundlage für eine nachhaltige Zukunft.

Zudem ist die Dekarbonisierung auch ein zentrales Element internationaler Klimaziele, insbesondere des Pariser Klimaabkommens von 2015. Dieses Abkommen setzt sich das Ziel, die globale Erwärmung auf deutlich unter 2 °C, idealerweise auf 1,5 °C, zu begrenzen. Um dieses Ziel zu erreichen, müssen die Treibhausgasemissionen weltweit drastisch reduziert werden – und zwar schnell. Länder wie Deutschland haben sich dazu verpflichtet, bis 2045 klimaneutral zu werden. Das bedeutet, dass keine Netto-CO_2-Emissionen mehr entstehen dürfen. Dies erfordert tiefgreifende Veränderungen in allen Sektoren: in der Industrie, im Verkehr, in der Landwirtschaft und vor allem im Gebäudebereich, der in Deutschland für etwa 40 Prozent der CO_2-Emissionen verantwortlich ist.

Da wird auch schnell klar, warum der Ausstieg der USA aus dem Pariser Klimaschutzabkommen (Stand 2025 unter der Trump-Regierung) und die verstärkte Förderung von Erdöl aus ökologischer und langfristiger ökonomischer Sicht keinen Sinn ergeben. Das Pariser Abkommen zielt darauf ab, die globale Erderwärmung auf maximal 1,5 °C zu begrenzen und die internationalen Anstrengungen im Klimaschutz zu bündeln. Wenn eine der größten Volkswirtschaften und einer der größten CO_2-Emittenten der Welt aus diesem Verbund aussteigt, schwächt das die globale Zusammenarbeit und erschwert die Erreichung der Klimaziele.

2.2.4 Wie wirkt sich die Dekarbonisierung wirtschaftlich aus?

Die Fokussierung auf die Erdölförderung mag kurzfristig wirtschaftliche Vorteile bringen, wie die Schaffung von Arbeitsplätzen oder die Stärkung der nationalen Energieversorgung. Allerdings sind die langfristigen Folgen gravierend: Eine intensive Nutzung fossiler Energien erhöht die CO_2-Emissionen, verstärkt die Klimakrise und führt zu höheren Kosten durch Umweltkatastrophen, Gesundheitsprobleme und den Verlust von Biodiversität. Zudem verschärft sie die Abhängigkeit von fossilen Energien, während andere Länder zunehmend in erneuerbare Energien investieren und ihre Wettbewerbsfähigkeit auf nachhaltigen Märkten stärken.

Aus geopolitischer Perspektive werden die USA durch diesen Kurs ihre Rolle im globalen Klimaschutz verlieren und wichtige Zukunftsmärkte in der grünen Technologie verschlafen. Glücklicherweise sind wir in Europa hier etwas weiter. Denn langfristig ist es sinnvoller, in erneuerbare Energien und nachhaltige Technologien zu investieren, um nicht nur den Klimaschutz voranzutreiben, sondern auch wirtschaftliche Stabilität und Innovationskraft für die kommenden Generationen zu sichern.

Denn die Dekarbonisierung hat nicht nur ökologische, sondern auch wirtschaftliche Dimensionen, die außerhalb der politischen Diskussionen auf der Hand liegen. Sie ist ein Transformationsmotor, der tiefgreifende Veränderungen in der Wirtschaft vorantreibt. Unternehmen, die frühzeitig auf erneuerbare Energien, energieeffiziente Technologien und nachhaltige Geschäftsmodelle setzen, können von einer stärkeren Wettbewerbsfähigkeit und einer verbesserten Markenwahrnehmung profitieren. Gleichzeitig entstehen neue Märkte für klimafreundliche Technologien, innovative Materialien und digitale Lösungen, die Ressourcen effizienter nutzen.

Die Umstellung auf erneuerbare Energien ist ein gutes Beispiel dafür, wie Dekarbonisierung wirtschaftliche Chancen schaffen kann. Windkraft, Solarenergie, Geothermie und Biomasse haben nicht nur das Potenzial, die Emissionen drastisch zu senken, sondern schaffen auch Millionen neuer Arbeitsplätze. Gleichzeitig können Industrien wie die Stahl-, Zement- oder Chemieindustrie durch den Einsatz von grünem Wasserstoff dekarbonisiert werden. Dies zeigt, dass die Dekarbonisierung nicht nur eine Last, sondern auch eine immense Chance ist, die Wirtschaft nachhaltiger und resilienter zu gestalten.

Langfristig zielt die Dekarbonisierung darauf ab, eine nachhaltige Zukunft zu schaffen. Eine postfossile Wirtschaft, die weniger umweltbelastend ist und die natürlichen Ressourcen schont, bietet auch viele Vorteile für die Lebensqualität der Menschen. Weniger CO_2-Emissionen bedeuten auch weniger Luftverschmutzung, was sich direkt auf die öffentliche Gesundheit auswirkt. Studien zeigen, dass bessere Luftqualität nicht nur die Lebenserwartung erhöht, sondern auch das allgemeine Wohlbefinden der Menschen steigert. Ein gutes Beispiel ist der Ausbau des öffentlichen Nahverkehrs und die Förderung von Elektromobilität. Diese Maßnahmen können nicht nur CO_2-Emissionen reduzieren, sondern auch Lärm und Schadstoffe in den Städten verringern. Das Ergebnis sind lebenswertere Städte, die sauberer, ruhiger und attraktiver für ihre Bewohner sind.

Natürlich bringt die Dekarbonisierung auch Herausforderungen mit sich. Sie erfordert massive Investitionen, neue Technologien und einen gesellschaftlichen Wandel. Besonders in der Übergangsphase, in der fossile und erneuerbare Energien parallel genutzt werden, können hohe Kosten entstehen. Daher entscheiden Sie sich bitte in Ihrem Bereich für eine Lösung: die für Sie nachhaltigste und wirtschaftlichste Lösung.

Eine weitere Herausforderung ist der Zeitdruck. Um die Klimaziele zu erreichen, müssen die globalen CO_2-Emissionen bis 2030 nahezu halbiert werden. Dies erfordert entschlossenes Handeln von Regierungen, Unternehmen und Privatpersonen gleichermaßen.

Ihr Einsatz zählt

Jeder Einzelne kann seinen Beitrag leisten. Der Weg beginnt mit kleinen, aber wirkungsvollen Maßnahmen bei Ihrem bevorstehenden Heizungstausch. Ein bewusster Umgang mit Ressourcen und der Verzicht auf übermäßigen Konsum können ebenfalls einen großen Unterschied machen. Jeder Schritt, den Sie tun, zählt – und wenn viele Menschen handeln, können wir gemeinsam Großes bewirken.

Leider ist die Dekarbonisierung keine Option, sondern eine Notwendigkeit. Sie bietet jedoch auch eine der größten Chancen unserer Zeit. Sie schafft lebenswertere Städte, saubere Luft und eine sichere Zukunft. Stellen Sie sich eine Welt vor, in der Energie zu 100 Prozent aus erneuerbaren Quellen stammt, in der die Luft frei von Schadstoffen ist und in der natürliche Ressourcen nachhaltig genutzt werden. Die Dekarbonisierung ist der Schlüssel, um diese Zukunft zu gestalten. Es liegt an uns allen, die Weichen in die richtige Richtung zu stellen.

2.3 Deutschland in der Pflicht: der Europäische Green Deal

»Der Preis des Nichtstuns ist weit höher
als der Preis des Handelns.«
Nicholas Stern

Der Europäische Green Deal, 2019 von der Europäischen Kommission unter Ursula von der Leyen vorgestellt, markiert einen historischen Wendepunkt in der europäischen Klimapolitik. Das zentrale Ziel ist klar definiert: Europa soll bis 2050 zum ersten klimaneutralen Kontinent werden. Eine tragende Säule dieses Plans ist die Transformation des Wärmesektors, der für etwa 40 Prozent des Energieverbrauchs und 36 Prozent der CO_2-Emissionen in der EU verantwortlich ist.

Die Ausgangslage zeigt die Dimension der Herausforderung: Rund 50 Prozent des gesamten Energieverbrauchs in der EU entfallen auf den Wärmesektor, wobei etwa 70 Prozent dieser Wärme aus fossilen Brennstoffen stammen. Eine grundlegende Transformation ist absolut erforderlich, um die Zwischenziele einer Emissionsreduktion um 55 Prozent bis 2030 gegenüber 1990 und letztlich die Klimaneutralität bis 2050 zu erreichen. Da sind wir national mit dem GEG ganz gut aufgestellt und haben damit ein gutes Werkzeug für die Zielformulierung.

2.3.1 »Renovierungswelle«: Renovierungspflicht für ältere Gebäude

Die im Oktober 2020 vorgestellte »Renovierungswelle« bildet einen Eckpfeiler der europäischen Wärmestrategie. Sie strebt an, die jährliche Renovierungsrate von Gebäuden in der EU von derzeit etwa 1 Prozent auf mindestens 2 Prozent zu verdoppeln. Das wurde noch unter der Merkel-Regierung so beschlossen. Leider kam es nie zur Umsetzung. Bis 2030 sollten dadurch mindestens 35 Millionen Gebäude energetisch modernisiert werden. Die Bedeutung dieser Initiative geht weit über den Klimaschutz hinaus: Energetisch sanierte Gebäude bieten den Bewohnern spürbar mehr Komfort durch gleichmäßigere Temperaturen, weniger Zugluft und ein gesünderes Raumklima. Darüber hinaus sinken die Energiekosten deutlich, was besonders angesichts instabiler Energiemärkte einen wertvollen Beitrag zur finanziellen Stabilität von Privathaushalten leistet.

Ein konkretes Beispiel verdeutlicht das Potenzial: Ein unsaniertes Einfamilienhaus aus den 1970er-Jahren mit 150 m^2 Wohnfläche verbraucht durchschnittlich etwa 250 kWh/m^2 jährlich für Heizung und Warmwasser. Nach einer umfassenden energetischen Sanierung mit moderner Dämmung, neuen Fenstern und einem effizienten Heizsystem kann dieser Verbrauch auf 70–100 kWh/m^2 pro Jahr reduziert werden. Bei den aktuellen Energiepreisen entspricht dies einer jährlichen Einsparung von 2.500 bis 3.000 Euro. Gleichzeitig steigt der Wohnkomfort spürbar, und der Wert der Immobilie erhöht sich.

Die Renovierungswelle wird durch die novellierte Gebäuderichtlinie (EPBD) rechtlich abgesichert. Die im April 2023 überarbeitete Fassung setzt klare Ziele: Ab 2030 müssen alle neuen Gebäude emissionsfrei sein, für öffentliche Gebäude gilt diese Anforderung bereits ab 2028. Die energetisch schlechtesten 15 Prozent des Gebäudebestands in jedem Mitgliedstaat müssen bis 2030 renoviert werden, beginnend mit öffentlichen und nicht-wohnwirtschaftlichen Gebäuden. Für den Wohngebäudesektor sind nationale Renovierungspläne zu erstellen, die eine Reduktion des durchschnittlichen Primärenergieverbrauchs um mindestens 16 Prozent bis 2030 und 20–22 Prozent bis 2035 sicherstellen.

2.3.2 Welche Technologien können eingesetzt werden?

Eine Schlüsseltechnologie für die Dekarbonisierung der Wärmeversorgung sind Wärmepumpen. Sie nutzen Umweltwärme aus Luft, Erdreich oder Grundwasser und heben diese mithilfe von Strom auf ein nutzbares Temperaturniveau an. Der entscheidende Vorteil liegt in ihrer hohen Effizienz: Moderne Wärmepumpen erreichen Jahresarbeitszahlen zwischen 3 und 5, was bedeutet, dass sie mit einer Kilowattstunde Strom drei bis fünf Kilowattstunden Wärme erzeugen können. Möglicherweise ist diese Technologie der effizienteste Weg, um erneuerbare Energien im Wärmesektor zu nutzen.

Die Europäische Union hat das Potenzial von Wärmepumpen erkannt und im Rahmen des REPowerEU-Plans einen Wärmepumpen-Aktionsplan vorgestellt. Das Ziel ist ambitioniert: Die jährliche Produktionskapazität soll bis 2025 auf 10 Millionen Einheiten steigen, bis 2030 sollen insgesamt 50 Millionen Wärmepumpen in Europa installiert sein – was interessanterweise in Deutschland immer wieder durch Lobbyarbeit verhindert wird. Die sogenannte Technologieoffenheit hilft uns da auch nicht weiter. Durch die Verunsicherung von Verbraucherinnen und Verbrauchern werden notwendige Sanierungsmaßnahmen immer wieder verzögert. Die Wirtschaftlichkeit der Wärmepumpentechnologie lässt sich an einem konkreten Beispiel demonstrieren:

Ein Einfamilienhaus mit einem jährlichen Wärmebedarf von 15.000 kWh benötigt bei einer Jahresarbeitszahl von 4 nur 3.750 kWh Strom. Bei einem Strompreis von 0,30 Euro/kWh entstehen jährliche Betriebskosten von 1.125 Euro. Eine vergleichbare Gasheizung würde bei einem Wirkungsgrad von 90 Prozent und einem Gaspreis von 0,12 Euro/kWh etwa 2.000 Euro pro Jahr verursachen.

Darüber hinaus bietet die Kombination von Wärmepumpen mit Photovoltaikanlagen erhebliche Synergiepotenziale. Der selbst erzeugte Solarstrom kann direkt für den Betrieb der Wärmepumpe genutzt werden, was die Betriebskosten weiter senkt und die Unabhängigkeit von Energiepreisschwankungen erhöht. In Verbindung mit einem thermischen oder elektrischen Speicher lässt sich der Eigenverbrauchsanteil optimieren, wodurch die Wirtschaftlichkeit des Gesamtsystems verbessert wird.

Für urbane Räume mit hoher Bebauungsdichte bietet die Fernwärme eine effiziente Alternative. Die überarbeitete Energieeffizienzrichtlinie verpflichtet Städte mit mehr als 50.000 Einwohnern, lokale Wärme- und Kälteplanungen zu erstellen, wobei der Schwerpunkt auf der Integration erneuerbarer Energien und der Nutzung von Abwärme liegen soll. Die Erneuerbare-Energien-Richtlinie (RED III) setzt klare Ziele: Der Anteil erneuerbarer Energien im Wärme- und Kältesektor soll jährlich um 1,1 Prozentpunkte steigen, und bis 2030 müssen mindestens 49 Prozent der in der Fernwärme eingesetzten Energie aus erneuerbaren Quellen stammen.

Dänemark demonstriert eindrucksvoll das Potenzial moderner Fernwärmesysteme. Über 60 Prozent der dänischen Haushalte werden mit Fernwärme versorgt, die zunehmend aus erneuerbaren Quellen gespeist wird. Die Stadt Aarhus betreibt ein innovatives System, das verschiedene Energiequellen kombiniert: eine Müllverbrennungsanlage mit Kraft-Wärme-Kopplung, ein Biomassekraftwerk, großflächige Solarthermieanlagen und mehrere Wärmespeicher, die Schwankungen zwischen Angebot und Nachfrage ausgleichen. Dieses integrierte Konzept ermöglicht eine zuverlässige, kostengünstige und klimafreundliche Wärmeversorgung.

Ein oft übersehener, aber zunehmend wichtiger Aspekt der Wärmewende ist die Förderung nachhaltiger Baumaterialien und Kreislaufwirtschaftsprinzipien. Die konventionelle Bauweise verbraucht enorme Ressourcen und produziert erhebliche Mengen an Abfall. Die 2022 vorgeschlagene neue Bauprodukteverordnung führt strengere Nachhaltigkeitsanforderungen ein, darunter Vorgaben zur Wiederverwendbarkeit und Recyclingfähigkeit von Materialien, zum Einsatz recycelter Rohstoffe und zur Minimierung des CO_2-Fußabdrucks während des gesamten Lebenszyklus.

Das Projekt »Circular House« in Kopenhagen zeigt beispielhaft, wie Kreislaufwirtschaft im Bausektor praktisch umgesetzt werden kann. Dieses Mehrfamilienhaus wurde vollständig nach Kreislaufwirtschaftsprinzipien errichtet. Sämtliche verwendeten Materialien stammen entweder aus Recycling oder können am Ende ihrer Lebensdauer vollständig wiederverwertet werden. Die Konstruktion ermöglicht eine einfache Demontage, sodass die Bauteile bei einem Rückbau problemlos weiterverwendet werden können. Dieses Konzept reduziert nicht nur den ökologischen Fußabdruck des Gebäudes, sondern schafft auch gesündere Wohnräume und senkt langfristig die Kosten für Ressourcen und Entsorgung.

Nachhaltige Baumaterialien wie Holz bieten mehrere Vorteile gegenüber konventionellen Materialien wie Beton und Stahl: einen geringeren CO_2-Fußabdruck, natürliche Kohlenstoffspeicherung während der gesamten Lebensdauer, oft bessere thermische Eigenschaften und ein gesünderes Raumklima. Die Initiative »Neues Europäisches Bauhaus« fördert innovative Ansätze, die Nachhaltigkeit, Ästhetik und soziale Inklusion verbinden und so zu einer höheren Akzeptanz nachhaltiger Bauweisen beitragen.

2.3.3 Wie sollen soziale Härten vermieden werden?

Eine besondere Herausforderung der Wärmewende liegt darin, soziale Härten zu vermeiden. Im Rahmen des »Fit for 55«-Pakets wurde ein Klima-Sozialfonds eingerichtet, der mit 72 Milliarden Euro für den Zeitraum 2025–2032 ausgestattet ist. Dieser Fonds soll finanzschwächere Haushalte, Kleinstunternehmen und Verkehrsnutzer unterstützen, die von steigenden Energiepreisen betroffen sind. Die Mittel können für energetische Gebäudesanierungen, den Umstieg auf saubere Heizsysteme, die Integration erneuerbarer Energien und Maßnahmen zur Bekämpfung von Energiearmut verwendet werden.

Die Gesamtfinanzierung der Wärmewende stellt eine erhebliche Herausforderung dar. Nach Schätzungen der Europäischen Kommission sind jährlich zusätzliche Investitionen von etwa 275 Milliarden Euro allein für die energetische Gebäudesanierung erforderlich. Neben dem Klima-Sozialfonds werden verschiedene Finanzierungsinstrumente mobilisiert, darunter der Europäische Fonds für regionale Entwicklung, der Kohäsionsfonds und die Aufbau- und Resilienzfazilität. Außerdem hat die Europäische Investitionsbank ihre Kreditvergabe für energieeffiziente Gebäude und nachhaltige Heizsysteme ausgeweitet.

2.3.4 Was kostet uns das Nichtstun?

Die Kosten des Nichtstuns, also des Unterlassens konsequenter Klimaschutzmaßnahmen und der Wärmewende, sind erheblich. Laut Schätzungen des Bundesministeriums für Klimaschutz könnten die Folgekosten durch Naturkatastrophen in Deutschland bis 2050 auf bis zu 900 Milliarden Euro steigen, wenn die Klimaerwärmung weiter fortschreitet. Diese Zahl umfasst direkte Schäden durch Extremwetterereignisse wie Überschwemmungen, Stürme, Dürren und Hitzewellen, aber auch indirekte Kosten durch Ernteausfälle, Gesundheitsfolgen und Infrastrukturverluste.

Munich Re, einer der weltweit größten Rückversicherer, bestätigt diesen Trend: Die Schadenssummen durch Naturkatastrophen steigen kontinuierlich, und der Klimawandel ist ein wesentlicher Treiber dieser Entwicklung. Munich Re betont, dass es langfristig deutlich rentabler ist, die Ursachen des Klimawandels – also die Emissionen – zu bekämpfen, als nur die Schäden zu versichern und zu bezahlen. Die Anpassung an die bereits unvermeidbaren Folgen des Klimawandels, etwa durch bessere Bauvorschriften, ist kurzfristig notwendig, reicht aber langfristig nicht aus. Die Rückversicherer warnen: Wer jetzt nicht handelt, riskiert nicht nur immense volkswirtschaftliche Schäden, sondern auch eine steigende Belastung für Versicherungswirtschaft, Staat und Gesellschaft. Die Kosten für Naturkatastrophen werden weiter steigen, wenn die globale Erwärmung nicht gebremst wird. Die Wärmewende ist daher nicht nur eine ökologische, sondern auch eine ökonomische Notwendigkeit.

Die Umsetzung der Wärmewende ist mit weiteren Herausforderungen verbunden. Der Fachkräftemangel in relevanten Handwerksberufen wie Heizungsinstallation, Gebäudetechnik und energetischer Sanierung stellt ein erhebliches Hindernis dar. Die »Kompetenzagenda für Europa« adressiert dieses Problem mit spezifischen Maßnahmen zur Förderung der Ausbildung und Umschulung. Ein »Pakt für Kompetenzen« im Bausektor sieht bis 2025 die Weiterbildung von mindestens einer Million Beschäftigten im Bereich nachhaltiges Bauen vor.

Die Ausgangslage der EU-Mitgliedstaaten erfordert differenzierte Ansätze. Während einige nordeuropäische Länder bereits einen hohen Anteil erneuerbarer Energien in ihrer Wärmeversorgung erreicht haben und über gut ausgebaute Fernwärmenetze verfügen, sind andere Regionen, insbesondere in Süd- und Osteuropa, noch stark von fossilen Brennstoffen abhängig und haben einen hohen Anteil energetisch ineffizienter Gebäude. Die EU-Politik berücksichtigt diese unterschiedlichen Ausgangslagen und bietet maßgeschneiderte Unterstützungsmaßnahmen. Da macht ein Alleingang verschiedener Parteien in Deutschland keinen Sinn. Sie können an den Klimawandel glauben oder nicht. Ihre Versicherung tut es!

Für den Erfolg der Wärmewende ist die Akzeptanz entscheidend. Informationskampagnen, Beratungsangebote und die Demonstration erfolgreicher Pilotprojekte können dazu beitragen, Vorbehalte gegenüber neuen Technologien abzubauen. Auch dieses Buch kann dabei helfen und soll Ihnen Ihre Entscheidungen erleichtern. Besonders wichtig ist mir dabei die Vermittlung Ihrer wirtschaftlichen Vorteile: Energieeffizienzmaßnahmen und der Umstieg auf erneuerbare Heizsysteme führen langfristig zu niedrigeren Energiekosten und einer höheren Unabhängigkeit von volatilen Energiemärkten.

Die Wärmewende im Rahmen des Europäischen Green Deals stellt eine enorme Herausforderung dar, bietet aber zugleich bedeutende Chancen für Klimaschutz, wirtschaftliche Entwicklung und soziale Gerechtigkeit. Sie erfordert ein koordiniertes Vorgehen auf allen Ebenen – von der EU über die Mitgliedstaaten und Regionen bis hin zu den Kommunen und einzelnen Gebäudeeigentümern. Und wahrscheinlich werden Ihre Maßnahmen nie wieder so hoch gefördert werden wie jetzt!

Was Sie jetzt tun können

Sie als Bürgerin oder Bürger können einen wichtigen Beitrag leisten. Informieren Sie sich über die Möglichkeiten zur energetischen Modernisierung Ihres Eigenheims oder Ihrer Mietwohnung. Nehmen Sie eine kostenlose Energieberatung in Anspruch, um einen individuellen Sanierungsfahrplan zu erstellen. Prüfen Sie die verfügbaren Förderprogramme, die den Umstieg auf erneuerbare Heizsysteme finanziell unterstützen. Selbst kleine Maßnahmen wie die Optimierung des Heizverhaltens oder der hydraulische Abgleich der Heizungsanlage können den Energieverbrauch deutlich senken. Sehr leicht geht das übrigens über den automatisierten Ablauf über meine EnergieEffizienz-Agentur unter www.eea-ulm.de.

Die Entscheidungen, die Sie heute in Bezug auf Ihre Wärmeversorgung treffen, werden langfristige Auswirkungen haben. Lassen Sie uns gemeinsam handeln, um eine nachhaltige, effiziente und komfortable Wärmeversorgung zu schaffen – für uns, für zukünftige Generationen und für unseren Planeten. Die Technologien sind vorhanden, die politischen Weichen gestellt. Jetzt liegt es an jedem Einzelnen, den Wandel aktiv mitzugestalten und die Chancen der Wärmewende zu nutzen.

2.4 Wie machen es unsere Nachbarn?

»Der beste Weg, die Zukunft vorherzusagen, ist, sie zu gestalten.«
Peter Drucker

Die Wärmewende ist ein globales Ziel, aber ihre Umsetzung sieht von Land zu Land sehr unterschiedlich aus. Manche Länder in Europa haben bereits beeindruckende Fortschritte erzielt, während andere noch mit den ersten Schritten ringen. In diesem Kapitel werfen wir einen Blick über die Landesgrenzen hinaus und schauen, was wir von unseren europäischen Nachbarn lernen können. Wie schaffen es Länder wie Dänemark oder Schweden, die Wärmewende voranzutreiben? Welche Strategien haben sie entwickelt, und warum ist Deutschland oft noch einen Schritt hinterher? Diese Geschichten zeigen nicht nur, was möglich ist, sondern geben auch Impulse, wie wir unsere eigene Wärmewende individuell gestalten können.

2.4.1 Dänemark: Ein Meisterwerk der kommunalen Wärmeplanung

Dänemark ist immer eine Reise wert. Und man trifft wirklich tolle Leute. Es war ein kalter Morgen in Kopenhagen, als ich meinen dänischen Kollegen Mikkel traf. Er wollte mir zeigen, wie seine Stadt das geschafft hatte, wovon Deutschland noch träumt: klimaneutrales Heizen fast überall. Mikkel führte mich zu einer Fernwärmestation, die wie ein Hightech-Bunker wirkte. »Hier in Kopenhagen heizt fast niemand mehr mit Öl oder Gas«, erklärte er mit einem stolzen Lächeln. Und tatsächlich, die Zahlen sprechen für sich: Landesweit nutzen nur noch 8 Prozent der Dänen Öl- und 15 Prozent Gasheizungen. Fast 40 Prozent der Gebäude werden mit Wärmepumpen beheizt, und der Rest ist an effiziente Fernwärmenetze angeschlossen.

Wie hat Dänemark das geschafft? Der Schlüssel liegt in der verbindlichen kommunalen Wärmeplanung, die bereits in den 1980er-Jahren eingeführt wurde. Jede Kommune ist verpflichtet, langfristige Pläne für eine klimafreundliche Wärmeversorgung zu entwickeln. Diese Pläne basieren auf detaillierten Analysen der lokalen Gegebenheiten: Wo macht Fernwärme Sinn? Wo könnten Wärmepumpen eingesetzt werden? Und welche Gebäude müssen zuerst saniert werden?

Die kommunale Wärmeplanung gibt es in Deutschland seit etwa 2021, als sie durch den *Klimaschutzplan 2030* und die anschließenden gesetzlichen Rahmenbedingungen stärker in den Fokus gerückt wurde. 40 Jahre später! Dabei handelt es sich um ein Instrument, das Kommunen hilft, den lokalen Wärmebedarf zu analysieren und langfristig auf klimaneutrale Versorgung umzustellen.

Baden-Württemberg war das erste Bundesland, das die kommunale Wärmeplanung 2021 mit einem verpflichtenden Gesetz für große Städte eingeführt hat. Städte mussten bis Ende 2023 einen Plan vorlegen, wie sie ihre Wärmeversorgung klimafreundlicher gestalten wollen. Dieses Konzept diente als Vorbild für die weitere Diskussion auf Bundesebene.

Seit der Verabschiedung des Gebäudeenergiegesetzes (GEG) und des Klimaschutzprogramms hat die Bedeutung der Wärmeplanung zugenommen. Sie wird heute als ein zentrales Instrument gesehen, um die Wärmewende umzusetzen und die lokalen Potenziale für erneuerbare Energien und Abwärme optimal zu nutzen. Die Bundesregierung plant, die kommunale Wärmeplanung auf alle Städte auszuweiten, um das Ziel der Klimaneutralität bis 2045 zu erreichen.

Zusätzlich setzt Dänemark auf finanzielle Anreize und klare politische Signale. Hohe Abgaben auf fossile Brennstoffe und günstige Strompreise für Wärmepumpen machen es für die Verbraucher wirtschaftlich attraktiv, auf erneuerbare Energien umzusteigen. Unterstützt wird das Ganze durch das »Klimaabkommen über Ökostrom und Wärme« von 2022, das den Anteil erneuerbarer Energien an der Fernwärme bis 2030 von 65 Prozent auf 100 Prozent steigern soll.

Für deutsche Eigentümer mag dieser Ansatz inspirierend sein, aber er zeigt auch, dass die Wärmewende kein Zufallsprodukt ist. Sie erfordert klare Planung, finanzielle Anreize und den Mut, langfristige Entscheidungen zu treffen.

2.4.2 Schweden: Der CO_2-Preis als Gamechanger

»Wissen Sie, warum wir Schweden keine Angst vor hohen Heizkosten haben?«, fragte Lars, ein Ingenieur, der in einem kleinen Dorf nahe Malmö lebt. »Weil wir gelernt haben, dass fossile Brennstoffe einfach zu teuer sind.« Lars bei »dena Energiewende-Kongress« zu hören, war wirklich eine Erleuchtung. Tatsächlich hat Schweden mit einem der höchsten CO_2-Preise der Welt einen mutigen Schritt gewagt. Diese Steuer hat fossile Brennstoffe fast aus dem Gebäudesektor verdrängt. Heute sind etwa 40 Prozent der schwedischen Gebäude mit Wärmepumpen ausgestattet, und viele nutzen Fernwärme, die häufig aus Biomasse und Abwärme gespeist wird.

Schweden zeigt, wie ein klarer Preis für CO_2 das Verhalten von Verbrauchern und Unternehmen beeinflussen kann. Durch diese Steuer sind fossile Brennstoffe wirtschaftlich unattraktiv geworden, während erneuerbare Energien massiv gefördert wurden. Hinzu kommen günstige Strompreise, die den Betrieb von Wärmepumpen noch erschwinglicher machen.

Die CO_2-Bepreisung in Deutschland wurde 2021 mit 25 Euro pro Tonne eingeführt, um fossile Energien schrittweise zu verteuern. In Schweden war das bereits 1991 der Fall. Der Preis stieg 2022 auf 30 Euro, 2023 auf 35 Euro und 2024 auf 45 Euro. Seit 2025 sind es jetzt 55 Euro. Ab 2026 wird der Preis vollständig durch den Emissionshandel bestimmt. Ziel ist es, fossile Brennstoffe unattraktiv zu machen, Investitionen in erneuerbare Energien zu fördern und Klimaschutzmaßnahmen zu finanzieren. Übrigens: In Schweden funktioniert das so gut, weil die Tonne CO_2 heute schon 118 Euro kostet.

Für Eigentümer bedeutet dies, dass sich die Investition in erneuerbare Energien nicht nur ökologisch, sondern auch finanziell lohnt – vor allem dann, wenn die Kosten für fossile Brennstoffe immer weiter steigen.

2.4.3 Die Niederlande: Ein Neustart durch Wärmeplanung

Während Dänemark und Schweden bereits weit fortgeschritten sind, haben die Niederlande ihre Wärmewende erst vor Kurzem ernsthaft in Angriff genommen. Dort spielt die Wärmeplanung eine zentrale Rolle. Jede Gemeinde ist verpflichtet, detaillierte Pläne zu entwickeln, wie die Gebäude auf ihrem Gebiet klimaneutral beheizt werden können. Diese Pläne sind noch nicht so ausgereift wie in Dänemark, aber sie geben klare Richtlinien vor, welche Technologien wo sinnvoll eingesetzt werden können.

Ein spannender Aspekt in den Niederlanden ist der Fokus auf Innovation. So wird verstärkt in neue Wärmenetze investiert, die auf niedrigen Temperaturen basieren und so die Nutzung von Abwärme aus Industrie und Geothermie erleichtern. Für Eigentümer in Deutschland könnte dies ein Beispiel dafür sein, wie wichtig es ist, lokale Potenziale zu nutzen. Vielleicht ist die Wärmewende bei Ihnen vor Ort nicht durch Wärmepumpen, sondern durch einen Anschluss an ein Nahwärmenetz möglich. Oder vielleicht bietet eine Kombination aus Photovoltaik und Geothermie die besten Lösungen. Das müssten Sie im kommunalen Wärmeplan Ihrer Region genau sehen können. Fragen Sie am besten mal bei Ihrer regionale Energieagentur oder Ihrer kommunalen Klimaschutzabteilung nach.

2.4.4 Österreich und die Schweiz: Regionale Ansätze mit Potenzial

Österreich und die Schweiz verfolgen ähnliche Ansätze, setzen aber auf eine stärkere regionale Steuerung. In Österreich ist die Wärmeplanung Teil der sogenannten Energieraumplanung. Diese ist jedoch nicht landesweit einheitlich geregelt, sondern wird von den Bundesländern und Kommunen individuell umgesetzt. Österreich setzt stark auf die Nutzung von Biomasse, besonders in ländlichen Regionen, und kombiniert diese mit Förderprogrammen für Wärmepumpen und Solaranlagen.

In der Schweiz liegt die Verantwortung für die Wärmewende vor allem bei den Kantonen. Jede Region kann eigene Schwerpunkte setzen, wobei der Bund unterstützend eingreift. Diese dezentrale Herangehensweise mag auf den ersten Blick chaotisch wirken, ermöglicht es aber, regionale Besonderheiten optimal zu nutzen. Für deutsche Eigentümer zeigt dies, dass es keine universelle Lösung gibt. Die richtige Strategie hängt immer von den lokalen Gegebenheiten ab – und davon, wie gut diese analysiert und genutzt werden.

2.4.5 Tschechien: Kleine Schritte, große Wirkung

In Tschechien ist die Wärmewende noch in den Anfängen, doch das Land hat konkrete Maßnahmen ergriffen, um den fossilen Ausstieg zu beschleunigen. Ab 2025 sollen keine Kohleöfen mehr verkauft werden, und mit dem Förderprogramm »Neue Grüne Ersparnisse« unterstützt die Regierung die Installation von Wärmepumpen, Photovoltaikanlagen und Dämmmaßnahmen. Diese Schritte zeigen, dass auch kleinere Länder mit klaren politischen Entscheidungen viel bewegen können.

2.4.6 Was Deutschland lernen kann: Inspiration für die eigene Wärmewende

Der Blick in die Nachbarländer zeigt, dass die Wärmewende möglich ist – wenn die Rahmenbedingungen stimmen. Dänemark und Schweden zeigen, wie verbindliche Wärmeplanung, CO_2-Preise und günstige Stromtarife die Transformation beschleunigen können. Die Niederlande und Österreich verdeutlichen, wie wichtig es ist, lokale Potenziale zu nutzen und individuelle Lösungen zu entwickeln. Selbst Tschechien macht vor, dass auch kleinere Maßnahmen, wie Förderprogramme und Verkaufsverbote für Kohleöfen, eine große Wirkung haben können.

Für uns in Deutschland wird dadurch schnell klar, dass es sich lohnt, offen für neue Ansätze zu sein und die Möglichkeiten vor Ort zu analysieren. Vielleicht ist die Wärmepumpe nicht die beste Lösung für Ihr Gebäude, aber eine Kombination aus Fernwärme und Solarthermie könnte es sein.

Lokale Gegebenheiten beachten

Wichtig ist, dass Sie die lokalen Gegebenheiten und die Fördermöglichkeiten in Ihre Überlegungen einbeziehen. Mit der richtigen Planung und den richtigen Technologien können Sie nicht nur Ihre Heizkosten senken, sondern auch aktiv zur Wärmewende beitragen.

Haben Sie sich schon mal genau überlegt, warum es in Deutschland so eine große Abneigung gegen die Wärmewende, speziell die Wärmepumpen gibt? Und warum ist das nördlich von uns anders? Dänemark und Schweden haben so viele Wärmepumpen, obwohl es dort kälter ist als in Deutschland, weil diese Länder frühzeitig auf klimafreundliche und effiziente Heiztechnologien gesetzt haben. In Schweden wurde der Einsatz von fossilen Brennstoffen bereits in den 1970er-Jahren aufgrund der Ölkrise stark reduziert. Bei uns gab es dadurch Sonntagsfahrverbot. Das war es dann schon.

Dänemark hat zudem eine gut ausgebaute Fernwärme-Infrastruktur, die oft mit großen Wärmepumpen betrieben wird. Hier spielen staatliche Vorgaben, die den Einsatz von mit fossilen Brennstoffen betriebenen Heizsystemen stark eingeschränkt haben, eine entscheidende Rolle. Beide Länder haben von Anfang an auf klare Förderprogramme und umfassende Informationskampagnen gesetzt, um Wärmepumpen für Haushalte attraktiv zu machen.

Moderne Wärmepumpen können auch bei Minusgraden effizient arbeiten, da sie der Luft, dem Boden oder dem Wasser genügend Wärme entziehen können. Die klimafreundliche Energiepolitik, die staatliche Unterstützung und die technische Entwicklung haben so dazu geführt, dass Wärmepumpen in Dänemark und Schweden weit verbreitet sind. Warum bei uns nicht?

Chancen nutzen

Die Wärmewende geht jeden an. Sie zeigt, dass wir nicht allein handeln müssen, sondern von den Erfahrungen unserer Nachbarn profitieren können. Länder wie Dänemark, Schweden und die Niederlande haben vorgemacht, wie die Transformation gelingen kann. Jetzt liegt es an uns, diese Systeme aufzugreifen und in konkrete Maßnahmen umzusetzen. Nutzen wir diese Chance!

2.5 Warum wir jetzt handeln müssen

Die Wärmewende ist längst keine abstrakte Vision mehr, sondern eine Notwendigkeit, die über unsere Zukunft entscheidet. Jahrzehntelang wurden Gebäude in Deutschland fast ausschließlich mit Gas, Öl oder sogar Kohle beheizt, ohne dass sich jemand groß Gedanken über die langfristigen Folgen gemacht hat. Doch mittlerweile ist klar, dass es so nicht weitergehen kann. Es ist, als ob wir immer noch in einem alten Diesel herumfahren, während die Welt längst auf Elektromobilität umgestiegen ist.

Warum also ist die Wärmewende so dringlich? Weil sie über die Erreichung der Klimaziele entscheidet, weil sie unsere Energiekosten beeinflusst und weil sie über die Zukunft unserer Städte und Dörfer bestimmt. Und sie ist eine Chance. Wer sie jetzt nutzt, profitiert langfristig. Zudem ist jetzt noch die politische Unterstützung da. Noch nie gab es so großzügige Fördermittel, um auf nachhaltige Wärmeerzeuger umzusteigen. Wer wartet, wird später unter Druck handeln müssen.

Wenn über Klimaschutz gesprochen wird, denken die meisten Menschen an Kohlekraftwerke, den Autoverkehr oder industrielle Großanlagen. Doch eine der größten CO_2-Quellen befindet sich direkt unter unseren Füßen: in den Kellern deutscher Wohnhäuser. Ein Großteil aller CO_2-Emissionen in Deutschland stammt aus dem Wärmesektor. Allein das Heizen von Gebäuden verursacht einen immensen CO_2-Ausstoß. Millionen von Gas- und Ölheizungen verbrennen täglich fossile Brennstoffe und treiben damit die Erderwärmung weiter an.

Das Hauptproblem ist die lange Lebensdauer dieser Heizungen. Wer heute noch eine neue Gasheizung einbaut, wird sie möglicherweise noch im Jahr 2050 betreiben – also genau dann, wenn Deutschland längst klimaneutral sein will. Es ist, als würde man sich heute einen alten Röhrenfernseher kaufen, obwohl längst moderne Smart-TVs verfügbar sind. Wer jetzt noch auf mit fossilen Brennstoffen betriebene Heizsysteme setzt, wird in wenigen Jahren gezwungen sein, erneut zu investieren – dann jedoch unter Druck und mit höheren Kosten.

Die Zahlen zeigen klar, wie groß die Herausforderung ist: Noch immer werden 79 Prozent der knapp 20 Millionen Wohngebäude in Deutschland mit Öl oder Gas beheizt. Erneuerbare Energien spielen im Bestand bislang eine untergeordnete Rolle. Der Anteil der Heizungen, die erneuerbare Energien nutzen, lag 2022 gerade einmal bei zehn Prozent. Viele Eigentümer und Vermieter zögern, weil sie unsicher sind, welche Lösungen in Zukunft tragfähig sind. Doch eines ist klar: Die fossilen Heizungen von heute sind die Sanierungsfälle von morgen.

Die große Herausforderung ist der Zeitfaktor. Die Sanierungsrate in Deutschland liegt aktuell bei unter einem Prozent pro Jahr. Das bedeutet, dass jedes Jahr nicht mal ein Prozent der Gebäude energetisch modernisiert wird. Bis der gesamte Gebäudebestand saniert ist, dauert es über 100 Jahre! Um die Klimaziele zu erreichen, müsste diese Rate mindestens verdoppelt werden – besser noch vervierfacht. Die Zeit für eine schrittweise Umstellung läuft ab. Während die Welt auf erneuerbare Energien setzt, wird fossiles Heizen immer teurer. Die CO_2-Bepreisung verteuert Öl und Gas Jahr für Jahr weiter. Bis 2026 könnte sich die Abgabe verdoppeln, was die Heizkosten in die Höhe treibt.

Viele denken bei der Wärmewende an hohe Investitionen. Doch tatsächlich ist sie wirtschaftlich längst sinnvoll. Moderne Heizsysteme sind nicht nur umweltfreundlicher, sondern oft auch günstiger im Betrieb. Eine Wärmepumpe kostet in der Anschaffung zwar mehr als eine Gasheizung, doch ihre Betriebskosten sind bis zu 50 Prozent niedriger. Strom aus erneuerbaren Energien wird auf lange Sicht günstiger, während fossile Brennstoffe immer teurer werden.

Hinzu kommt, dass es für den Einbau klimafreundlicher Heizsysteme umfangreiche staatliche Förderungen gibt. Der Staat übernimmt über verschiedene Förderprogramme einen erheblichen Anteil der Kosten für eine neue Wärmepumpe, Solaranlage oder andere erneuerbare Heiztechnologien. Wer jetzt umsteigt, spart doppelt: durch geringere Betriebskosten und durch attraktive Zuschüsse.

Oft wird argumentiert, dass es noch keine ausgereiften Alternativen zu Gas- und Ölheizungen gibt. Doch das stimmt längst nicht mehr. Im Neubau sind klimafreundliche Heizsysteme längst Standard. Und auch im Bestand sind Wärmepumpen, Nah- und Fernwärme sowie Biomasseheizungen etablierte Technologien. Die entscheidende Frage ist nicht mehr, ob die Wärmewende technisch machbar ist, sondern wann jeder Einzelne den Wechsel vollzieht.

Jetzt handeln!

Die Wärmewende ist kein bürokratisches Hindernis, sondern eine riesige Chance. Sie macht unabhängiger von fossilen Brennstoffen, senkt die Energiekosten und sorgt für einen langfristig stabilen Immobilienwert. Wer frühzeitig handelt, profitiert. Wer wartet, zahlt später drauf.

Eines ist sicher: Fossile Energieträger sind ein Auslaufmodell. Die Wärmewende kommt – die Frage ist nur, ob Sie sie aktiv mitgestalten oder irgendwann gezwungen werden, unter schlechteren Bedingungen umzusteigen. Stellen Sie sich vor, Sie könnten Ihre Heizkosten halbieren, Ihr Zuhause klimafreundlicher machen und den Wert Ihrer Immobilie steigern – alles mit einer einzigen Entscheidung. Klingt gut? Dann ist jetzt der richtige Zeitpunkt, aktiv zu werden.

Denn die beste Zeit für die Wärmewende ist nicht irgendwann – sie ist jetzt.

3 Klimapolitik: Maßnahmen und Gesetze zur Erreichung der Klimaziele

3.1 Der Klimawandel als Sicherheitsrisiko

»Klimaschutz ist keine Ideologie,
sondern harte Sicherheits- und Geopolitik.«
Bruno Kahl, BND-Präsident

Die Debatte über den Klimaschutz und insbesondere die Transformation des Wärmesektors hat in den letzten Jahren eine bemerkenswerte Entwicklung durchlaufen. Was lange Zeit primär als ökologische Notwendigkeit betrachtet wurde, erhält zunehmend eine sicherheitspolitische Dimension. Die im Februar 2025 veröffentlichte »Nationale interdisziplinäre Klima-Risikoeinschätzung« (NiKE) des Bundesnachrichtendienstes und führender wissenschaftlicher Institutionen markiert dabei einen entscheidenden Wendepunkt: Der Klimawandel wird offiziell als eine der fünf größten externen Bedrohungen für die Sicherheit Deutschlands eingestuft – gleichrangig mit geopolitischen Spannungen, Cyberangriffen und internationalem Terrorismus.

Diese neue Bewertung verändert grundlegend den Blick auf die Wärmewende. Der Umbau unserer Heizungssysteme und die energetische Sanierung des Gebäudebestands sind nicht länger nur Maßnahmen zum Umweltschutz, sondern elementare Bausteine einer umfassenden Sicherheitsstrategie. BND-Präsident Bruno Kahl formulierte es bei der Vorstellung des NiKE-Berichts unmissverständlich: »Klimaschutz ist harte Sicherheits- und Geopolitik.« Diese Einschätzung wird von höchster Stelle geteilt – Außenministerin Annalena Baerbock betonte, dass »jedes Zehntelgrad weniger Erderwärmung unsere Sicherheit erhöht«.

Die sicherheitspolitische Relevanz der Wärmewende ergibt sich aus mehreren Faktoren. Zunächst reduziert sie unsere Abhängigkeit von fossilen Brennstoffen und damit von autokratischen Regimen, die diese kontrollieren. Die Gaskrise nach dem russischen Angriff auf die Ukraine hat eindringlich vor Augen geführt, wie verwundbar Deutschland durch seine energiepolitischen Abhängigkeiten ist. Millionen Haushalte, die mit Gas heizen, waren plötzlich mit explodierten Kosten und Versorgungsunsicherheiten konfrontiert. Ein beschleunigter Umstieg auf erneuerbare Wärmequellen wie Wärmepumpen, Solarthermie oder Biomasse reduziert diese geopolitischen Risiken erheblich.

Darüber hinaus wirkt die Wärmewende stabilisierend auf das Weltklima und mindert damit indirekte Sicherheitsrisiken. Der NiKE-Bericht verdeutlicht, wie Klimaveränderungen bestehende Konfliktpotenziale verstärken können: Dürren führen zu Ernteausfällen und Wassermangel, was wiederum politische Instabilität und Migrationsbewegungen auslösen kann. Ein prägnantes historisches Beispiel ist die schwere Dürreperiode in Syrien von 2006 bis 2010, die Millionen Bauern in die Städte trieb und die sozialen Spannungen verschärfte, die später im Bürgerkrieg eskalierten. Die Folgen dieser klimaverstärkten Krise spürte Europa in Form der Flüchtlingsbewegungen 2015/16 unmittelbar.

Die direkten Auswirkungen des Klimawandels auf die innere Sicherheit werden gleichfalls zunehmend sichtbar. Extremwetterereignisse wie die verheerenden Überschwemmungen im Ahrtal 2021 stellen nicht nur eine unmittelbare Bedrohung für Leib und Leben dar, sondern belasten auch kritische Infrastrukturen und Katastrophenschutzkräfte. Ich war 2023 selbst dort auf der Durchreise. Auch zwei Jahre später war das Ausmaß noch so groß, wie ich es mir niemals hätte vorstellen können. 135 Menschen sind gestorben. Die Schäden hier werden auf 30 Milliarden beziffert. Da wird schnell klar, wie wichtig Klimaschutz ist.

Die Bundeswehr musste in den letzten Jahren immer häufiger bei Naturkatastrophen im Inland aushelfen – eine Entwicklung, die sich mit fortschreitendem Klimawandel voraussichtlich intensivieren wird. Eine konsequente Wärmewende trägt dazu bei, solche Belastungen für den Sicherheitsapparat zu begrenzen.

Die verfassungsrechtliche Dimension unterstreicht zusätzlich die Bedeutung der Wärmewende als Sicherheitsmaßnahme. Das Bundesverfassungsgericht hat in seinem wegweisenden Urteil von 2021 klargestellt, dass der Staat zum Klimaschutz verpflichtet ist – nicht nur aus Umweltgründen, sondern auch zum Schutz der Freiheitsrechte künftiger Generationen. Mit der Aufnahme des Klimaneutralitätsziels bis 2045 in Artikel 143h des Grundgesetzes im Jahr 2024 wurde diese Verpflichtung weiter konkretisiert. Der Gesetzgeber hat damit anerkannt, dass der Klimaschutz und damit auch die Wärmewende Verfassungsrang genießen.

Diese rechtliche Aufwertung hat praktische Konsequenzen für die Umsetzung der Wärmewende. Das Gebäudeenergiegesetz (GEG), das ab 2024 den schrittweisen Umstieg auf erneuerbare Heizungssysteme vorschreibt, kann nun nicht mehr nur als umweltpolitische Maßnahme, sondern auch als sicherheitsrelevante Vorschrift verstanden werden. Dies verleiht den Anforderungen an die Gebäudeheizung eine neue Legitimität und ändert die Perspektive in der gesellschaftlichen Debatte: Wer auf klimafreundliche Heizsysteme umsteigt, handelt nicht nur umweltbewusst, sondern leistet auch einen Beitrag zur nationalen Sicherheit.

Konkret bedeutet dies, dass die Installation einer Wärmepumpe, der Anschluss an ein klimaneutrales Fernwärmenetz oder die Nutzung von Solarthermie mehr ist als eine individuelle ökologische Entscheidung – es ist ein Beitrag zur gesamtgesellschaftlichen Resilienz. Nehmen wir das Beispiel der Stadt München: Nach dem russischen Angriff auf die Ukraine beschleunigte sie den Ausbau ihres Fernwärmenetzes und die Umstellung auf erneuerbare Energiequellen erheblich. Was ursprünglich als Klimaschutzmaßnahme geplant war, wurde nun auch mit dem Argument der Versorgungssicherheit vorangetrieben. Bis 2035 soll die Münchner Fernwärme vollständig klimaneutral sein, gespeist aus Geothermie, industrieller Abwärme und großen Wärmepumpen, die überschüssigen Ökostrom nutzen. Diese Transformation reduziert nicht nur den CO_2-Ausstoß der Stadt, sondern macht sie auch unabhängiger von geopolitischen Verwerfungen.

Ähnliche Entwicklungen zeigen sich in der Industrie. Der Umbau energieintensiver Prozesse von fossilen Brennstoffen auf klimafreundliche Alternativen wird zunehmend als Standortsicherung verstanden. Das BASF-Werk in Ludwigshafen beispielsweise errichtet derzeit einen elektrischen Cracker, der perspektivisch den gasbetriebenen Steamcracker ersetzen soll. Diese Investition von mehreren Hundert Millionen Euro dient nicht nur dem Klimaschutz, sondern reduziert auch die Anfälligkeit des Unternehmens gegenüber Gaspreisschwankungen und Versorgungsengpässen. Die chemische Industrie, die sowohl auf Gas als Rohstoff als auch als Energieträger angewiesen ist, wurde von der Energiekrise 2022 besonders hart getroffen. Die Lehre daraus: Klimaschutz und Wärmewende sind auch wirtschaftliche Sicherheitsmaßnahmen.

Im Bereich der privaten Haushalte zeigt sich die sicherheitspolitische Dimension der Wärmewende ebenfalls deutlich. Ein Einfamilienhaus mit einer modernen Wärmepumpe und einer Photovoltaikanlage erreicht einen hohen Grad an Energieautarkie und ist damit weniger anfällig für internationale Krisen und Preisschocks. Während der Energiepreiskrise 2022 stiegen die Kosten für Gas- und Ölheizungen dramatisch, während Haushalte mit erneuerbaren Heizsystemen vergleichsweise stabil durch die Krise kamen. Diese Erfahrung hat zu einem Umdenken geführt: Die Nachrüstung mit klimafreundlichen Heizungen wird nicht mehr nur als Umweltschutzmaßnahme, sondern auch als persönliche Absicherung betrachtet.

Die kommunale Wärmeplanung, die durch das Wärmeplanungsgesetz für alle Städte und Gemeinden verpflichtend wurde, erhält durch die sicherheitspolitische Perspektive ebenfalls eine neue Bedeutung. Sie ist nicht nur ein Instrument zur CO_2-Reduktion, sondern auch ein Werkzeug zur Stärkung der lokalen Resilienz. Kommunen, die frühzeitig in den Ausbau klimaneutraler Wärmenetze investieren und dezentrale erneuerbare Wärmequellen erschließen, reduzieren ihre Abhängigkeit von internationalen Energiemärkten und schaffen stabilere Lebensbedingungen für ihre Bürgerinnen und Bürger.

Die sicherheitspolitische Aufwertung des Klimaschutzes hat außerdem Auswirkungen auf die Finanzierung der Wärmewende. Wenn Investitionen in erneuerbare Heizungssysteme und energetische Gebäudesanierung als Sicherheitsmaßnahmen verstanden werden, lassen sie sich aus einer neuen Perspektive rechtfertigen. Die Bundesförderung für effiziente Gebäude (BEG) mit ihren verschiedenen Komponenten kann nun auch als präventive Sicherheitsinvestition betrachtet werden – vergleichbar mit Ausgaben für Verteidigung oder Katastrophenschutz. Dies eröffnet möglicherweise neue Finanzierungsquellen und politische Allianzen, die über traditionelle Umweltpolitik hinausgehen.

Diese Verbindung von Klimaschutz und Sicherheitspolitik schafft auch neue Dynamiken in der internationalen Zusammenarbeit. Gemeinsame Anstrengungen zur Beschleunigung der Wärmewende werden zu einem Element der kollektiven Sicherheitsarchitektur. Die Europäische Union hat dies in ihrer REPowerEU-Initiative erkannt, die nach dem russischen Angriff auf die Ukraine ins Leben gerufen wurde. Sie zielt darauf ab, die Abhängigkeit von russischen fossilen Brennstoffen zu reduzieren – unter anderem durch eine massive Beschleunigung der Installation von Wärmepumpen und den Ausbau erneuerbarer Energien. Was als Reaktion auf eine akute geopolitische Krise begann, fügt sich nahtlos in die langfristigen Klimaschutzziele der EU ein.

Die Verbindung von Wärmewende und Sicherheitspolitik birgt außerdem das Potenzial, polarisierte gesellschaftliche Debatten zu überbrücken. Während der Klimaschutz in manchen politischen Lagern umstritten bleibt, genießt die nationale Sicherheit breite Unterstützung über Parteigrenzen hinweg. Die Neurahmung der Wärmewende als Sicherheitsmaßnahme kann daher zu einer breiteren Akzeptanz und Unterstützung führen. Die Erfahrungen der Energiekrise 2022 haben bereits zu einem gewissen Umdenken geführt – selbst traditionell klimapolitisch zurückhaltende Gruppen erkennen zunehmend den Wert der Energieunabhängigkeit durch erneuerbare Quellen an.

Die Wärmewende als Sicherheitsstrategie erfordert jedoch ein umfassendes und integriertes Vorgehen. Isolierte Maßnahmen reichen nicht aus, um die komplexen Wechselwirkungen zwischen Klimaschutz und Sicherheit zu adressieren. Es bedarf einer koordinierten Anstrengung auf verschiedenen Ebenen:

- Auf **staatlicher Ebene** müssen Klimapolitik und Sicherheitspolitik stärker verzahnt werden. Dies bedeutet eine engere Zusammenarbeit zwischen Umwelt-, Wirtschafts- und Sicherheitsressorts bei der Planung und Umsetzung von Klimaschutzmaßnahmen. Die Erkenntnisse aus Risikoanalysen wie dem NiKE-Bericht sollten systematisch in die Gestaltung von Förderprogrammen und regulatorischen Rahmenbedingungen für die Wärmewende einfließen.
- Auf **kommunaler Ebene** ist die Integration von Klimaschutz und Katastrophenvorsorge in der Stadtplanung und Infrastrukturentwicklung gefragt. Kommunale Wärmepläne sollten nicht nur CO_2-Reduktionsziele berücksichtigen, sondern

auch Aspekte der Versorgungssicherheit und Resilienz gegenüber Extremwetterereignissen. Ein Beispiel hierfür ist die Stadt Mannheim, die ihr Fernwärmenetz so umgestaltet, dass es sowohl klimaneutral als auch krisenfest wird – mit mehreren dezentralen erneuerbaren Wärmequellen statt einer zentralen fossilen Erzeugung.

- Für **Unternehmen** bedeutet die sicherheitspolitische Dimension des Klimaschutzes, Investitionen in klimafreundliche Wärme- und Produktionssysteme auch unter dem Aspekt des Risikomanagements zu betrachten. Die Abhängigkeit von volatilen fossilen Energieträgern stellt ein zunehmendes Geschäftsrisiko dar, das durch den Umstieg auf erneuerbare Energien reduziert werden kann. Besonders für energieintensive Industrien wird dies zu einem entscheidenden Wettbewerbsfaktor.
- Für Sie als **Privatpersonen** eröffnet die sicherheitspolitische Perspektive neue Begründungszusammenhänge für Investitionen in klimafreundliche Heizsysteme. Die Installation einer Wärmepumpe oder einer Solarthermieanlage wird nicht mehr nur als Beitrag zum Klimaschutz, sondern auch als persönliche Absicherung gegen geopolitische Risiken und Energiepreisschocks verstanden. Diese Motivation kann gerade bei Menschen wirksam sein, die dem klassischen Umweltschutzargument skeptischer gegenüberstehen. Auch wenn Sie von Klimaschutz wenig halten, der Bundesnachrichtendienst glaubt daran. Zudem wird es Ihrem Geldbeutel sehr gut tun.

Die Wärmewende als Sicherheitsstrategie zu verstehen, bedeutet außerdem, ihre sozialen Aspekte stärker in den Blick zu nehmen. Energiearmut und ungleicher Zugang zu klimafreundlichen Heizsystemen können gesellschaftliche Spannungen verschärfen und damit indirekt auch Sicherheitsrisiken erhöhen.

Die Verschränkung von Klimaschutz und Sicherheitspolitik birgt jedoch auch Risiken. Die Militarisierung des Klimadiskurses könnte zu vereinfachten Lösungsansätzen und einer Vernachlässigung sozialer und ökologischer Aspekte führen. Es ist daher wichtig, die sicherheitspolitische Dimension als Ergänzung, nicht als Ersatz für die ökologische Begründung der Wärmewende zu verstehen. Der Klimaschutz bleibt in erster Linie eine Frage der Nachhaltigkeit und globalen Gerechtigkeit, gewinnt aber durch die sicherheitspolitische Perspektive zusätzliche Dringlichkeit und neue Unterstützerkreise.

Der Weg zu einer klimaneutralen Wärmeversorgung ist komplex und erfordert erhebliche Investitionen sowie technologische Innovationen. Doch die sicherheitspolitische Perspektive macht deutlich, dass diese Investitionen mehrfachen Nutzen stiften: Sie schützen nicht nur das Klima, sondern stärken auch unsere Widerstandsfähigkeit gegenüber geopolitischen Spannungen, reduzieren Abhängigkeiten und schaffen stabilere gesellschaftliche Verhältnisse.

Die Ergebnisse des NiKE-Berichts und die verfassungsrechtliche Verankerung des Klimaschutzes führen zu einer klaren Schlussfolgerung: Die Wärmewende ist keine optionale Aufgabe oder ein Luxus, den wir uns in guten Zeiten leisten können. Sie ist eine existenzielle Notwendigkeit für unsere Sicherheit und Stabilität. Diese Erkenntnis sollte uns motivieren, den Transformationsprozess mit größerer Entschlossenheit voranzutreiben.

Was Sie jetzt tun können

Sie können persönlich dazu beitragen, indem Sie bei anstehenden Heizungserneuerungen auf klimafreundliche Alternativen setzen. Informieren Sie sich über die verfügbaren Technologien und Fördermöglichkeiten. Lassen Sie sich von qualifizierten Energieberatern unterstützen, die einen individuellen Sanierungsfahrplan für Ihr Gebäude erstellen können. Beteiligen Sie sich an kommunalen Planungsprozessen zur Wärmewende und bringen Sie die sicherheitspolitische Perspektive in die Diskussion ein. Sprechen Sie mit Freunden, Nachbarn und Kollegen über die vielfältigen Vorteile klimafreundlicher Heizsysteme – nicht nur für die Umwelt, sondern auch für unsere gemeinsame Sicherheit. Jede Entscheidung für erneuerbare Wärme ist ein Beitrag zu einer stabileren und sichereren Zukunft – für Sie persönlich, für unsere Gesellschaft und für kommende Generationen. Die Wärmewende ist mehr als Klimaschutz – sie ist ein wesentlicher Baustein für Frieden, Unabhängigkeit und Stabilität in unserer zunehmend fragilen Welt.

3.2 CO_2-Bepreisung: Warum klimaschädliches Heizen und Fahren immer teurer wird

Die CO_2-Bepreisung ist eines der wichtigsten Instrumente der Klimapolitik. In Fachkreisen wird viel darüber diskutiert, was sie bewirken soll. Wir als Verbraucher spüren bereits die konkreten Auswirkungen. Heizöl, Erdgas, Benzin und Diesel sind teurer geworden – und die Preise steigen weiter. Doch warum eigentlich? Ist das eine reine Abzocke oder steckt dahinter ein sinnvoller Mechanismus?

Tatsächlich gibt es ein klares Prinzip: Wer CO_2 ausstößt, muss dafür bezahlen. Das Ziel dahinter ist einfach: Klimaschädliches Verhalten wird finanziell unattraktiv, während klimafreundliche Alternativen gefördert werden. Langfristig soll das dazu führen, dass fossile Brennstoffe schrittweise aus unserem Alltag verschwinden. Denn bisher wurden Klimafolgeschäden nicht eingepreist.

Der Heizölpreis zum Beispiel setzt sich aus mehreren Komponenten zusammen: dem Rohölpreis, den Raffinerie- und Transportkosten, den Steuern und Abgaben sowie den Margen des Handels. Der größte Einflussfaktor ist der Rohölpreis, der von Angebot und Nachfrage auf dem Weltmarkt abhängt und stark schwanken kann. Hinzu kommen Raffineriekosten, die für die Verarbeitung von Rohöl zu Heizöl anfallen, sowie Transportkosten, um das Heizöl vom Produzenten über Händler zum Endkunden zu bringen.

Ein bedeutender Teil des Preises sind staatliche Abgaben. Dazu gehören die Energiesteuer, die beim Heizöl rund 6,14 Cent pro Liter beträgt, und die Mehrwertsteuer, die mit 19 Prozent auf den Gesamtpreis aufgeschlagen wird. Seit 2021 kommt die CO_2-Abgabe hinzu, die 2024 bei etwa 12 Cent pro Liter Heizöl lag und weiter steigen wird.

Die tatsächlichen Kosten der Klimaschäden durch den CO_2-Ausstoß von Heizöl sind in diesem Preis jedoch nicht vollständig enthalten. Die derzeitige CO_2-Abgabe basiert auf politisch festgelegten Preisen pro Tonne CO_2, nicht auf den realen Schäden. Wissenschaftler berechnen, dass die gesellschaftlichen Kosten einer Tonne CO_2 – also die Schäden durch Klimawandel, Extremwetter, Gesundheitsfolgen und wirtschaftliche Verluste – zwischen 180 und 800 Euro pro Tonne CO_2 liegen könnten. Zum Vergleich: Die aktuelle CO_2-Bepreisung liegt 2025 in Deutschland bei 55 Euro pro Tonne.

Würde der Heizölpreis diese Klimaschäden vollständig widerspiegeln, müsste er um bis zu einen Euro pro Liter höher sein. Damit würde sich der Preis mehr als verdoppeln. Weil ein solch hoher Aufschlag politisch schwer durchsetzbar ist, werden Klimaschäden nur teilweise über CO_2-Abgaben oder Klimaschutzmaßnahmen finanziert – der Großteil bleibt eine »unsichtbare« Belastung für die Gesellschaft, die sich in steigenden Versicherungsprämien, Infrastrukturkosten und Gesundheitsausgaben widerspiegelt.

Doch wie genau funktioniert die CO_2-Bepreisung? Welche Folgen hat sie für Eigentümer, Mieter, Autofahrer und Unternehmen? Und warum ist sie eine der wirkungsvollsten Maßnahmen, um die Wärmewende voranzutreiben?

3.2.1 Das Prinzip hinter der CO_2-Bepreisung

Die Idee ist so simpel wie wirkungsvoll: Wer CO_2 ausstößt, verursacht Schäden für die Gesellschaft, etwa durch Klimawandel, Extremwetter oder Luftverschmutzung. Die CO_2-Bepreisung sorgt dafür, dass fossile Energieträger teurer werden und klimafreundliche Alternativen attraktiver sind.

Das funktioniert nach einem einfachen Prinzip: Für jede ausgestoßene Tonne CO_2 muss eine Gebühr gezahlt werden. Diese Gebühr steigt Jahr für Jahr an, sodass fossile Brennstoffe langfristig wirtschaftlich unattraktiv werden. Die Einnahmen fließen teilweise in staatliche Klimaschutzmaßnahmen oder werden als finanzielle Entlastung an Verbraucher zurückgegeben.

Deutschland setzt dabei auf ein zweistufiges System:

1. Für die Industrie gibt es den Europäischen Emissionshandel (ETS). Große Unternehmen müssen für ihre Emissionen CO_2-Zertifikate kaufen. Je weniger Emissionen ein Betrieb verursacht, desto weniger Zertifikate benötigt er. Die Anzahl der Zertifikate wird schrittweise reduziert, sodass der CO_2-Ausstoß zwangsläufig sinken muss.
2. Für Verkehr und Gebäudewärme gibt es den nationalen Brennstoffemissionshandel. Wer Heizöl, Erdgas, Benzin oder Diesel verkauft, muss sogenannte »Emissionsrechte« erwerben. Diese Kosten werden an die Endverbraucher weitergegeben.

Konkret heißt das: Wer mit Öl oder Gas heizt, zahlt automatisch mehr – ebenso wie Autofahrer, die Benzin oder Diesel tanken.

Die Umsetzung in Deutschland: vom Festpreis zum Marktmechanismus

Deutschland hat 2021 einen nationalen CO_2-Preis eingeführt. Im Unterschied zu einer klassischen Steuer gibt es hier einen Emissionshandel, bei dem Zertifikate gekauft werden müssen. Die CO_2-Bepreisung startete mit einem festen Preis von 25 Euro pro Tonne CO_2 und wurde in den folgenden Jahren schrittweise erhöht.

- 2021: 25 Euro pro Tonne CO_2
- 2022: 30 Euro pro Tonne CO_2
- 2023: 35 Euro pro Tonne CO_2
- 2024: 45 Euro pro Tonne CO_2
- 2025: 55 Euro pro Tonne CO_2

Ab 2026 soll der Preis dann nicht mehr staatlich festgelegt werden, sondern sich am Markt orientieren – das bedeutet, dass die Kosten für fossile Brennstoffe weiter steigen könnten, wenn es nicht genügend Emissionsrechte gibt. Was bedeutet das für Verbraucher? Ganz einfach: Fossiles Heizen und Fahren wird jedes Jahr teurer.

3.2.2 Welche Brennstoffe sind betroffen?

Die CO_2-Bepreisung betrifft alle fossilen Brennstoffe im Verkehr und bei der Wärmeerzeugung. Dazu gehören:

- Heizöl
- Flüssiggas
- Erdgas
- Kohle
- Benzin
- Diesel

Das bedeutet: Wer mit Gas oder Öl heizt, spürt die CO_2-Kosten direkt auf seiner Rechnung. Ebenso Autofahrer, die weiterhin mit Verbrennungsmotoren unterwegs sind.

Übrigens: Im Bundesdurchschnitt verbraucht ein Auto rund 7 Liter Kraftstoff auf 100 Kilometer – ein elektrisch betriebenes Fahrzeug gerade mal 18 kWh. Das entspricht ungefähr 2 Litern Diesel oder Benzin. Somit ist ein elektrisch betriebenes Fahrzeug auch noch um 70 Prozent sparsamer als ein Verbrenner.

3.2.3 Wie funktioniert der Emissionshandel?

Anders als eine klassische Steuer ist die CO_2-Bepreisung ein Handelssystem. Unternehmen, die fossile Brennstoffe verkaufen, müssen CO_2-Zertifikate kaufen. Je mehr Emissionen durch diese Brennstoffe verursacht werden, desto mehr Zertifikate benötigen sie – und desto teurer wird es für sie. Beim Erdgas müssen beispielsweise Stadtwerke die Zertifikate erwerben, weil sie die Endkunden beliefern. Bei Benzin und Diesel sind es Raffinerien und Händler, die für die CO_2-Kosten aufkommen – die diese natürlich an den Endverbraucher weitergeben.

Das Ziel ist klar: Wer CO_2 ausstößt, soll dafür bezahlen – und wer weniger verbraucht, spart Geld. Das Prinzip sollte Ihre Entscheidung für das passende Heizsystem sehr erleichtern.

3.2.4 Auswirkungen auf Verbraucher: Wie teuer wird Heizen und Tanken?

Die CO_2-Bepreisung hat bereits deutliche Auswirkungen auf die Energiekosten. Ein Rechenbeispiel:

- Eine Familie, die 2.000 Liter Heizöl pro Jahr verbraucht, zahlte 2021 durch den CO_2-Preis zusätzlich 150 Euro. 2024 sind es bereits 270 Euro, 2025 dann 330 Euro – und die Preise steigen weiter.
- Beim Erdgas sind die Mehrkosten ebenfalls erheblich. Ein Haushalt mit 20.000 kWh Gasverbrauch zahlte 2021 etwa 130 Euro zusätzlich, 2024 sind es 240 Euro und 2025 bereits 300 Euro.

Auch beim Autofahren wird es spürbar teurer: Der CO_2-Preis verteuert Benzin um etwa 9 Cent pro Liter (Stand 2024), Diesel sogar um 10 Cent. Das bedeutet: Wer viel fährt, zahlt Jahr für Jahr mehr.

3.2.5 Die Ziele der CO_2-Bepreisung: Warum das Ganze?

Die CO_2-Bepreisung ist ein zentraler Baustein der deutschen Klimapolitik. Deutschland will bis 2045 klimaneutral sein – das heißt, dass bis dahin keine Netto-CO_2-Emissionen mehr ausgestoßen werden dürfen. Das mag vielleicht nicht jedem passen, ist aber so, weil unumgänglich.

Die CO_2-Kosten sollen Verbraucher und Unternehmen motivieren, auf klimafreundliche Alternativen umzusteigen. Wer jetzt in klimafreundliche Wärmeerzeugung, Solaranlagen oder Elektroautos investiert, macht sich unabhängig von steigenden Preisen für fossile Energieträger.

Zudem fließen die Einnahmen aus der CO_2-Bepreisung in Klimaschutzmaßnahmen und Förderprogramme. Dadurch werden erneuerbare Energien gefördert und sozial gerechte Entlastungen für Haushalte mit niedrigem Einkommen ermöglicht.

Wie Verbraucher Kosten sparen können

Die beste Möglichkeit, um steigenden CO_2-Kosten zu entgehen, ist der Umstieg auf klimafreundliche Technologien. Dazu gehören:

- Wärmepumpen: nutzen Umweltwärme und sind effizienter als mit fossilen Brennstoffen arbeitende Heizungen
- Infrarotheizungen: natürlich mit grünem Strom
- Solarthermie: unterstützt die Wärmeerzeugung und reduziert Heizkosten
- Fernwärme: besonders attraktiv in Städten mit nachhaltiger Versorgung
- effiziente Dämmung: senkt den Energieverbrauch und macht Heizen günstiger

Wer jetzt investiert, spart langfristig nicht nur CO_2, sondern auch Geld.

Die CO_2-Bepreisung ist keine Strafe, sondern ein Anreiz zum Wandel. Wer sich frühzeitig umstellt, kann Kosten sparen, unabhängig von fossilen Brennstoffen werden und aktiv zum Klimaschutz beitragen.

Das Heizen mit fossilen Brennstoffen wird Jahr für Jahr teurer – klimafreundliche Technologien werden dagegen immer günstiger. Die beste Entscheidung ist, nicht abzuwarten, sondern die Zukunft selbst zu gestalten. Denn eines ist sicher: CO_2 wird immer teurer – klimafreundliches Heizen immer attraktiver.

3.3 CO_2-Bepreisung vs. Heizungstausch

»Die teuerste Energie ist die, die wir verschwenden.«
Amory Lovins, Physiker und Energieexperte

Ab wann genau lohnt sich denn eine energetische Sanierung und ein Heizungstausch? Das könnte man auch einfach mal der CO_2-Besteuerung gegenüber stellen.

Die CO_2-Bepreisung und der Heizungstausch stellen zwei unterschiedliche, aber komplementäre Ansätze im Rahmen der Wärmewende dar. Während die CO_2-Bepreisung als marktbasiertes Instrument wirkt, das die ökologischen Folgekosten fossiler Energieträger einpreist, zielt der Heizungstausch auf eine technologische Transformation der Wärmeversorgung ab. Die Wechselwirkung dieser beiden Ansätze wird in den kommenden Jahren erhebliche Auswirkungen auf Hausbesitzer und Mieter haben und die wirtschaftlichen Entscheidungsgrundlagen für Gebäudesanierungen und Heizungsmodernisierungen verändern.

Die CO_2-Bepreisung in Deutschland basiert auf dem Brennstoffemissionshandelsgesetz (BEHG) und ist trotz des umgangssprachlichen Begriffs »CO_2-Steuer« genau genommen ein Preismechanismus im Rahmen eines nationalen Emissionshandelssystems. Dieses System erfasst fossile Brennstoffe wie Heizöl, Erdgas, Flüssiggas und Kohle, aber auch Kraftstoffe wie Benzin und Diesel. Unternehmen, die diese Brennstoffe in Verkehr bringen, müssen für die entstehenden CO_2-Emissionen Zertifikate erwerben, deren Kosten sie an die Endverbraucher weitergeben.

Die Entwicklung der CO_2-Preise folgt einem festgelegten Pfad: Nach 25 Euro pro Tonne im Einführungsjahr 2021 und 30 Euro in den Jahren 2022 und 2023 stieg der Preis 2024 auf 45 Euro. Für 2025 ist dann ein weiterer Anstieg auf 55 Euro pro Tonne geplant. Ab 2026 werden die Zertifikate versteigert, wobei der Preis zunächst in einem Korridor zwischen 55 und 65 Euro liegen soll. Ab 2027 erfolgt die vollständige Integration in das europäische Emissionshandelssystem (EU ETS2), wodurch sich der Preis nach Angebot und Nachfrage auf dem Markt bilden wird. Ab dann wird es richtig teuer für fossile Brennstoffe. Und da es sich um den europäischen Emissionshandel handelt, haben wir als Verbraucher auch keinen Einfluss darauf.

Diese Preisentwicklung hat erhebliche Auswirkungen auf die Heizkosten von Gebäuden mit Heizsystemen, die mit fossilen Brennstoffen betrieben werden. Betrachten wir ein typisches unsaniertes Einfamilienhaus aus den 1970er-Jahren mit einer Wohnfläche von 150 Quadratmetern und einem Wärmebedarf von 250 kWh pro Quadratmeter und Jahr. Dieser Gebäudetyp ist in Deutschland noch weit verbreitet und steht exemplarisch für die Herausforderungen der Wärmewende. Dieses Beispiel habe ich auch in anderen Abschnitten immer wieder verwendet. So können Sie gut eine Parallele zu den anderen Gesichtspunkten ziehen.

Bei einer Ölheizung entstehen bei einem jährlichen Wärmebedarf von 37.500 kWh (150 m^2 × 250 kWh/m^2) und einem durchschnittlichen Emissionsfaktor von 0,266 kg CO_2 pro Kilowattstunde Heizöl etwa 9,98 Tonnen CO_2 pro Jahr. Bei einem CO_2-Preis von 55 Euro pro Tonne im Jahr 2025 bedeutet dies zusätzliche Kosten von rund 549 Euro jährlich allein durch die CO_2-Bepreisung. Bei einer Gasheizung mit einem etwas niedrigeren Emissionsfaktor von 0,2 kg CO_2 pro Kilowattstunde ergeben sich immerhin noch 7,5 Tonnen CO_2 und damit zusätzliche Kosten von etwa 413 Euro pro Jahr.

Diese zusätzlichen Kosten sind dabei nur die Spitze des Eisbergs. Die Grundpreise für fossile Energieträger unterliegen darüber hinaus erheblichen Schwankungen aufgrund geopolitischer Ereignisse, wie die Energiepreiskrise nach dem russischen Angriff auf die Ukraine eindrücklich gezeigt hat. Die Kombination aus steigenden CO_2-Preisen und volatilen Grundpreisen für fossile Brennstoffe schafft eine wachsende wirtschaftliche Motivation für den Umstieg auf klimafreundliche Heizsysteme.

Im Kontrast dazu steht ein energetisch saniertes Gebäude mit einem modernen Heizsystem. Nach einer umfassenden Dämmung kann der Wärmebedarf des oben genannten Beispielhauses auf etwa 70 kWh pro Quadratmeter und Jahr reduziert werden. Bei gleicher Wohnfläche sinkt der jährliche Energiebedarf damit auf 10.500 kWh – eine Reduktion um 72 Prozent. Das allein entspricht 2025 bereits einer Heizkostenersparnis von fast 3.000 Euro. Wird diese Wärme zudem mit erneuerbaren Energien erzeugt, etwa durch eine Wärmepumpe, Solarthermie oder Holzpellets, fallen keine CO_2-Abgaben an, da diese Energieträger von der CO_2-Bepreisung ausgenommen sind.

Die wirtschaftlichen Auswirkungen dieser Transformation sind beträchtlich. Bei einem unsanierten Haus mit Ölheizung und den angenommenen 37.500 kWh Jahresverbrauch entstehen bei einem Ölpreis von etwa 0,90 Euro pro Liter (Stand Anfang 2025) Brennstoffkosten von rund 3.375 Euro jährlich, zuzüglich der oben genannten 549 Euro für die CO_2-Bepreisung. Insgesamt also etwa 3.924 Euro pro Jahr allein für den Brennstoff.

Ein saniertes Haus mit Wärmepumpe hingegen benötigt deutlich weniger Energie. Bei einem Wärmebedarf von 10.500 kWh und einer durchschnittlichen Jahresarbeitszahl von 3,5 verbraucht die Wärmepumpe etwa 3.000 kWh Strom. Bei einem Strompreis von 0,32 Euro pro Kilowattstunde entstehen jährliche Energiekosten von rund 960 Euro – ohne zusätzliche CO_2-Bepreisung. Die Einsparung beträgt somit etwa 2.964 Euro pro Jahr, und möglicherweise noch mehr, wenn die Stromkosten durch eine eigene Photovoltaikanlage gesenkt werden können.

Wie schnell sich dann Ihr Heizungstausch und Ihre Sanierungsmaßnahmen rechnen, hängt natürlich vom Umfang ab. Aber Sie können sich sicher sein, das es sich rechnet. Meist sogar sehr schnell!

Diese Rechnung verdeutlicht, warum die CO_2-Bepreisung als wirtschaftlicher Katalysator für den Heizungstausch wirkt. Je höher der CO_2-Preis, desto attraktiver wird die Investition in klimafreundliche Alternativen. Gleichzeitig ist zu beachten, dass die anfänglichen Investitionskosten für eine energetische Sanierung und einen Heizungstausch erheblich sein können. Die Wirtschaftlichkeit muss daher über den gesamten Lebenszyklus betrachtet werden, wobei die steigenden CO_2-Preise die Amortisationszeit zunehmend verkürzen – schon allein durch den kontinuierlichen Anstieg der Kosten für die fossilen Energieträger.

Besonders inspirierend sind in diesem Zusammenhang die Erfahrungen von Hausbesitzern, die frühzeitig auf erneuerbare Heizsysteme umgestiegen sind. Eine Familie aus dem Rheinland beispielsweise investierte bereits 2018 in eine Grundwasser-Wärmepumpe in Kombination mit einer Photovoltaikanlage und konnte ihre Energiekosten um über 80 Prozent senken. Während der Energiepreiskrise 2022 blieben ihre monatlichen Belastungen nahezu stabil, während Nachbarn mit Gasheizungen teilweise mit einer Verdreifachung ihrer Kosten konfrontiert waren. Die wirtschaftliche Resilienz, die ein klimafreundliches Heizsystem bietet, wird in Zeiten schwankender Energiemärkte zu einem immer wichtigeren Faktor.

Auch auf kommunaler Ebene zeigen sich beeindruckende Beispiele. Die Stadt Waiblingen bei Stuttgart hat ein Neubaugebiet entwickelt, in dem ein kaltes Nahwärmenetz mit dezentralen Wärmepumpen realisiert wurde. Die Bewohner profitieren von stabilen und vergleichsweise niedrigen Wärmepreisen, während die Kommune ihre Klimabilanz verbessert und unabhängiger von fossilen Brennstoffen wird. Solche Quartierslösungen demonstrieren, dass klimafreundliche Wärmeversorgung nicht nur ökologisch sinnvoll, sondern auch wirtschaftlich vorteilhaft sein kann.

Ein weiteres Beispiel kommt aus dem gewerblichen Bereich. Ein mittelständisches Unternehmen aus Bayern stellte seine Produktionsstätte von Gas auf eine Kombination aus Wärmepumpe und Solarthermie um. Neben den reduzierten Betriebskosten profitiert das Unternehmen von einer verbesserten Planungssicherheit und kann seine klimafreundliche Produktion als Wettbewerbsvorteil nutzen. Dies zeigt, dass die Transformation der Wärmeversorgung über den reinen Kostenfaktor hinaus strategische Vorteile bieten kann.

Für die Gesamtwirtschaft ist die Abwägung zwischen CO_2-Bepreisung und Heizungstausch ebenfalls relevant. Die Einnahmen aus der CO_2-Bepreisung fließen in den Klima- und Transformationsfonds und werden unter anderem für Förderprogramme zur energetischen Gebäudesanierung und zur Unterstützung des Heizungstauschs verwendet. So entsteht ein sich selbst verstärkender Kreislauf: Die CO_2-Bepreisung macht fossile Energieträger teurer und erhöht damit den Anreiz zum Umstieg, während gleichzeitig die generierten Mittel diesen Umstieg finanziell unterstützen.

Die Bundesförderung für effiziente Gebäude (BEG) bietet beispielsweise Zuschüsse von bis zu 70 Prozent für den Austausch alter Heizungsanlagen gegen klimafreundliche Alternativen. Besonders hohe Förderquoten gelten für einkommensschwache Haushalte, wodurch sichergestellt werden soll, dass die Wärmewende sozial ausgewogen verläuft. Diese Förderung reduziert die anfänglichen Investitionskosten erheblich und verkürzt damit die wirtschaftliche Amortisationszeit.

Für Hausbesitzer stellt sich angesichts der steigenden CO_2-Preise die Frage nach dem optimalen Zeitpunkt für Investitionen. Während ein Abwarten bei sinkenden Technologiekosten, etwa für Wärmepumpen, zunächst rational erscheinen mag, sprechen die steigenden CO_2-Preise und die damit verbundenen höheren Betriebskosten fossiler Heizsysteme für ein frühzeitiges Handeln. Darüber hinaus ist zu beachten, dass die verfügbaren Förderungen in den kommenden Jahren möglicherweise reduziert werden könnten, wenn die Marktdurchdringung erneuerbarer Heizsysteme zunimmt.

Ein oft übersehener Aspekt ist außerdem die Wertsteigerung von Immobilien durch energetische Sanierungen und moderne Heizsysteme. Studien zeigen, dass Gebäude mit hoher Energieeffizienz und klimafreundlicher Wärmeversorgung auf dem Immobilienmarkt zunehmend Preisaufschläge erzielen. Demgegenüber droht unsanierten Gebäuden mit Heizsystemen, die mit fossilen Brennstoffen betrieben werden, perspektivisch ein Wertverlust. Die Investition in einen Heizungstausch ist somit auch eine Investition in den langfristigen Werterhalt der Immobilie.

Die CO_2-Bepreisung wirkt darüber hinaus als Innovationstreiber. Der zunehmende wirtschaftliche Druck auf fossile Heizsysteme fördert die Entwicklung und Marktdurchdringung alternativer Technologien. Dies zeigt sich beispielsweise bei Wärmepumpen, deren Absatzzahlen in Deutschland seit Einführung der CO_2-Bepreisung deutlich gestiegen sind. Die damit verbundenen Skaleneffekte führen perspektivisch zu sinkenden Anschaffungskosten, was die Wirtschaftlichkeit weiter verbessert.

Auch im Bereich der Fernwärme zeigen sich interessante Entwicklungen. Kommunale Versorger stellen ihre Wärmenetze zunehmend auf erneuerbare Energien und Abwärmenutzung um, um die CO_2-Bepreisung zu vermeiden und stabile Wärmepreise anbieten zu können. In Mannheim beispielsweise wird das Fernwärmenetz bis 2030 vollständig auf klimaneutrale Wärmequellen umgestellt, wodurch die Kunden von den steigenden CO_2-Preisen weitgehend unberührt bleiben.

Bei allen wirtschaftlichen Überlegungen sollte jedoch nicht vergessen werden, dass die CO_2-Bepreisung und der Heizungstausch letztlich dem übergeordneten Ziel des Klimaschutzes dienen. Die Transformation des Wärmesektors ist ein zentraler Baustein auf dem Weg zur Klimaneutralität bis 2045, die Deutschland verfassungsrechtlich anstrebt. Die wirtschaftlichen Vorteile einer frühzeitigen Anpassung sind dabei ein willkommener Nebeneffekt, der die Akzeptanz und Umsetzungsgeschwindigkeit der Wärmewende erhöhen kann.

Investieren Sie in die Zukunftsfähigkeit Ihrer Immobilie

Sie stehen möglicherweise vor der Entscheidung, in eine neue Heizungsanlage zu investieren oder Ihr Gebäude energetisch zu sanieren. Bedenken Sie dabei die langfristigen wirtschaftlichen Auswirkungen steigender CO_2-Preise auf mit fossilen Brennstoffen betriebene Heizsysteme. Lassen Sie sich von einem qualifizierten Energieberater unterstützen, der einen individuellen Sanierungsfahrplan für Ihr Gebäude erstellen kann. Prüfen Sie die verfügbaren Fördermöglichkeiten, die die Investitionskosten erheblich reduzieren können. Denken Sie daran, dass jedes Jahr mit einem veralteten Heizsystem nicht nur höhere CO_2-Emissionen verursacht, sondern Sie auch finanziell zunehmend belastet. Die Investition in eine klimafreundliche Wärmeversorgung ist gleichzeitig eine Investition in Ihre finanzielle Unabhängigkeit, in die Wertstabilität Ihrer Immobilie und in eine lebenswerte Zukunft für kommende Generationen. Die steigenden CO_2-Preise geben dabei einen klaren wirtschaftlichen Impuls: Die Zeit zu handeln ist jetzt.

3.4 Das Gebäudeenergiegesetz (GEG)

»Nicht weil es schwer ist, wagen wir es nicht,
sondern weil wir es nicht wagen, ist es schwer.«
Seneca

Das Gebäudeenergiegesetz, kurz GEG, ist eines der wichtigsten Werkzeuge der deutschen Klimapolitik. Es ist die Antwort auf eine zentrale Herausforderung: Wie können wir Gebäude effizienter machen, ohne Eigentümer und Mieter zu überfordern?

Jahrzehntelang waren Gebäude wahre Energiefresser. Sie verschlangen Unmengen an Öl, Gas und Kohle, waren schlecht gedämmt und produzierten Unmengen an CO_2. Lange Zeit wurde das als gegeben hingenommen – bis der Klimawandel und steigende Energiekosten eine Neuausrichtung erforderten.

Das GEG ist der Versuch, eine Balance zu finden: Es soll Klimaschutz mit wirtschaftlicher Machbarkeit verbinden, erneuerbare Energien fördern und gleichzeitig klare Regeln für den Gebäudebestand und Neubauten setzen. Aber was genau steckt dahinter?

3.4.1 Warum das GEG überhaupt nötig ist: Klimaschutz und Energieeffizienz

Der Gebäudesektor ist einer der größten Energieverbraucher in Deutschland.

- Rund ein Drittel des gesamten Energieverbrauchs entfällt auf Gebäude.
- Jährlich verursacht der Sektor etwa 120 Millionen Tonnen CO_2 – mehr als alle deutschen Autos zusammen.
- Seit 1990 hat sich die Energieeffizienz von Gebäuden verbessert, aber die Fortschritte reichen nicht aus, um die Klimaziele zu erreichen.

Der Staat musste handeln. Denn ohne eine Reduzierung der Emissionen im Gebäudebereich sind die deutschen und europäischen Klimaziele nicht zu schaffen.

Das GEG setzt deshalb darauf, den Energiebedarf von Gebäuden zu reduzieren und den Einsatz erneuerbarer Energien zu erhöhen. Dadurch soll der CO_2-Ausstoß im Gebäudesektor im Vergleich zu 1990 um mindestens 40 Prozent gesenkt werden.

Aber warum hat man nicht einfach ein neues Gesetz erlassen, sondern gleich ein altes komplett reformiert?

Von Chaos zur Klarheit: Wie drei Gesetze in einem zusammengeführt wurden
Vor dem GEG gab es gleich drei verschiedene Gesetzgebungen, die sich mit der Energieeffizienz von Gebäuden befassten:

1. das Energieeinsparungsgesetz (EnEG)
2. die Energieeinsparverordnung (EnEV)
3. das Erneuerbare-Energien-Wärmegesetz (EEWärmeG)

Diese drei Regelwerke überlappten sich an vielen Stellen, waren aber nicht immer aufeinander abgestimmt. Eigentümer, Planer und Bauunternehmen mussten sich durch ein Dickicht aus Vorschriften kämpfen, die oft kompliziert und widersprüchlich wirkten.

Mit dem GEG wurde Ordnung geschaffen: Alle energetischen Anforderungen an Gebäude stehen jetzt in einem einzigen Gesetz. Das spart Bürokratie, macht Vorgaben transparenter und sorgt für klare Leitlinien.

Die EU gibt den Takt vor: Umsetzung europäischer Richtlinien
Deutschland ist nicht allein mit seinen Klimazielen. Die EU hat in den letzten Jahren klare Regeln erlassen, wie Gebäude in ganz Europa klimafreundlicher werden sollen.

Das GEG setzt die Vorgaben der EU-Gebäuderichtlinie in deutsches Recht um. Damit erfüllt Deutschland seine Verpflichtungen im Rahmen der europäischen Klimaschutzpolitik – und stellt sicher, dass Gebäude effizienter und nachhaltiger werden.

Ein zentraler Punkt: Alle Neubauten müssen nach dem Standard eines »Niedrigstenergiegebäudes« gebaut werden. Das bedeutet, dass sie nur noch sehr wenig Energie verbrauchen dürfen – und dieser Energiebedarf muss zu einem großen Teil aus erneuerbaren Quellen gedeckt werden.

Aber was heißt das konkret für Hausbesitzer?

3.4.2 Mehr erneuerbare Energien: die Wärmewende im Gebäudebereich

Ein zentrales Ziel des GEG ist es, den Anteil erneuerbarer Energien in der Gebäudewärme drastisch zu erhöhen. Lange Zeit wurde fast ausschließlich mit fossilen Brennstoffen geheizt. Öl, Gas und Kohle dominierten – nachhaltige Alternativen hatten es schwer. Das ändert sich jetzt.

Das GEG schreibt vor, dass neue Heizsysteme einen Mindestanteil erneuerbarer Energien nutzen müssen. Das kann auf verschiedene Weise geschehen:

- Wärmepumpen, die Umweltwärme nutzen
- Solarthermie, die mit Sonnenenergie Wasser erwärmt
- Biomasse, etwa Holzpellet-Heizungen
- Fernwärme, die aus erneuerbaren Quellen gespeist wird

Dadurch soll der Gebäudebestand schrittweise auf klimafreundliche Wärmeversorgung umgestellt werden.

Doch das GEG betrifft nicht nur Neubauten – auch für Bestandsgebäude bringt es klare Regeln.

3.4.3 Was bedeutet das GEG für Hausbesitzer und Vermieter?

Eines der wichtigsten Ziele des GEG ist es, langfristige Planungssicherheit zu schaffen. Wer ein Haus baut oder saniert, soll wissen, welche Standards gelten – und was in Zukunft noch erlaubt ist.

Was es bei Neubau und Sanierung zu beachten gilt

- Neubauten müssen strenge Effizienzstandards erfüllen. Wer neu baut, muss von Anfang an auf einen sehr niedrigen Energiebedarf achten.
- Bei Sanierungen gelten klare Vorgaben. Alte Heizungen müssen langfristig durch klimafreundlichere Alternativen ersetzt werden.
- Bestimmte Heizsysteme werden schrittweise aus dem Markt genommen. Öl- und Gasheizungen sollen nach und nach verschwinden – nicht durch Verbote, sondern durch wirtschaftliche Anreize.

Das Gebäudeenergiegesetz (GEG) wird oft als »Heizungsgesetz« bezeichnet, weil es die Anforderungen an die Heiztechnik in Gebäuden maßgeblich beeinflusst. Tatsächlich regelt das GEG aber viel mehr als nur Heizungen – es fasst verschiedene Vorschriften zur Energieeffizienz von Gebäuden zusammen, darunter Dämmung, erneuerbare Energien und den Gesamtenergiebedarf.

Der Begriff »Heizungsgesetz« hat sich vor allem durch die öffentliche Debatte entwickelt, da die Neufassung des GEG 2023 besonders den Einbau neuer Heizsysteme betrifft. Die umstrittene Regelung, dass ab 2024 jede neu eingebaute Heizung zu mindestens 65 Prozent erneuerbare Energien nutzen muss, stand dabei im Mittelpunkt der Diskussion. Da für viele Menschen die Heizungswahl eine direkte finanzielle und praktische Auswirkung hat, wurde das Gesetz in den Medien und der Politik oft auf diesen Aspekt verkürzt – und erhielt so den Namen »Heizungsgesetz«.

Der Begriff ist also nicht ganz korrekt, weil das GEG über Heizungen hinaus die gesamte Energieeffizienz von Gebäuden regelt, aber er hat sich eingebürgert, weil die Heiztechnik die sichtbarste und emotionalste Komponente der Gesetzesänderung war.

Ein häufiges Missverständnis: Viele denken, das GEG schreibe vor, dass alle Haushalte Wärmepumpen einbauen müssen. Doch das Gesetz ist technologieoffen. Das bedeutet: Eigentümer können selbst entscheiden, welche Technologie sie nutzen – Hauptsache, sie erfüllt die gesetzlichen Effizienzanforderungen.

Wer eine bestehende Öl- oder Gasheizung hat, muss sie nicht sofort austauschen – aber beim nächsten Wechsel muss eine nachhaltigere Lösung her. Reparieren darf ich sie allerdings noch bis 2044. Erst ab 2045 dürfen keine fossilen Brennstoffe mehr verwendet werden. Machen Sie das, wenn Sie die Kosten tragen wollen.

Auch Hybridlösungen sind möglich: Zum Beispiel eine Kombination aus einer modernen Gasheizung und Solarthermie. Das Ziel ist es, Flexibilität zu ermöglichen, aber fossile Abhängigkeiten zu reduzieren.

3.4.4 Das GEG als Schlüssel zur Wärmewende

Das Gebäudeenergiegesetz ist kein Bürokratiemonster, sondern ein entscheidender Baustein für die Wärmewende. Es schafft klare Regeln, setzt Anreize für klimafreundliche Technologien und sorgt dafür, dass Gebäude endlich klimaneutral werden können.

Für Eigentümer bedeutet das: Wer frühzeitig in erneuerbare Energien investiert, spart langfristig Geld. Denn fossile Brennstoffe werden durch steigende CO_2-Preise immer teurer – während erneuerbare Energien durch Förderprogramme und sinkende Betriebskosten immer attraktiver werden.

Die Wärmewende kommt – und das GEG sorgt dafür, dass sie fair und machbar bleibt. Zudem gibt es sehr gute Fördermöglichkeiten über die Bundesförderung für effiziente Gebäude (BEG). Mehr dazu im nächsten Kapitel.

Ziel des GEG: den Gebäudebestand klimafreundlich machen

Das Heizen mit fossilen Brennstoffen ist ein Auslaufmodell. Die Zukunft gehört den klimafreundlichen Gebäuden – und das GEG zeigt den Weg dorthin.

3.5 Die Bundesförderung für effiziente Gebäude (BEG)

»Energieeffizienz ist der erste Brennstoff. Es spart Geld, schützt das Klima und reduziert unsere Abhängigkeit von fossilen Energien.«

Das BEG unterstützt Eigentümer, Bauherren und Unternehmen finanziell bei der energetischen Sanierung und dem Neubau von effizienten Gebäuden. Gefördert werden Maßnahmen wie der Einbau von Wärmepumpen, der Austausch von mit fossilen Brennstoffen betriebenen Heizungen, die Verbesserung der Dämmung und der Einsatz erneuerbarer Energien. Ziel ist es, den Energieverbrauch von Gebäuden zu senken, Heizkosten zu reduzieren und die CO_2-Emissionen nachhaltig zu verringern.

Die Förderung erfolgt entweder als direkter Zuschuss oder über zinsgünstige Kredite mit Tilgungszuschüssen. Besonders attraktiv sind Förderungen für Komplettsanierungen und den Einsatz innovativer Technologien wie Solarthermie oder Hybridheizungen. Das BEG ist ein wichtiger Bestandteil der deutschen Wärmewende und macht energetische Modernisierungen für viele Haushalte finanziell machbar.

Die energetische Sanierung von Bestandsgebäuden ist eine der zentralen Säulen der Wärmewende. Dabei geht es nicht nur um Klimaschutz, sondern auch um handfeste wirtschaftliche Vorteile für Eigentümer und Vermieter. Durch gezielte Förderprogramme können Modernisierungen finanziell erheblich entlastet werden. Die wichtigsten Akteure in Deutschland sind das Bundesamt für Wirtschaft und Ausfuhrkontrolle (BAFA), die Kreditanstalt für Wiederaufbau (KfW) und das Finanzamt, das durch steuerliche Anreize ebenfalls zur Förderung beiträgt.

Doch welche Maßnahmen werden gefördert? Wie hoch sind die Zuschüsse? Und wie können Eigentümer die bestmögliche Förderung für ihr Vorhaben erhalten? Dieser Abschnitt liefert einen Überblick über die aktuellen Fördermöglichkeiten für Bestandsgebäude. Ihr spezielles Vorhaben sprechen Sie am besten mit einer Fachfirma vor Ort durch. Denn jedes Gebäude bietet andere Möglichkeiten.

Eine Sanierung bringt mehrere Vorteile:

- langfristige Kostenersparnis durch niedrigere Heiz- und Stromkosten
- Wertsteigerung der Immobilie durch moderne, energieeffiziente Technik
- Beitrag zum Klimaschutz durch geringere CO_2-Emissionen
- Zukunftssicherheit durch Erfüllung gesetzlicher Vorgaben (z. B. Gebäudeenergiegesetz, GEG)

Doch die anfänglichen Investitionen können hoch sein – genau hier setzen die Förderprogramme an. Die Zusammenstellung hier spiegelt den letzten Stand Ende 2024 wider.

Tipp

Wenden Sie sich mit konkreten Fragen an den Energieeffizienz-Experten Ihres Vertrauens oder die kommunale Klimaschutzabteilung. Hier erfahren Sie alles über die aktuellen Möglichkeiten. Zudem haben viele Kommunen zusätzlich ihre eigenen Förderprogramme.

3.5.1 Die wichtigsten Förderprogramme für Bestandsgebäude

3.5.1.1 Förderung durch das BAFA (Bundesamt für Wirtschaft und Ausfuhrkontrolle)

Das BAFA ist einer der zentralen Fördergeber für Einzelmaßnahmen im Bereich der Gebäudesanierung. Die Förderung erfolgt als direkter Zuschuss.

Heizungstechnik: Austausch alter Heizsysteme

- Wärmepumpe, Biomasseheizung, Solarthermie, Brennstoffzellenheizung, wasserstofffähige Heizung, Wärmenetz- oder Gebäudeanschluss
- Förderhöhe:
  - Basisförderung: 30 Prozent Zuschuss
  - + 20 Prozent Geschwindigkeitsbonus für frühzeitigen Austausch alter Öl-, Kohle-, Nachtspeicher- oder Gasheizungen
  - + 30 Prozent Einkommensbonus für Haushalte mit geringem Einkommen
  - + 5 Prozent Effizienzbonus für Wärmepumpen
  - maximaler Zuschuss: 70 Prozent der Investitionskosten (bis 30.000 Euro für Einfamilienhäuser, höhere Beträge für Mehrfamilienhäuser)
  - zusätzlicher Pauschalzuschlag für Biomasseheizungen: 2.500 Euro

Heizungsoptimierung (Effizienzverbesserung oder Emissionsminderung)

- Förderhöhe:
  - 15 Prozent Zuschuss für Effizienzverbesserungen
  - 50 Prozent Zuschuss für Emissionsminderungsmaßnahmen

Gebäudehülle: Dämmung und Fenstertausch

- Förderhöhe:
  - 15 Prozent Zuschuss für Dämmung von Dach, Fassade, Keller, für Fensteraustausch und sommerlichen Wärmeschutz
  - + 5 Prozent Zuschuss für Sanierungsfahrpläne

Anlagentechnik: Lüftungssysteme und Smarthome

- Förderhöhe:
  - 15 Prozent Zuschuss
  - + 5 Prozent Zuschuss mit Sanierungsfahrplan

Fachplanung und Baubegleitung

- Förderhöhe:
  - 50 Prozent Zuschuss für professionelle Beratung und Begleitung der Sanierung

3.5.1.2 Förderung durch die KfW (Kreditanstalt für Wiederaufbau)

Die KfW bietet zinsgünstige Kredite und zusätzliche Zuschüsse für die Sanierung von Bestandsgebäuden.

Komplettsanierung zum Effizienzhaus

- Förderhöhe:
  - Förderkredit bis zu 150.000 Euro pro Wohneinheit
  - 35–70 Prozent Tilgungszuschuss je nach Effizienzhaus-Standard

Heizungsoptimierung und Gebäudehülle

- Ergänzungskredite bis zu 120.000 Euro pro Wohneinheit

Energieberatung und Sanierungsfahrplan

- 80 Prozent Zuschuss für eine professionelle Energieberatung

Jung-Käufer-Programm (seit 3. Juli 2024)

- Kredit mit besonders niedrigen Zinsen für Erstkäufer von sanierten Wohngebäuden

3.5.1.3 Steuerliche Förderung durch das Finanzamt

Neben direkten Zuschüssen und Krediten gibt es auch steuerliche Anreize für die Sanierung:

- § 35c EStG: 20 Prozent Steuerbonus auf energetische Sanierungsmaßnahmen
- maximale Investitionssumme: 200.000 Euro pro Wohneinheit
- Verteilung über drei Jahre
- 50 Prozent Steuerbonus für bestimmte Maßnahmen wie Barrierereduzierung und Einbruchschutz

Die steuerliche Förderung ist besonders interessant für Eigentümer, die keine direkte Förderung durch BAFA oder KfW in Anspruch nehmen können oder möchten.

3.5.2 Welche Förderung ist die richtige?

Ob BAFA-Zuschuss, KfW-Kredit oder steuerlicher Vorteil – die Wahl hängt von der geplanten Maßnahme und der finanziellen Situation ab. Wer eine Heizung erneuern möchte, sollte die hohen Zuschüsse des BAFA nutzen. Bei einer umfassenden Sanierung bietet die KfW attraktive Kredite mit Tilgungszuschüssen. Wer die Maßnahmen selbst finanziert, kann über das Finanzamt Steuervorteile geltend machen.

Zusätzlich gibt es wie bereits erwähnt in einigen Bundesländern oder in Ihrer Kommune weitere Förderprogramme oder zinsgünstige Kredite für Sanierung und erneuerbare Energien. Es lohnt sich, regionale Programme in Betracht zu ziehen.

Die Sanierung von Bestandsgebäuden ist nicht nur aus ökologischer Sicht sinnvoll, sondern auch wirtschaftlich attraktiv. Durch die Vielzahl an Förderprogrammen können Eigentümer die Kosten erheblich senken und langfristig von geringeren Energiekosten profitieren.

Angesichts steigender CO_2-Preise, strengerer gesetzlicher Vorgaben und attraktiver Fördermöglichkeiten ist jetzt der beste Zeitpunkt, um zu handeln. Die Wärmewende ist in vollem Gange – und mit den richtigen Förderprogrammen kann sie nicht nur nachhaltig, sondern auch finanziell lohnenswert gestaltet werden. So gute Bedingungen wie heute finden Sie nie wieder!

Investitionen zahlen sich aus

Jede Investition in die Energieeffizienz eines Gebäudes zahlt sich langfristig aus – für den Geldbeutel, den Immobilienwert und das Klima.

3.6 Die Austauschpflicht für alte Heizungen

»Wer die Vergangenheit nicht loslassen kann,
wird in der Zukunft nicht ankommen.«

Die Austauschpflicht für alte Heizungen sorgt bei vielen Immobilieneigentümern für Unsicherheit und Fragen. Warum soll eine funktionierende Heizung plötzlich ersetzt werden? Welche Kosten kommen auf einen zu? Gibt es Ausnahmen? Und welche Alternativen sind sinnvoll? All diese Fragen sind berechtigt, denn der Austausch eines Heizsystems ist eine Investition, die gut überlegt sein will. Doch wer genauer hinsieht, erkennt: Die Modernisierung bietet nicht nur Herausforderungen, sondern auch erhebliche Chancen – für die eigene Immobilie, den Geldbeutel und das Klima.

Ein typisches Beispiel: Klaus, ein Mann in den Siebzigern, besitzt ein Mehrfamilienhaus mit einer alten Ölheizung aus den 90er-Jahren. Sie läuft zuverlässig – jedenfalls aus seiner Sicht. »Warum sollte ich etwas ersetzen, das funktioniert?«, fragt er misstrauisch, als er erfährt, dass seine Heizung bald ausgetauscht werden muss. Eine verständliche Reaktion, die viele teilen. Doch »funktionieren« heißt nicht gleich

»effizient sein«. Klaus' alte Heizung verbraucht mehr Energie als nötig, verursacht hohe Kosten und stößt unnötig viel CO_2 aus. Die steigenden Energiepreise und die gesetzlichen Vorgaben sind klar: Ein Austausch ist unausweichlich. Alte Heizungen sind wahre Energieverschwender.

Konstanttemperaturkessel, wie sie in vielen älteren Häusern verbaut sind, laufen ständig mit hohen Temperaturen – egal, ob das Haus gerade Wärme benötigt oder nicht. Das entspricht in etwa einem Auto, das bei voller Drehzahl im Stand läuft. Der Energieverbrauch ist viel zu hoch, ebenso die Betriebskosten. Moderne Brennwerttechnik hingegen nutzt den Brennstoff viel effizienter, indem sie sich dem tatsächlichen Bedarf anpasst. Das spart nicht nur bis zu 30 Prozent Heizkosten, sondern reduziert auch den CO_2-Ausstoß erheblich.

Die gesetzliche Pflicht, Heizungen nach 30 Jahren auszutauschen, ist im Gebäudeenergiegesetz (GEG) geregelt, genauer in § 72. Diese Vorschrift verlangt, dass Heizkessel, die mit flüssigen oder gasförmigen fossilen Brennstoffen betrieben werden und älter als 30 Jahre sind, ersetzt werden müssen. Stand heute sind das dann alle Heizungen, die älter sind als Baujahr 1995. Die Regelung betrifft allerdings nur Standard-Heizkessel mit veralteter Technik, während moderne Brennwert- und Niedertemperaturkessel weiter betrieben werden dürfen. Ziel dieser Maßnahme ist es, ineffiziente Heizsysteme schrittweise aus dem Markt zu nehmen, den Energieverbrauch zu senken und CO_2-Emissionen zu reduzieren.

Ausnahmen gibt es für bestimmte Gebäude und Eigentümer. Wer bereits vor dem 1. Februar 2002 in seinem Ein- oder Zweifamilienhaus gewohnt hat, ist von der Austauschpflicht befreit. Zudem gelten Sonderregelungen für denkmalgeschützte Gebäude oder wenn eine unzumutbare Härte vorliegt, etwa wenn der Austausch technisch oder finanziell nicht vertretbar ist. Durch diese Vorschrift soll der Heizungsbestand in Deutschland modernisiert werden, um langfristig klimafreundliche und energieeffiziente Lösungen zu fördern. In der Praxis bedeutet das für viele Eigentümer eine schrittweise Umstellung auf erneuerbare Energien oder zumindest effizientere Heiztechnologien.

Der eigene Geldbeutel zwingt allerdings oft selbst dann zum Austausch der Heizung, wenn keine gesetzliche Pflicht besteht, weil alte Heizsysteme immer teurer im Betrieb werden. Ältere Öl- und Gasheizungen haben oft einen schlechten Wirkungsgrad, was bedeutet, dass ein großer Teil der Energie ungenutzt als Abwärme verloren geht. Dadurch steigen die Heizkosten, weil mehr Brennstoff verbraucht wird, um dieselbe Wärme zu erzeugen. Und nicht zu vergessen die zusätzlich steigende CO_2-Bepreisung, was die Kosten für das Heizen mit fossilen Brennstoffen in Zukunft noch unberechenbarer macht.

Hinzu kommen steigende Wartungs- und Reparaturkosten. Ersatzteile für alte Heizsysteme werden teurer und schwerer verfügbar, da viele Hersteller die Produktion einstellen. Gleichzeitig bieten moderne Heizsysteme wie Wärmepumpen oder Hybridlösungen oft niedrigere Betriebskosten und sind förderfähig. Wer seine Heizung rechtzeitig modernisiert, spart langfristig Energiekosten und vermeidet plötzliche hohe Ausgaben für Reparaturen oder den erzwungenen Austausch einer irreparablen Anlage.

Die Heiztechnik hat sich in den letzten Jahrzehnten enorm weiterentwickelt. Während alte Gas- oder Ölheizungen nur etwa 65 Prozent der eingesetzten Energie tatsächlich in Wärme umwandeln, erreichen moderne Brennwertkessel eine Effizienz von über 90 Prozent. Wärmepumpen nutzen sogar Umweltenergie und kommen auf Wirkungsgrade von über 300 Prozent. Das bedeutet: Sie erzeugen mehr Wärme, als sie an elektrischer Energie benötigen. Das ist übrigens auch das einzige System zur Wärmeerzeugung, bei dem mehr rauskommt, als man reinsteckt.

Alte Heizungen jetzt austauschen

Wer noch eine alte Öl- oder Gasheizung von 1995 oder früher im Keller stehen hat, muss handeln.

Die Fristen sind klar definiert: Es müssen viele Heizungen aus den 90er-Jahren ausgetauscht werden. Spätestens 2044 dürfen Heizungen, die mit fossilen Brennstoffen arbeiten, nicht mehr betrieben werden. Das bedeutet: Wer heute noch eine Gas- oder Ölheizung hat, sollte sich frühzeitig um eine Alternative kümmern. Schlimmer noch: Wer heute solche Heizungssysteme einbaut, was ja durchaus erlaubt ist, macht sich von den weiter steigenden Energiekosten und der CO_2-Bepreisung abhängig.

Wärmepumpen zum Beispiel sind deutlich effizienter und klimafreundlicher, setzen aber eine vernünftige Gebäudedämmung voraus. Hybridheizungen, die Gas oder Öl mit erneuerbaren Energien kombinieren, bieten einen schrittweisen Umstieg auf klimafreundliches Heizen. Der Anschluss an ein Wärmenetz ist eine weitere Option, sofern er am Standort verfügbar ist. Hierzu in einem späteren Kapitel über die kommunale Wärmeplanung (vgl. Kap. 5) mehr. Wasserstofffähige Heizungen könnten in Zukunft eine Rolle spielen, sind aber aktuell noch nicht flächendeckend nutzbar. Und auch nicht sehr gut bezahlbar.

Der Heizungstausch ist teuer – das ist unbestritten. Doch der Staat fördert den Umstieg mit großzügigen Zuschüssen und Förderprogrammen. Wer schnell handelt, kann sogar einen zusätzlichen Geschwindigkeitsbonus erhalten.

Doch was passiert, wenn die Austauschpflicht ignoriert wird? Wer seine alte Heizung nicht rechtzeitig ersetzt, riskiert Bußgelder von bis zu 50.000 Euro. Zudem kann der Schornsteinfeger oder Energieversorger die Betriebserlaubnis entziehen.

Trotz aller Pflichten sollte die Modernisierung nicht als reine Belastung gesehen werden. Der Austausch einer alten Heizung bietet zahlreiche Vorteile: geringere Heizkosten, höhere Effizienz, ein besseres Wohnklima und eine langfristige Wertsteigerung der Immobilie.

Die Wärmewende ist in vollem Gange. Wer frühzeitig modernisiert, spart nicht nur Geld, sondern gestaltet aktiv die Zukunft der Energieversorgung mit. Denn eines ist sicher: Fossile Heizungen sind ein Auslaufmodell – die Zukunft gehört den klimafreundlichen Alternativen.

3.7 Und was ist mit Wasserstoff?

»Die Zukunft gehört denen, die sie gestalten.«

Deutschland steht an der Schwelle einer neuen Ära der Energieversorgung. Fossile Brennstoffe sollen Schritt für Schritt verschwinden, erneuerbare Energien dominieren zunehmend den Markt, und gleichzeitig stellt sich die Frage: Wie speichern und transportieren wir Energie effizient über große Distanzen? Genau hier kommt Wasserstoff ins Spiel. Er gilt als Schlüsseltechnologie der Energiewende, als Bindeglied zwischen Stromerzeugung aus erneuerbaren Energien und Anwendungen in Industrie, Verkehr und Gebäuden. Doch damit Wasserstoff diese Rolle wirklich übernehmen kann, braucht es eine leistungsfähige Infrastruktur – ein Wasserstoffnetz, das Produktion, Speicherung und Verbrauch zuverlässig verbindet.

3.7.1 Wozu ein Wasserstoffnetz?

Während Windkraft- und Solaranlagen längst fester Bestandteil des deutschen Energiesystems sind, bleibt die Herausforderung bestehen, Energie auch dann bereitzustellen, wenn die Sonne nicht scheint und der Wind nicht weht. Wasserstoff kann hier als Speicher dienen, indem er überschüssigen erneuerbaren Strom aufnimmt und später wieder nutzbar macht. Doch das allein reicht nicht. Wasserstoff muss nicht nur produziert, sondern auch dorthin transportiert werden, wo er gebraucht wird: in Industrieanlagen, Kraftwerken, Tankstellen und möglicherweise sogar Haushalten. Genau dafür wird das Wasserstoffnetz in Deutschland aufgebaut.

Der Aufbau dieses Netzes ist eine der ambitioniertesten Infrastrukturmaßnahmen der letzten Jahrzehnte. Bis 2032 soll ein deutschlandweites Wasserstoff-Kernnetz entstehen, das die wichtigsten Industriezentren und Wasserstoffproduzenten verbindet. Die Kosten werden auf rund 19 Milliarden Euro geschätzt, doch das Potenzial ist gewaltig: Eine funktionierende Wasserstoffinfrastruktur könnte Deutschland nicht nur unabhängiger von fossilen Energieimporten machen, sondern auch die Grundlage für eine klimaneutrale Wirtschaft legen. Bei den privaten Häusern habe ich jedoch so meine Zweifel.

Der erste Abschnitt dieses Netzes soll bereits 2025 in Betrieb gehen, mit einer Länge von 525 Kilometern. Bis 2032 soll das Netz auf 9.700 Kilometer anwachsen und vollständig integriert sein.

Ein zentraler Bestandteil dieses Projekts ist die Umstellung bestehender Erdgasleitungen auf Wasserstofftransport. Da Erdgas in den kommenden Jahrzehnten aus dem deutschen Energiemarkt verschwinden soll, bietet sich hier eine enorme Möglichkeit: Etwa 60 Prozent des zukünftigen Wasserstoffnetzes können durch Umrüstung vorhandener Erdgasleitungen realisiert werden. Das spart Zeit, Kosten und reduziert den Aufwand für neue Genehmigungsverfahren erheblich. Neue Pipelines werden dort gebaut, wo bestehende Strukturen nicht ausreichen. Die Umrüstung erfordert technologische Anpassungen, da Wasserstoff andere physikalische Eigenschaften als Erdgas hat. Es ist das kleinste Molekül der Welt, diffundiert leichter durch Materialien und stellt besondere Anforderungen an Dichtungen und Kompressoren.

Ein weiteres wichtiges Element ist die Speicherung von Wasserstoff. Hier stehen mehrere Technologien zur Verfügung. Eine Möglichkeit ist die Speicherung in unterirdischen Salzkavernen, die bereits heute zur Erdgaslagerung genutzt werden. Eine weitere Option sind flüssige organische Wasserstoffträger (LOHC), die Wasserstoff chemisch binden und so sicher transportieren können. Auch Hochdrucktanks und kryogene Speicher für tiefgekühlten Wasserstoff sind in der Entwicklung. Die Herausforderung besteht darin, Speicherlösungen zu finden, die sowohl wirtschaftlich als auch technisch effizient sind. Alles noch nicht in der Breite verfügbar. Aber theoretisch machbar.

Doch wie wird Wasserstoff in das Netz eingespeist? Die Produktion erfolgt an verschiedenen Standorten, vor allem in Regionen mit hoher Wind- oder Sonnenenergieerzeugung. Elektrolyseure spalten Wasser mithilfe von erneuerbarem Strom in Wasserstoff und Sauerstoff. Der erzeugte Wasserstoff kann dann ins Netz eingespeist oder vor Ort genutzt werden. In Deutschland werden große Produktionsanlagen an den Küsten geplant, wo Windkraft besonders effizient ist. Aber auch in Süddeutschland, wo viele Industriezentren liegen, sollen Elektrolyseure gebaut werden. Der Wasserstofftransport erfolgt dann über Pipelines oder, falls keine Leitung verfügbar ist, per Schiff, Zug oder Lkw.

Wie effizient ist Wasserstoff?
Um Wasserstoff herzustellen, wird ein Vielfaches an erneuerbarer Energie benötigt, verglichen mit der direkten Nutzung von Strom. Der Hauptgrund liegt im niedrigen Wirkungsgrad der gesamten Wasserstoffkette, von der Elektrolyse über Speicherung und Transport bis zur Nutzung. Für die Produktion von einem Kilogramm Wasserstoff werden etwa 50 bis 55 kWh Strom benötigt, während der Wasserstoff selbst einen Energiegehalt von rund 33 kWh besitzt. Im gesamten Prozess also ein großes Verlustgeschäft.

Durch Verluste bei Kompression, Transport und Umwandlung bleiben davon oft nur 25 bis 28 kWh tatsächlich nutzbar. Wenn Wasserstoff in einer Brennstoffzelle rückverstromt wird, stehen am Ende meist nur noch 15 bis 18 kWh für den Verbraucher zur Verfügung. Im Vergleich dazu liegt der Gesamtwirkungsgrad bei direkter Stromnutzung für Wärmepumpen oder Elektroautos bei über 80 Prozent, während Wasserstoff lediglich eine Effizienz von 30 bis 40 Prozent erreicht. Das bedeutet, dass für die gleiche nutzbare Energiemenge doppelt bis dreimal so viel erneuerbare Energie erzeugt werden muss. Wasserstoff macht daher vor allem dort Sinn, wo eine direkte Elektrifizierung nicht möglich ist, etwa in der Industrie oder im Schwerlastverkehr. In der breiten Anwendung ist er jedoch nur dann nachhaltig, wenn genügend erneuerbare Kapazitäten zur Verfügung stehen.

Ein besonderes Augenmerk liegt auf dem sogenannten H2-Terranetz. Es wird eine der Hauptversorgungsachsen für Süddeutschland und angrenzende europäische Länder sein. Das Netz verbindet große industrielle Verbraucher in Bayern, Baden-Württemberg und Hessen mit Wasserstoffquellen im Norden und Westen Deutschlands. Es wird auch an das europäische Wasserstoffnetz angeschlossen, um Importe aus Ländern wie Norwegen oder den Niederlanden zu ermöglichen. Langfristig könnte Deutschland sogar Wasserstoff aus Nordafrika beziehen, wo Solarenergie in großen Mengen zur Wasserstoffproduktion genutzt werden könnte.

Die Bedeutung des Wasserstoffnetzes
Die Bedeutung des Wasserstoffnetzes geht über die nationale Energieversorgung hinaus. Es wird ein wichtiger Teil des europäischen Energiesystems sein und dazu beitragen, eine klimaneutrale Wirtschaft aufzubauen. Der europäische Wasserstoffmarkt entwickelt sich rasant, und Deutschland spielt dabei eine zentrale Rolle. Die Bundesregierung hat ambitionierte Pläne, um die Wasserstoffwirtschaft voranzutreiben. Bereits heute gibt es umfangreiche Förderprogramme für den Aufbau der Infrastruktur und die Entwicklung neuer Technologien. Unternehmen und Forschungseinrichtun-

gen arbeiten intensiv an Lösungen, um Wasserstoff günstiger, sicherer und effizienter nutzbar zu machen.

Doch warum ist das Wasserstoffnetz überhaupt notwendig? Ein zentrales Argument ist die Dekarbonisierung der Industrie. Viele Industriezweige sind auf Hochtemperaturprozesse angewiesen, die mit Strom allein schwer zu realisieren sind. Stahlwerke, Chemieanlagen und Raffinerien benötigen große Mengen Energie, die durch Wasserstoff bereitgestellt werden können. Ohne Wasserstoff wäre es kaum möglich, diese Sektoren klimaneutral zu machen. Auch der Verkehrssektor könnte profitieren, insbesondere der Schwerlastverkehr, der Schiffs- und Flugverkehr, wo Batterietechnologien oft an ihre Grenzen stoßen.

Ein weiterer wichtiger Punkt ist die Rolle von Wasserstoff als Backup-Energiequelle. Da erneuerbare Energien wetterabhängig sind, braucht es eine Möglichkeit, Energie zu speichern und bei Bedarf wieder ins Netz einzuspeisen. Wasserstoff kann genau das leisten. Er kann in Zeiten hoher Stromproduktion erzeugt und gespeichert werden, um dann bei Dunkelflauten oder hoher Energienachfrage wieder genutzt zu werden. Damit wird das Wasserstoffnetz zu einer Art »Flexibilitätsreserve« für das gesamte Energiesystem.

Natürlich gibt es auch Herausforderungen. Der Ausbau des Wasserstoffnetzes erfordert enorme Investitionen und Koordination zwischen verschiedenen Akteuren. Zudem müssen regulatorische Fragen geklärt werden, etwa zur Marktstruktur, zur Preisbildung und zu den technischen Standards. Kritiker bemängeln, dass Wasserstoff eine ineffiziente Nutzung von erneuerbarem Strom sei, da bei der Elektrolyse Energie verloren gehe. Befürworter argumentieren dagegen, dass Wasserstoff unverzichtbar ist, um Sektoren zu dekarbonisieren, die nicht direkt elektrifiziert werden können.

Eines ist klar: Das Wasserstoffnetz wird eine zentrale Rolle in der zukünftigen Energieversorgung spielen. Es ermöglicht die Integration erneuerbarer Energien, reduziert die Abhängigkeit von fossilen Brennstoffen und eröffnet neue wirtschaftliche Chancen. Deutschland hat sich ehrgeizige Ziele gesetzt, und der Erfolg der Wasserstoffstrategie wird entscheidend davon abhängen, wie schnell und effizient das Netz ausgebaut wird.

Leider werden heute in der öffentlichen Diskussion auch immer wieder Gasheizungen diskutiert, die später dann auch mit Wasserstoff betrieben werden können. Wirtschaftlich ist das jedoch nicht.

Welche Heiztechnologie ist wirklich zukunftsfähig? Lobbyisten und politisch motivierte setzen auf eine altbekannte Technologie – mit einer neuen Komponente: Wasserstoff. So werden H2-ready Gasheizungen als eine Lösung beworben, die einen sanften

Übergang ermöglichen soll. Doch wie funktionieren diese Systeme wirklich, welche Kosten entstehen, und wie sieht die langfristige Perspektive aus?

3.7.2 Sind H2-ready Heizungen eine Option?

Der Begriff »H2-ready« klingt zunächst nach Zukunftssicherheit. Tatsächlich bedeutet er aber vor allem, dass eine Gasheizung derzeit mit bis zu 20 Volumenprozent Wasserstoff im Erdgasgemisch betrieben werden kann. Die Idee dahinter: Sollte in Zukunft mehr Wasserstoff verfügbar sein, könnte die Heizung theoretisch angepasst oder umgerüstet werden. Einige Hersteller versprechen sogar, dass bestimmte Modelle in den kommenden Jahren komplett auf 100 Prozent Wasserstoff umgestellt werden können. Doch was bedeutet das für Hausbesitzer wirklich?

Technisch gesehen unterscheiden sich H2-ready Gasheizungen kaum von klassischen Gasbrennwertthermen. Das Funktionsprinzip bleibt gleich: Ein Erdgas-Wasserstoff-Gemisch wird in einer Brennkammer verbrannt, wodurch Wärme entsteht. Diese Wärme wird an das Heizwasser übertragen, das als Wärmeträger dient. Anschließend wird das erwärmte Wasser durch das Heizsystem im Haus verteilt. Es sorgt sowohl für die Beheizung der Räume als auch für die Bereitstellung von warmem Wasser. Durch diese Kombination kann der Wasserstoffanteil im Brennstoff schrittweise erhöht werden, um fossiles Erdgas zu ersetzen und die CO_2-Emissionen zu reduzieren. Und wir reden hier nur von Reduzierung – nicht von Vermeidung!

Die entscheidende Frage ist also nicht, ob H2-ready Heizungen funktionieren – sondern ob sie tatsächlich eine zukunftsfähige Wahl sind.

3.7.2.1 Wirkungsgrad und Effizienz im Vergleich

Ein Blick auf die Effizienz macht schnell deutlich, dass H2-ready Heizungen im Vergleich zu anderen Heiztechnologien erhebliche Nachteile aufweisen. Der wichtigste Punkt dabei: Wasserstoff ist ein Energieträger, der zunächst hergestellt werden muss – und das ist ein extrem energieintensiver Prozess. Wie oben beschrieben, liegt der Wirkungsgrad bei maximal 40 Prozent. Zum Vergleich: Eine Wärmepumpe hat einen Wirkungsgrad von mindestens 300 Prozent!

Um das Problem zu veranschaulichen: Würde man 100 Kilowattstunden erneuerbaren Strom in eine Wärmepumpe stecken, könnte sie über 300 Kilowattstunden Wärme erzeugen. Bei einer H2-ready Heizung hingegen bleiben von diesen 100 Kilowattstunden nach der Umwandlung in Wasserstoff und der anschließenden Verbrennung nur noch 40 Kilowattstunden Wärme übrig. Das bedeutet, dass eine Wärmepumpe um ein Vielfaches effizienter ist als eine wasserstoffbetriebene Heizung.

Noch drastischer wird es, wenn man sich den jährlichen Energiebedarf eines Einfamilienhauses ansieht: Eine Wärmepumpe benötigt für dasselbe Gebäude etwa 12.000 Kilowattstunden Strom pro Jahr. Eine wasserstoffbetriebene Gasheizung benötigt 67.000 Kilowattstunden – mehr als das Fünffache. Der Unterschied ist enorm und bedeutet für Eigentümer nicht nur eine höhere Umweltbelastung, sondern auch massiv steigende Betriebskosten, sollte Wasserstoff in Zukunft tatsächlich als Heizenergie genutzt werden.

3.7.2.2 Kosten: Anschaffung, Betrieb und Umrüstung

Die Hersteller von H2-ready Gasheizungen betonen, dass ihre Geräte vergleichsweise günstig in der Anschaffung sind. Doch ist das wirklich so? Schauen wir uns die Kosten genauer an:

Anschaffungskosten

Eine moderne Gasbrennwertheizung mit H2-ready-Label kostet zwischen 9.000 und 11.000 Euro. Das ist auf den ersten Blick günstiger als eine Wärmepumpe, die inklusive Installation zwischen 15.000 und 25.000 Euro kostet. Allerdings ist die Rechnung nicht so einfach – denn die Betriebskosten unterscheiden sich erheblich.

Hier zeigt sich, dass die scheinbar günstige Anschaffung sich langfristig nicht auszahlt. Der entscheidende Punkt ist der Preis von Wasserstoff. Während Erdgaspreise in den letzten Jahren stark gestiegen sind, bleibt Wasserstoff eine noch teurere Alternative: Experten gehen davon aus, dass Wasserstoff nicht unter 12 Cent pro Kilowattstunde zu haben sein wird.

Zum Vergleich: Strom für Wärmepumpen liegt bei etwa 30 Cent pro Kilowattstunde, allerdings mit einer über dreifachen Effizienz, also weit unter 10 Cent. Und wenn Sie Ihren Strom noch mit einer eigenen Solarstromanlage erzeugen, ist es nur noch ein Drittel davon. Heizöl und Erdgas kosten heute zwischen 10 und 12 Cent pro Kilowattstunde, doch der steigende CO2-Preis wird fossile Brennstoffe kontinuierlich verteuern.

Ein weiteres Problem ist, dass aktuelle H2-ready Heizungen nur bis zu 20 Prozent Wasserstoff verarbeiten können. Sollte ein Netz für reinen Wasserstoff entstehen, müsste die Heizung auf 100 Prozent Wasserstoff umgerüstet werden – oder komplett ersetzt. Wie hoch diese Kosten sein werden, ist heute noch unklar, aber es ist sicher, dass Hausbesitzer erneut zahlen müssen.

Denn Wasserstoff ist ein extrem wertvoller Energieträger, der vor allem für die Industrie, den Schwerlastverkehr und die chemische Produktion sinnvoll ist. Experten gehen davon aus, dass es ökonomisch und ökologisch unsinnig wäre, Wasserstoff zum

Heizen von Wohnhäusern zu verwenden – vor allem, solange es deutlich effizientere Alternativen gibt.

3.7.2.3 Lohnt sich eine H2-ready Gasheizung?

H2-ready Heizungen werden von Herstellern und der Gaslobby als zukunftssichere Lösung beworben, doch ein genauerer Blick zeigt: Das Konzept ist voller Unsicherheiten. Während Wärmepumpen und Fernwärme bereits heute bewährte, skalierbare Technologien sind, bleibt Wasserstoff für den Gebäudesektor eine riskante Wette auf die Zukunft. Die meisten H2-ready Heizungen können nicht einfach auf 100 Prozent Wasserstoff umgestellt werden. Das bedeutet erneute Investitionen in der Zukunft.

Wenn Sie heute eine neue Heizung planen, sollten Sie sich genau überlegen, welche Technologie wirklich zukunftssicher ist. Während H2-ready Heizungen zwar eine kurzfristige Lösung sein könnten, stehen sie langfristig auf wackeligen Beinen. Die Wärmewende wird von Technologien getragen, die effizient, kostengünstig und nachhaltig sind – und Wasserstoffheizungen gehören nicht dazu.

Potenzieller Wegfall von Verteilernetzen

Gasnetze, die später zum Wasserstofftransport verwendet werden könnten, werden zudem in größerem Ausmaß wegfallen. In vielen deutschen Städten, darunter auch Augsburg, steht zudem das Gasnetz vor tiefgreifenden Veränderungen. Während Erdgas lange als kostengünstiger und weit verbreiteter Energieträger galt, werden nun die Weichen für eine Zukunft ohne fossile Brennstoffe gestellt. Die Frage, wie mit dem bestehenden Gasnetz umgegangen wird, beschäftigt nicht nur Stadtwerke und Energieversorger, sondern auch Hauseigentümer, Mieter und politische Entscheidungsträger. Doch warum wird eine Reduzierung oder gar Stilllegung der Gasnetze überhaupt diskutiert? Welche Alternativen stehen zur Verfügung und was bedeutet das für Verbraucher?

Erdgas galt lange als Brückentechnologie – sauberer als Kohle oder Heizöl, aber dennoch ein fossiler Brennstoff. Nun wird deutlich: Auch Erdgas verursacht erhebliche CO_2-Emissionen, und der Umstieg auf erneuerbare Energien muss schneller erfolgen. In diesem Zusammenhang planen immer mehr Städte, ihre Wärmeversorgung umzustrukturieren. Haushalte, die heute noch mit Gas heizen, werden perspektivisch auf klimafreundliche Alternativen wie Wärmepumpen, Fernwärme oder Biomasseheizungen umsteigen müssen. In Augsburg etwa investieren die Stadtwerke gezielt in den Ausbau des Fernwärmenetzes, um langfristig eine klimafreundliche Wärmeversorgung sicherzustellen. Dabei wird nicht nur der ökologische Aspekt betont, sondern auch der Wunsch nach einer unabhängigeren und stabileren Energieversorgung.

Neben klimapolitischen Gründen spielen auch wirtschaftliche Überlegungen eine Rolle. Während die Zahl der Haushalte, die Gas beziehen, sinkt, bleiben die Kosten für den

Netzbetrieb hoch. Das bedeutet: Je weniger Kunden ein Gasnetz nutzen, desto teurer wird der Betrieb für die verbleibenden Nutzer. Wollen Sie da wirklich dazugehören? Die Stadtwerke müssen sich frühzeitig darauf einstellen, dass ihr Gasgeschäft schrumpft. Das hat direkte Auswirkungen auf ihre wirtschaftliche Strategie. Einige Unternehmen stehen vor der Wahl: Entweder sie investieren weiter in die Instandhaltung und den Ausbau des Gasnetzes – oder sie planen den schrittweisen Rückbau. Das Problem ist dabei nicht nur der finanzielle Aufwand für den Netzbetrieb, sondern auch die Frage, ob es sich langfristig überhaupt noch lohnt, neue Gasanschlüsse zu legen.

Fernwärme als Alternative zum Gas

Als Alternative zum Gas setzen viele Städte daher verstärkt auf Fernwärme. Diese Technologie ermöglicht eine effiziente und zentralisierte Wärmeversorgung, die aus erneuerbaren Energien oder industrieller Abwärme gespeist werden kann. In Augsburg beispielsweise ist geplant, die gesamte Innenstadt langfristig mit Fernwärme zu versorgen. Hausbesitzer und Mieter in den betroffenen Gebieten werden bereits seit Jahren informiert, wann der Anschluss an das Fernwärmenetz möglich sein wird. Damit wird der Umstieg auf eine nachhaltige Heizform für viele Haushalte erleichtert, ohne dass sie selbst große Investitionen tätigen müssen. Neben der Fernwärme setzen immer mehr Menschen auf Wärmepumpen. Diese nutzen Umweltwärme aus Luft, Erde oder Wasser und sind besonders effizient. Wärmepumpen benötigen zwar Strom, arbeiten aber mit einem hohen Wirkungsgrad, sodass sie im Vergleich zu Gasheizungen deutlich weniger Primärenergie verbrauchen.

Nicht zuletzt sind es gesetzliche Rahmenbedingungen, die den Druck auf die Gasversorgung erhöhen. In Bayern etwa dürfen ab 2040 nach geltendem Recht keine neuen Gasheizungen mehr installiert werden. Das bedeutet zwar nicht, dass das Gasnetz sofort abgeschaltet wird, aber es zwingt Städte und Stadtwerke dazu, langfristige Strategien zu entwickeln. Augsburg beispielsweise betont, dass das Gasnetz nicht innerhalb der nächsten zehn Jahre stillgelegt wird. Allerdings ist klar, dass Erdgas als Heizenergie auf lange Sicht keine Zukunft hat. Andere Städte ziehen ähnliche Konsequenzen. Während einige Kommunen noch an langfristigen Wasserstoffstrategien arbeiten, setzen andere bereits konsequent auf den Rückbau ihrer Gasnetze. Dabei geht es nicht nur um die Frage, wie man fossile Brennstoffe ersetzt, sondern auch darum, wie eine verlässliche und bezahlbare Wärmeversorgung sichergestellt werden kann.

Für Hausbesitzer und Vermieter bedeutet die Entwicklung vor allem eines: Planungssicherheit ist gefragt. Wer heute noch mit Gas heizt, sollte sich frühzeitig Gedanken über Alternativen machen. Besonders in Regionen, in denen das Fernwärmenetz ausgebaut wird, kann es sich lohnen, sich über einen Anschluss zu informieren. In vielen Fällen sind die Umstellungskosten geringer als befürchtet, und die laufenden Kosten für Fernwärme können im Vergleich zu Gas langfristig stabiler bleiben. Für Neubauten sind Wärmepumpen inzwischen Standard, und auch bei Sanierungen sind sie oft die wirtschaftlichste Lösung. Staatliche Förderprogramme erleichtern den Umstieg, sodass sich die Investitionen schneller amortisieren.

Der Wandel in der Wärmeversorgung ist unausweichlich. Die nächsten Jahre werden entscheidend dafür sein, wie sich die Wärmeversorgung in Deutschland entwickelt – und wer frühzeitig handelt, kann nicht nur Kosten sparen, sondern auch von den Vorteilen einer klimafreundlichen Heizung profitieren.

Wollen Sie in Ihrer Immobilie wirklich auf Wasserstoff setzen?

3.8 Reduktion des Energieverbrauchs durch Wärmeschutz

»Die einzige Konstante im Leben ist die Veränderung.«
Heraklit

Die Wärmeschutzplanung ist eines der wichtigsten Instrumente für nachhaltiges und energieeffizientes Bauen. Sie sorgt dafür, dass Gebäude nicht nur energetisch optimiert, sondern auch langfristig wirtschaftlich, komfortabel und zukunftssicher gestaltet werden. Dabei geht es längst nicht mehr nur um eine Pflichtaufgabe zur Erfüllung gesetzlicher Vorgaben – sondern um einen echten Mehrwert für Eigentümer, Mieter und die Umwelt. Denn eine durchdachte Wärmeschutzplanung reduziert den Energieverbrauch, senkt Kosten und steigert den Wohnkomfort. Doch was macht eine gute Wärmeschutzplanung aus? Und warum ist sie heute wichtiger denn je?

Stellen wir uns eine Altbauwohnung vor, in der der Winter jedes Jahr zu einer finanziellen Herausforderung wird. Die Heizkosten steigen stetig, doch kaum ist die Heizung abgedreht, wird es wieder kalt. Im Sommer hingegen heizt sich die Wohnung auf wie ein Gewächshaus. Wer so wohnt, weiß: Wärmeschutz ist mehr als nur eine theoretische Überlegung – er entscheidet über Lebensqualität, Komfort und nicht zuletzt über die Höhe der Betriebskosten.

3.8.1 Warum Wärmeschutz sich lohnt

Die wichtigste Funktion der Wärmeschutzplanung ist die Reduzierung des Energieverbrauchs. Gebäude gehören zu den größten Energieverbrauchern in Deutschland und sind für einen erheblichen Teil der CO_2-Emissionen verantwortlich. Eine schlechte Dämmung, undichte Fenster oder eine ineffiziente Heiztechnik führen dazu, dass Unmengen an Energie verloren gehen – Energie, die oft teuer bezahlt wird.

Durch eine optimierte Wärmedämmung und moderne Anlagentechnik kann der Heizenergiebedarf eines Gebäudes um bis zu 70 Prozent gesenkt werden. Das bedeutet nicht nur eine direkte Ersparnis für den Eigentümer, sondern auch einen erheblichen Beitrag zum Klimaschutz. Während früher Energieeffizienz als Luxus galt, ist sie heute ein entscheidender Faktor für die Werterhaltung Ihrer Immobilie.

Es gibt ein weit verbreitetes Missverständnis: Viele Menschen glauben, dass energieeffizientes Bauen und Sanieren teurer sei als eine konventionelle Bauweise. Doch die Realität sieht anders aus. Zwar sind die Anfangsinvestitionen für eine gute Dämmung, dreifach verglaste Fenster oder eine moderne Heizungsanlage höher, doch sie amortisieren sich oft innerhalb weniger Jahre.

Ein Beispiel: Wer ein Einfamilienhaus mit einer schlechten Gebäudehülle saniert und eine effiziente Heiztechnik einsetzt, kann seine Energiekosten um bis zu 50 Prozent senken. Bei den aktuellen und zukünftig steigenden Energiepreisen bedeutet das schnell eine jährliche Ersparnis von mehreren Tausend Euro. Besonders attraktiv wird das Ganze durch Förderprogramme, die einen Großteil der Kosten übernehmen können. Wer hier clever plant, kann seine Sanierungskosten drastisch reduzieren.

Das wirtschaftliche Argument geht aber noch weiter. Gebäude mit gutem Wärmeschutz haben einen höheren Marktwert und erzielen bessere Verkaufspreise. Käufer und Mieter legen heute großen Wert auf niedrige Betriebskosten und nachhaltige Konzepte. Eine Immobilie mit schlechter Energieeffizienz wird in den kommenden Jahren zunehmend an Wert verlieren.

Warum Banken zukünftig bei der Finanzierung von Immobilien mit niedrigen Energieeffizienzklassen vorsichtiger werden

Lange Zeit spielte die Energieeffizienz eines Gebäudes bei der Immobilienfinanzierung eine untergeordnete Rolle. Wer einen Kredit für eine Wohnung oder ein Haus aufnahm, musste sich eher mit Fragen zur Bonität, zum Eigenkapital oder zur Laufzeit des Darlehens befassen als mit dem energetischen Zustand des Gebäudes. Doch dieser Status quo ändert sich gerade grundlegend. Immobilien mit schlechten Energieeffizienzklassen, insbesondere mit den Bewertungen G und H, geraten zunehmend ins Visier von Banken und Aufsichtsbehörden. Die Art und Weise, wie Banken Immobilien bewerten und finanzieren, steht vor einem Wandel, der Eigentümer vor neue Herausforderungen stellt.

Ein Beispiel aus der Praxis zeigt, wie sich diese Veränderung bereits bemerkbar macht. Daniel und Julia wollen eine Altbauwohnung in guter Lage finanzieren. Das Gebäude stammt aus den 1950er-Jahren, der Energieausweis zeigt die Klasse H. Die Bank signalisiert zunächst Interesse, doch als der Energieausweis vorgelegt wird, ändern sich die Konditionen: Der Zinssatz steigt, und die Bank verlangt einen Nachweis über geplante

Sanierungsmaßnahmen. Das Ehepaar ist überrascht – bislang hatte Energieeffizienz bei Immobilienfinanzierungen kaum eine Rolle gespielt. Doch genau diese Entwicklung zeichnet sich nun in immer mehr Fällen ab.

Mit der Einführung neuer gesetzlicher Vorgaben und der stärkeren Regulierung durch Finanzaufsichtsbehörden wie die BaFin und die Europäische Zentralbank geraten Banken zunehmend unter Druck, klimafreundlichere Finanzierungsentscheidungen zu treffen. Dies führt dazu, dass Immobilien mit schlechter Energiebilanz höhere Hürden bei der Kreditvergabe haben.

Eine der spürbarsten Auswirkungen wird die Erhöhung der Kreditkosten sein. Banken könnten künftig höhere Zinsen für Immobilien mit niedrigen Energieeffizienzklassen verlangen. Der Grund dafür liegt in der Risikobewertung. Gebäude mit hohem Energieverbrauch und schlechter Wärmedämmung gelten als weniger wertstabil, weil sie durch steigende Betriebskosten und potenzielle Sanierungspflichten an Attraktivität verlieren. Banken sichern sich daher durch höhere Darlehenszinsen ab.

Ein weiteres wichtiges Kriterium ist der Energieausweis. Inzwischen fordern immer mehr Banken diesen als Pflichtdokument bei der Kreditvergabe. Dadurch können sie die energetische Qualität eines Gebäudes bewerten und das damit verbundene Risiko einschätzen. Besonders bei Anschlussfinanzierungen kann dies problematisch werden: Eigentümer, die ihr Darlehen verlängern möchten, könnten gezwungen sein, Sanierungsmaßnahmen vorzunehmen, um weiterhin finanzierungsfähig zu bleiben.

Auch regulatorische Vorgaben spielen eine immer größere Rolle. Die BaFin verlangt zunehmend, dass Banken den CO_2-Fußabdruck ihres Kreditportfolios erfassen und langfristige Klimarisiken einplanen. Immobilien mit schlechter Energiebilanz könnten für Banken zu einem finanziellen Risiko werden, wenn sich herausstellt, dass diese Gebäude in den kommenden Jahrzehnten an Wert verlieren oder teure Sanierungen erforderlich machen.

Ein weiterer entscheidender Faktor ist die Integration von Nachhaltigkeitskriterien in die Kreditvergabe. Banken und Investoren legen zunehmend Wert auf ESG-Kriterien (Environmental, Social, Governance), die nachhaltige Finanzierungsentscheidungen fördern. Immobilien mit schlechter Energiebilanz könnten daher in Zukunft schlechtere Kreditkonditionen erhalten oder gar nicht mehr finanzierbar sein.

Diese Entwicklung hat weitreichende Konsequenzen für alle Beteiligten im Immobilienmarkt. Eigentümer von Altbauten mit niedrigen Energieeffizienzklassen stehen vor der Wahl: Entweder sie investieren in eine energetische Sanierung oder sie müssen mit schlechteren Finanzierungskonditionen rechnen.

Für Käufer bedeutet dies, dass sie bei der Auswahl einer Immobilie nicht nur auf Lage und Preis achten müssen, sondern auch darauf, welche Energieeffizienzklasse das Gebäude hat. Eine vermeintlich günstige Immobilie mit schlechter Energiebilanz könnte langfristig teurer werden, wenn hohe Sanierungskosten anfallen oder Banken ungünstigere Kreditkonditionen verlangen.

Auch für Vermieter sind die Folgen nicht zu unterschätzen. Wohnungen mit niedriger Energieeffizienz werden für Mieter unattraktiver, da steigende Nebenkosten die Wohnkosten erheblich erhöhen. Zudem könnten gesetzliche Vorgaben dazu führen, dass energetische Mindeststandards für Mietwohnungen eingeführt werden, wodurch Sanierungen unausweichlich werden. Sie sehen: Es ist Zeit zum Handeln!

Letztlich wird es darauf hinauslaufen, dass energetisch schlechte Immobilien immer schwerer zu finanzieren sind. Dies bedeutet für Eigentümer, dass sie rechtzeitig handeln sollten, um nicht nur die Betriebskosten zu senken, sondern auch den Zugang zu Finanzierungen zu sichern.

Die Wärmewende betrifft nicht nur Technik und Umwelt, sondern auch den gesamten Immobilien- und Finanzsektor. Wer sich darauf einstellt, kann die Chancen nutzen – wer wartet, riskiert, dass sich die Rahmenbedingungen weiter verschärfen. Die beste Zeit, sich mit der Energieeffizienz seiner Immobilie auseinanderzusetzen, ist nicht in ein paar Jahren – sondern jetzt.

3.8.2 Wärmeschutz ist Umweltschutz

Zudem bedeutet eine gut durchdachte Wärmeschutzplanung nicht nur Einsparungen, sondern auch ein deutlich verbessertes Wohnklima. Im Sommer bleibt es angenehm kühl, im Winter wird die Wärme gespeichert, ohne dass man ständig die Heizung aufdrehen muss. Das bedeutet weniger Temperaturschwankungen, keine kalten Wände und eine gleichmäßige Wärmeverteilung.

Wer einmal in einem Passivhaus oder einem gut sanierten Altbau gewohnt hat, weiß, wie groß der Unterschied sein kann. Während in schlecht gedämmten Gebäuden oft eine ungemütliche Zugluft herrscht und Heizkörper auf Hochtouren laufen, fühlt sich ein gut isoliertes Haus von selbst angenehm warm an. Das steigert nicht nur den Komfort, sondern auch das Wohlbefinden und die Gesundheit der Bewohner.

Die Anforderungen an die Energieeffizienz von Gebäuden werden immer strenger. Mit dem Gebäudeenergiegesetz (GEG) und den verschärften EU-Richtlinien sind Eigentümer zunehmend verpflichtet, ihre Immobilien energetisch aufzurüsten. Eine gute

Wärmeschutzplanung stellt sicher, dass alle gesetzlichen Anforderungen erfüllt und spätere teure Nachrüstungen vermieden werden.

Dabei geht es nicht nur um Neubauten. Auch im Bestand gelten immer mehr Vorschriften, etwa zur Dämmung oder zum Austausch ineffizienter Heizungen. Wer hier nicht rechtzeitig handelt, riskiert nicht nur hohe Betriebskosten, sondern auch empfindliche Sanktionen oder Wertverluste seiner Immobilie.

Jede eingesparte Kilowattstunde Energie bedeutet auch eine geringere Belastung für die Umwelt. Der weltweite Energieverbrauch steigt kontinuierlich, und fossile Brennstoffe sind endlich. Eine effiziente Wärmeschutzplanung trägt dazu bei, diese Ressourcen zu schonen und den Verbrauch von Heizöl, Erdgas und Strom zu reduzieren.

Angesichts steigender Energiekosten, strengerer Gesetze und wachsender Anforderungen an den Klimaschutz wird deutlich: Eine Wärmeschutzplanung ist keine Option, sondern eine Notwendigkeit. Sie sorgt für geringere Kosten, höheren Wohnkomfort, mehr Nachhaltigkeit und eine langfristige Wertsteigerung der Immobilie.

Wer frühzeitig handelt, kann nicht nur finanziell profitieren, sondern auch die Lebensqualität erheblich verbessern. Die nächsten Jahre werden zeigen, dass sich durchdachte Wärmeschutzmaßnahmen immer stärker durchsetzen. Wer auf alte Systeme setzt, wird langfristig draufzahlen – wer hingegen heute investiert, wird in Zukunft nicht nur weniger zahlen, sondern auch einen echten Beitrag zum Klimaschutz leisten.

Die Frage ist also nicht mehr, ob man in Wärmeschutzplanung investieren sollte – sondern wann. Und die beste Antwort darauf lautet: jetzt.

Anschluss an ein Wärmenetz
Sehr gut unterstützen können hier die Wärmenetze. Schließen Sie sich an ein Wärmenetz an, lagern Sie die Bereitstellung und die Verantwortung aus. Allerdings sind Sie dann wieder in der Abhängigkeit des Wärmelieferanten.

Denn Wärmenetze sind entscheidend für eine effiziente, klimafreundliche und kostengünstige Wärmeversorgung, insbesondere in Städten und dicht besiedelten Gebieten. Sie ermöglichen die zentrale Erzeugung von Wärme, die dann über ein Leitungsnetz an viele Gebäude verteilt wird. Dadurch können verschiedene Wärmequellen genutzt werden, darunter erneuerbare Energien wie Geothermie, Solarthermie oder Abwärme aus Industrieprozessen. Ein großer Vorteil von Wärmenetzen ist die Flexibilität in der Energiequelle, wodurch fossile Brennstoffe schrittweise ersetzt werden können. Zudem sind Wärmenetze besonders effizient, weil sie Wärmeverluste minimieren und den Betrieb von Einzelheizungen überflüssig machen. Für Gebäudebesitzer bedeutet der Anschluss an ein Wärmenetz weniger Wartungsaufwand, da keine eigene Heizungsanlage notwendig ist. Gleichzeitig tragen Wärmenetze zur Stabilität des Energiesystems bei, da sie überschüssige Energie aus erneuerbaren Quellen aufnehmen und speichern können. In vielen Städten sind sie ein zentraler Bestandteil der kommunalen Wärmeplanung und ein Schlüssel zur Erreichung der Klimaziele.

4 Wärmenetze

4.1 Nahwärmenetze und Biogas

»Die beste Energie ist die, die wir vor Ort und nachhaltig nutzen können.«

Nahwärmenetze und Biogas sind zwei Konzepte, die in der Diskussion um eine nachhaltige Energieversorgung immer mehr an Bedeutung gewinnen. Während fossile Energieträger langfristig aus unserem Versorgungssystem verschwinden sollen, brauchen wir Lösungen, die effizient, umweltfreundlich und wirtschaftlich tragfähig sind. Hier bieten Nahwärmenetze eine bewährte Möglichkeit, Wärme effizient zu verteilen, während Biogas als erneuerbare Energiequelle für eine stabile und nachhaltige Versorgung sorgen kann. Doch wie funktionieren diese beiden Systeme, und warum ist ihre Kombination besonders vielversprechend?

4.1.1 Welche Vorteile bieten Nahwärmenetze?

In vielen ländlichen und städtischen Gebieten wird derzeit die Frage gestellt: Wie können wir eine zukunftsfähige Wärmeversorgung gestalten? Während sich große Metropolen zunehmend auf Fernwärmesysteme stützen, sind für kleinere Städte und Gemeinden Nahwärmenetze eine interessante Alternative. Diese ermöglichen eine zentrale Wärmeversorgung für mehrere Gebäude oder ganze Quartiere, ohne dass jeder Haushalt eine eigene Heizungsanlage betreiben muss. Die Wärme wird an einem zentralen Punkt erzeugt – zum Beispiel durch eine Biogasanlage – und über ein Rohrleitungsnetz an die angeschlossenen Gebäude verteilt.

Der Unterschied zwischen Nahwärmenetzen und Fernwärmenetzen liegt hauptsächlich in der räumlichen Ausdehnung und der Größe des Versorgungsgebiets.

Nahwärmenetze sind kleinere, dezentrale Systeme, die oft nur ein Quartier, eine Wohnsiedlung oder einzelne Gebäudegruppen mit Wärme versorgen. Die Wärmeerzeugung erfolgt meist lokal, zum Beispiel durch eine zentrale Heizanlage, ein Blockheizkraftwerk oder erneuerbare Energiequellen wie Biomasse oder Geothermie. Die Transportwege der Wärme sind kurz, was die Verluste im Netz minimiert.

Fernwärmenetze hingegen sind großflächige, stadtweite oder sogar regionale Versorgungsnetze. Die Wärme stammt häufig aus Großkraftwerken, Müllverbrennungsanlagen oder Industrieprozessen, wo sie als Abwärme anfällt und über lange Rohrleitungen verteilt wird. Diese Netze können ganze Städte oder Industriegebiete mit Wärme versorgen. Aufgrund der längeren Transportwege sind allerdings höhere Temperaturen und eine bessere Dämmung der Leitungen erforderlich, um Verluste zu reduzieren.

Einer der größten Vorteile von Nahwärmenetzen ist ihre hohe Energieeffizienz. Einzelne Heizungsanlagen haben oft Verluste durch ungenutzte Abwärme oder ineffiziente Verbrennung. In einem gut geplanten Nahwärmenetz kann die erzeugte Wärme gezielt genutzt und verteilt werden, wodurch sich die Verluste minimieren lassen.

Ein weiterer Vorteil ist die Integration erneuerbarer Energien. Während einzelne Haushalte oft Schwierigkeiten haben, eine nachhaltige Heizlösung wirtschaftlich umzusetzen, können Nahwärmenetze verschiedene regenerative Energiequellen kombinieren. Biomasse, Solarthermie, Geothermie oder eben Biogas – all diese Quellen können flexibel genutzt werden, um eine zuverlässige und klimafreundliche Wärmeversorgung sicherzustellen.

Zudem bieten Nahwärmenetze klare Vorteile für den Klimaschutz. Indem fossile Brennstoffe durch erneuerbare Energien ersetzt werden, lassen sich die CO_2-Emissionen erheblich reduzieren. In vielen Kommunen sind Nahwärmenetze deshalb ein wichtiger Bestandteil der Klimaschutzstrategien.

4.1.2 Warum ist eine Kombination mit Biogas sinnvoll?

Nicht zuletzt spielt auch die regionale Wertschöpfung eine große Rolle. Während Öl und Gas oft aus dem Ausland importiert werden müssen, kann ein Nahwärmenetz mit lokal produzierter Energie betrieben werden. Das stärkt die Wirtschaft vor Ort und macht die Gemeinde unabhängiger von internationalen Energiemärkten.

Biogas wird aus organischen Abfällen, landwirtschaftlichen Reststoffen oder Energiepflanzen gewonnen und bietet eine vielseitige Nutzungsmöglichkeit. Es kann nicht nur zur Stromerzeugung genutzt werden, sondern auch direkt für die Wärmeversorgung.

Der größte Vorteil von Biogas ist seine Speicherfähigkeit. Während Wind- und Solarenergie stark von den Wetterbedingungen abhängen, kann Biogas bedarfsgerecht eingesetzt werden. Das macht es zu einem idealen Energieträger für Nahwärmenetze, da die Wärmeproduktion flexibel an den Verbrauch angepasst werden kann.

Ein weiterer Pluspunkt ist die Reduzierung von Treibhausgasen. Organische Abfälle setzen bei der Zersetzung Methan frei, das ein deutlich stärkeres Treibhausgas ist als CO_2. Durch die Nutzung dieser Abfälle in Biogasanlagen wird das Methan in Energie umgewandelt, anstatt unkontrolliert in die Atmosphäre zu gelangen. Zudem trägt

Biogas zur Energieunabhängigkeit bei. In vielen ländlichen Regionen kann Biogas aus lokalen Ressourcen gewonnen werden, wodurch Gemeinden ihre eigene Energie produzieren und weniger von Importen abhängig sind.

Die Kombination von Biogas und Nahwärmenetzen bringt zahlreiche Vorteile mit sich. Biogasanlagen erzeugen bei der Stromproduktion eine große Menge Abwärme, die in vielen Fällen ungenutzt bleibt. Diese Abwärme kann in ein Nahwärmenetz eingespeist und für die Beheizung von Wohnhäusern, öffentlichen Gebäuden oder Gewerbebetrieben genutzt werden. Dadurch wird die Effizienz der gesamten Energieerzeugung erheblich gesteigert.

Ein weiterer Vorteil ist die flexible Energieversorgung. Während andere erneuerbare Energiequellen wie Solarthermie oder Wärmepumpen oft wetterabhängig sind, kann Biogas kontinuierlich Energie liefern. Das sorgt für eine stabile Wärmeversorgung und entlastet gleichzeitig das Stromnetz, indem Lastspitzen ausgeglichen werden.

Auch wirtschaftlich bietet diese Kombination große Chancen. Kommunen und Energieversorger können durch eine intelligente Nutzung von Biogas und Nahwärme langfristig Kosten sparen und eine nachhaltige Infrastruktur schaffen, die unabhängig von fossilen Brennstoffen funktioniert.

In Deutschland gibt es bereits zahlreiche erfolgreiche Projekte, die zeigen, wie gut Biogas und Nahwärme zusammenpassen. In Bocholt beispielsweise werden bald 600 Haushalte mit Wärme aus Biogas versorgt. Ein neues, vier Kilometer langes Nahwärmenetz verbindet zwei Biogas-Speicherkraftwerke mit dem bestehenden Wärmenetz. Dies ermöglicht eine stabile und nachhaltige Wärmeversorgung für die angeschlossenen Haushalte.

Ein weiteres Konzept sind regenerative Speicherkraftwerke, die Biogasanlagen mit Großpufferspeichern kombinieren. Diese ermöglichen eine flexible Bereitstellung von Strom und Wärme, je nach Bedarf.

Die Wärmewende ist eine der größten Herausforderungen der Energiewende. Während der Stromsektor bereits große Fortschritte gemacht hat, stehen im Wärmebereich noch viele Umstellungen bevor. Nahwärmenetze und Biogas bieten eine Lösung, die nicht nur ökologisch, sondern auch ökonomisch sinnvoll ist.

Die Kombination aus zentralisierter Wärmeerzeugung, der Nutzung lokaler Ressourcen und der Flexibilität von Biogas macht Nahwärmenetze zu einer der vielversprechendsten Lösungen für eine nachhaltige Wärmeversorgung.

4.2 Fernwärmenetze

»Eine nachhaltige Zukunft beginnt mit einer intelligenten Wärmeversorgung.«

Fernwärmenetze spielen eine zunehmend zentrale Rolle in der klimaneutralen Wärmeversorgung Deutschlands. Fernwärme bietet hier eine vielversprechende Alternative, da sie eine effiziente und nachhaltige Wärmeversorgung ermöglichen kann – insbesondere dann, wenn sie mit erneuerbaren Energien kombiniert wird. Das ist natürlich speziell in Ballungsräumen sinnvoll. Schließlich wohnen in Deutschland mittlerweile 77 Prozent der Bevölkerung in Städten und Ballungsräumen. Großstädte wuchern und Dörfer sterben aus.

Doch wie entwickelt sich die Fernwärme in Deutschland, welche Technologien spielen eine Rolle, und vor welchen Herausforderungen stehen wir?

Ein Blick auf die aktuelle Lage zeigt, dass bereits etwa 15 Prozent der Wohnungen in Deutschland mit Fernwärme versorgt werden. Das entspricht mehreren Millionen Haushalten, die keine eigene Heizungsanlage betreiben müssen, sondern über ein Wärmenetz mit zentral erzeugter Wärme beliefert werden. Der Ausbau der Fernwärmenetze schreitet dabei stetig voran: In den letzten zehn Jahren haben sich die Investitionen in diesen Bereich fast verdoppelt, sodass im Jahr 2023 bereits 2,3 Milliarden Euro in den Ausbau von Fernwärme geflossen sind. Doch das ist erst der Anfang. Bis 2045 soll der Anteil der Wohnungen, die über ein Fernwärmenetz versorgt werden, auf rund ein Drittel steigen. Das bedeutet, dass jährlich bis zu 110.000 Haushalte neu an ein Wärmenetz angeschlossen werden müssen – eine gewaltige Aufgabe, die nicht nur technische, sondern auch wirtschaftliche und politische Herausforderungen mit sich bringt.

4.2.1 Welche Technologien kommen zum Einsatz?

Ein entscheidender Faktor für den Erfolg der Fernwärme ist die eingesetzte Technologie. Während Fernwärme traditionell oft mit fossilen Brennstoffen wie Kohle oder Erdgas betrieben wurde, geht der Trend nun klar in Richtung nachhaltigerer Lösungen. Großwärmepumpen gewinnen zunehmend an Bedeutung, da sie es ermöglichen, auch Niedrigtemperatur-Wärmequellen effizient zu nutzen. Bis 2026 sollen an fünf Standorten in Deutschland erstmals Großwärmepumpen mit bis zu 22 Megawatt Leistung in Fernwärmenetze eingebunden werden. Diese Technologie erlaubt es, Umweltwärme aus Luft, Wasser oder Abwärme aus Industrieprozessen in die Wärmenetze einzuspeisen. Dadurch können erneuerbare Energien noch effizienter genutzt werden, und die Abhängigkeit von fossilen Brennstoffen wird weiter reduziert.

Ein weiterer wichtiger Trend ist die Entwicklung von Niedertemperatur-Fernwärmenetzen. Während klassische Fernwärmesysteme oft mit Vorlauftemperaturen von über 80 °C betrieben werden, setzen moderne Systeme zunehmend auf niedrigere Temperaturen zwischen 30 und 70 °C. Dies ermöglicht eine effizientere Integration erneuerbarer Energiequellen wie Geothermie oder Solarthermie und reduziert die Wärmeverluste in den Netzen. Gleichzeitig stellt der Umbau bestehender Netze auf niedrigere Temperaturen eine große technische Herausforderung dar, da viele Gebäude und Heizsysteme noch auf hohe Vorlauftemperaturen angewiesen sind. Die meisten Heizkörper werden mit einer Vorlauftemperatur von 60–70°C betrieben. Niedrigere Temperaturen sind oftmals nur über Flächenheizungen möglich.

Ein weiteres Problem ist die Finanzierung. Der Umbau auf nachhaltige Fernwärme erfordert hohe Investitionen, die sich nur über lange Zeiträume amortisieren. Während sich in großen Städten wie Hamburg oder München wirtschaftliche Konzepte für den Fernwärmeausbau vergleichsweise gut umsetzen lassen, stellt sich die Situation in kleineren Gemeinden oft schwieriger dar. Hier fehlen oft die finanziellen Mittel, um ein Wärmenetz wirtschaftlich zu betreiben, sodass alternative Lösungen gefunden werden müssen. Daher ist hier oftmals ein Nahwärmenetz sinnvoll – oder die Einzelversorgung für jede Immobilie.

4.2.2 Wo ist der Anschluss an ein Fernwärmenetz sinnvoll?

Die Perspektiven für die Fernwärme sind vielversprechend. Bis 2045 wird ein Anstieg der Fernwärmenutzung um etwa ein Drittel auf rund 145 Terawattstunden pro Jahr erwartet. Die Einbindung von Abwärme aus industriellen Prozessen, die Nutzung von erneuerbaren Energien und der verstärkte Einsatz von Großwärmepumpen werden eine zentrale Rolle spielen. Besonders wichtig wird auch die kommunale Wärmeplanung, die maßgeblich beeinflussen wird, wo und in welcher Form Fernwärme weiter ausgebaut wird.

Für Hausbesitzer und Mieter bedeutet diese Entwicklung, dass sie sich verstärkt mit der Frage auseinandersetzen müssen, ob ein Anschluss an ein Fernwärmenetz sinnvoll ist. In vielen Neubaugebieten wird Fernwärme bereits als Standardlösung eingesetzt, aber auch im Bestand bieten sich zunehmend Möglichkeiten für eine Umstellung. Wer heute noch mit Gas oder Öl heizt, sollte prüfen, ob ein Anschluss an ein Wärmenetz eine langfristig kostengünstige und nachhaltige Alternative sein kann.

Insgesamt zeigt sich, dass die Fernwärme in Deutschland eine immer größere Bedeutung für die Wärmewende haben wird. Die Kombination aus zentraler Energieerzeugung, effizienter Wärmeverteilung und der Integration erneuerbarer Energien macht sie zu einer der vielversprechendsten Lösungen für die Zukunft.

4.2.3 Und wie macht es das benachbarte Ausland?

Kopenhagen zeigt der Welt, wie eine Stadt ihre Emissionen drastisch senken kann, ohne dabei an Lebensqualität einzubüßen. Innerhalb eines Jahrzehnts hat die dänische Hauptstadt ihren CO_2-Ausstoß um beeindruckende 65 Prozent reduziert – und das nicht durch Verzicht, sondern durch eine intelligente Wärmeversorgung, nachhaltige Energiequellen und eine durchdachte Stadtplanung. Während Deutschland noch über die Transformation seines Wärme- und Energiesektors diskutiert, hat Kopenhagen längst bewiesen, dass eine Stadt klimaneutral werden kann, ohne dass ihre Bürgerinnen und Bürger auf Komfort oder wirtschaftliches Wachstum verzichten müssen.

Rund 98 Prozent aller Haushalte in Kopenhagen sind an das Fernwärmenetz angeschlossen. Diese beeindruckende Zahl ist das Ergebnis jahrzehntelanger Planung, in der die Wärmeversorgung der Stadt systematisch von fossilen Energieträgern auf erneuerbare Energiequellen umgestellt wurde. Während in Deutschland noch über eine gerechte Lastenverteilung und geeignete Maßnahmen zur Wärmewende gestritten wird, setzt Dänemark auf ein bewährtes Modell: Kraft-Wärme-Kopplung und großflächig ausgebaute Fernwärmenetze.

Der Schlüssel zum Erfolg liegt in einer konsequenten kommunalen Wärmeplanung, die sicherstellt, dass neue Gebäude gar nicht erst mit fossilen Heizsystemen ausgestattet werden. In Kopenhagen ist Fernwärme der Standard, nicht die Ausnahme. Dies wurde bereits in den 1970er-Jahren als Reaktion auf die Ölkrisen etabliert. Die dänische Regierung erkannte früh, dass eine Abhängigkeit von fossilen Energieträgern langfristig problematisch ist – nicht nur aus ökologischer, sondern auch aus wirtschaftlicher und geopolitischer Sicht.

Heute speist sich das Kopenhagener Fernwärmenetz aus einer Vielzahl nachhaltiger Energiequellen. Biomassekraftwerke spielen eine zentrale Rolle und liefern verlässlich Wärme für Hunderttausende Haushalte. Gleichzeitig wird industrielle Abwärme effizient genutzt, um das Netz zu speisen. Großwärmepumpen, die Umweltwärme aus Luft, Wasser oder industriellen Prozessen extrahieren, sind ein weiteres Standbein der nachhaltigen Wärmeversorgung. Besonders bemerkenswert ist der innovative Ansatz der Müllverstromung. In Kopenhagen wird nicht recycelbarer Abfall nicht einfach entsorgt, sondern in Wärme umgewandelt. Die moderne Müllverbrennungsanlage Amager Bakke, auch bekannt als CopenHill, ist dabei nicht nur ein funktionales Heizkraftwerk, sondern auch ein Symbol für die kreative Verbindung von Klimaschutz und urbanem Leben.

CopenHill zeigt, wie technische Infrastruktur ansprechend in das Stadtbild integriert werden kann. Während in Deutschland Infrastrukturprojekte oft mit Widerstand und Protesten verbunden sind, steht die Anlage mitten in der Stadt – und auf ihrem Dach befindet sich eine Skipiste. Wer Kopenhagen besucht, kann also auf einer hochmodernen Müllverbrennungsanlage Ski fahren und gleichzeitig sehen, wie die Stadt eine klimafreundliche Wärmeversorgung sicherstellt.

Hierzulande sind noch immer Millionen von Haushalten auf individuelle Heizlösungen angewiesen, oft mit fossilen Brennstoffen betrieben. Der Ausbau der Fernwärme schreitet nur langsam voran, und vielerorts gibt es keine klare Strategie, wie bestehende Infrastrukturen umgebaut werden können. In vielen deutschen Städten sind Nah- und Fernwärmenetze zwar vorhanden, aber oft noch auf fossile Brennstoffe angewiesen. Die Transformation zu einem klimaneutralen Fernwärmesystem wird durch regulatorische Unsicherheiten, fehlende finanzielle Anreize und eine fragmentierte Planung erschwert.

Ein weiteres Problem ist, dass kommunale Wärmeplanung in Deutschland oft nicht verbindlich ist. Während Kopenhagen langfristige Pläne verfolgt, die sicherstellen, dass neue Gebäude direkt an das Wärmenetz angeschlossen werden, fehlt in Deutschland vielerorts eine klare Strategie. Die Infrastruktur ist in vielen Fällen bereits vorhanden, sie muss nur effizienter genutzt und ausgebaut werden.

Besonders spannend ist der Ansatz, Müll als Energieträger zu nutzen. In Dänemark wird dieser Ansatz aktiv in die Energiepolitik integriert. Während in Deutschland Müllverbrennungsanlagen oft kritisch gesehen werden, ist ihre kluge Nutzung in Kopenhagen ein zentrales Element der nachhaltigen Stadtentwicklung. Durch modernste Filtertechnologien und hocheffiziente Prozesse können Emissionen minimiert und Energie effizient genutzt werden.

Neben den technischen Lösungen ist auch der gesellschaftliche Aspekt entscheidend. In Dänemark wird der Wandel nicht als Bedrohung, sondern als Chance verstanden. Das sehen sehr viele in Deutschland anders. Das spüre ich am eigenen Leib in den unterschiedlichsten Diskussionen. Allein wenn Menschen sehen, dass ich elektrisch fahre, findet sich sofort jemand, der versucht, mich davon zu überzeugen, dass Mobilität nur mit Verbrennermotoren funktionieren kann. Aber das ist ein anderes Thema.

Der dänische Staat unterstützt nicht nur die Umsetzung, sondern sorgt auch dafür, dass die Bevölkerung die Vorteile versteht und akzeptiert. Dies zeigt sich auch in der hohen Akzeptanz von Fernwärme: Während in Deutschland viele Haushalte skeptisch gegenüber Wärmenetzen sind, ist es in Dänemark selbstverständlich, daran angeschlossen zu sein.

Die gute Nachricht ist, dass Deutschland langsam aufholt. Doch es gibt noch viel zu tun. Der Ausbau von Großwärmepumpen, die Integration von Abwärme aus Industrieprozessen und die Nutzung erneuerbarer Energien müssen schneller vorangetrieben werden. Gleichzeitig müssen Kommunen verbindliche Wärmepläne entwickeln, damit der Umstieg auf nachhaltige Heizsysteme nicht dem Zufall überlassen bleibt.

Kopenhagen hat bewiesen, dass eine klimaneutrale Wärmeversorgung nicht nur möglich, sondern auch wirtschaftlich sinnvoll ist. Die Stadt zeigt, dass Klimaschutz und urbane Lebensqualität Hand in Hand gehen können. Deutschland steht vor ähnlichen Herausforderungen – aber auch vor ähnlichen Chancen. Die Wärmewende ist keine technische Frage mehr, sondern eine gesellschaftliche Aufgabe. Und bei Ihrer Immobilie ist es Ihre Aufgabe, die beste Entscheidung für die Zukunft Ihrer Wärmeversorgung zu treffen.

Lassen Sie sich nicht beirren

Leider wird die Wärmewende in Deutschland immer wieder ausgebremst – von politischer Zögerlichkeit, wirtschaftlichen Interessen und einer öffentlichen Debatte, die von Unsicherheit und Fehlinformationen geprägt ist. Lassen Sie sich davon bitte nicht beeinflussen!

Ein entscheidender Faktor ist das sogenannte Heizungsgesetz. Ursprünglich sollte es ab 2024 regeln, dass jede neu installierte Heizung zu mindestens 65 Prozent mit erneuerbaren Energien betrieben wird. Doch nach heftigen politischen Auseinandersetzungen und einer massiven Kampagne gegen das Gesetz wurde es stark abgeschwächt. Anstatt eine klare Richtung vorzugeben, wurde das Gesetz so verwässert, dass es kaum noch als wirkliche Transformation bezeichnet werden kann. Die Folge: Sie als Eigentümerin oder Mieter stehen weiterhin vor Unsicherheiten, während die notwendigen Maßnahmen für den Klimaschutz in der Praxis nur schleppend umgesetzt werden.

Dabei sind die Fakten längst klar: Wer sich heute noch eine neue Gasheizung einbaut, wird in Zukunft hohe Kosten tragen müssen. Da kann Ihnen ein Wärmenetz durchaus weiterhelfen: ob Nah- oder Fernwärme – eben das, was bei Ihnen zur Verfügung steht. Leider fehlt es in Deutschland an einer übergreifenden Strategie. Viele Städte haben zwar Wärmepläne in der Schublade, aber die Umsetzung kommt nur langsam voran. Gleichzeitig investieren Energieversorger noch immer in fossile Heizsysteme, obwohl klar ist, dass diese langfristig nicht zukunftsfähig sind.

Die gute Nachricht ist, dass sich die Situation ändern kann. Die öffentliche Debatte zeigt, dass immer mehr Menschen eine nachhaltige Wärmeversorgung fordern. Die Investitionen in erneuerbare Energien steigen, und Kommunen beginnen, ihre Wärmeplanung konsequenter umzusetzen. Doch der Wandel muss schneller gehen. Wer heute handelt, kann sich nicht nur vor steigenden Kosten schützen, sondern auch aktiv zur Lösung der Klimakrise beitragen.

Die Wärmewende ist kein Zukunftsprojekt – sie muss jetzt stattfinden. Die Frage ist nicht, ob Deutschland umsteigt, sondern wie schnell und mit welcher Konsequenz. Wer die Zeichen der Zeit erkennt, wird davon profitieren. Wer weiter auf fossile Lösungen setzt, wird in wenigen Jahren mit den Folgen konfrontiert werden. Die Entscheidung liegt bei Ihnen – und sie kann nicht länger aufgeschoben werden.

4.3 Der Hamburger Weg

»Der beste Weg, die Zukunft vorherzusagen, ist, sie zu gestalten.«
Abraham Lincoln

»Der beste Weg für den Klimaschutz ist der Einsatz innovativer Technologien«, sagte Hamburgs Bürgermeister Peter Tschentscher vor ein paar Jahren. Was damals wie ein gut gemeinter Satz aus dem Politiksprech klang, ist heute in Teilen der Stadt längst Realität. Denn Hamburg hat sich aufgemacht, einen eigenen Weg durch die Wärmewende zu gehen – und tut das so konsequent und praxisnah, dass man sich fragt: Warum nicht überall so?

Als ich das erste Mal vom Projekt »Aurubis« hörte, hatte ich ehrlich gesagt kaum eine Vorstellung davon, was das mit einem normalen Mietshaus oder einem Reihenendhaus in Hamburg-Harburg zu tun haben soll. Ein Kupferkonzern, industrielle Abwärme, Wärmespeicher – klingt nach großem Kino. Aber dann saß ich wenige Wochen später bei einem Ortstermin in Rothenburgsort mit einer Eigentümerin – Mitte fünfzig, zwei vermietete Etagenwohnungen in einem klassischen Klinkerbau. Und sie sagte nur: »Seitdem ich weiß, dass meine Heizung mit der Abwärme von einem Kupferofen läuft, sehe ich Industrie mit ganz anderen Augen.«

Sie hatte verstanden, was der Hamburger Weg eigentlich bedeutet: dass man die Wärme dort nutzt, wo sie ohnehin anfällt. Dass Industrie und Stadt nicht Gegensätze sind, sondern sich gegenseitig tragen können. Dass Klimaschutz nicht immer Verzicht oder Technik-Wahnsinn sein muss, sondern manchmal einfach nur gute Organisation. In diesem Fall: eine große Menge heißes Wasser, die in einem riesigen Wärmespeicher gesammelt wird und von dort aus ganz still und zuverlässig durch die Fernwärmerohre der Stadt fließt. Bis ins Wohnzimmer von Frau Bergmann in Rothenburgsort.

Diese stille Kraft der Abwärme ist das Erste, was mich an Hamburgs Strategie beeindruckt hat. Nicht, weil es spektakulär ist. Sondern weil es so unfassbar sinnvoll ist. In Zeiten, in denen wir auf jede Kilowattstunde Energie schauen, sie messen, bepreisen, besteuern – warum nutzen wir nicht all das, was jeden Tag sowieso entsteht? In Hamburg spart das Projekt rund 100.000 Tonnen CO_2 pro Jahr. Das ist mehr, als viele kleine Städte überhaupt verbrauchen.

Der zweite Punkt, der mir beim Blick auf Hamburg auffällt, ist das Tempo. Während anderswo noch diskutiert wird, was »technologieoffen« eigentlich heißt und ob man wirklich aus der Kohle aussteigen kann, wird im Energiepark Tiefstack längst umgebaut. Die Kohleanlage geht raus – Biomasse, Gas, perspektivisch Wasserstoff gehen rein. Und als technische Hauptattraktion entsteht eine riesige Flusswärmepumpe, die Energie aus der Elbe zieht – also aus dem Fluss, der sowieso vor der Tür liegt. Sie soll bald über 130.000 Haushalte versorgen. Mit sauberer Wärme. Mit einer Effizienz, die man vor Jahren für unmöglich gehalten hätte. Und mit einer Klarheit in der Umsetzung, die man vielen anderen Städten wünschen würde.

Natürlich kostet das alles Geld. Und natürlich gibt es Widerstände. Aber die Hamburger Energiewerke investieren – mit Rückenwind der Stadt und der Bürgerinnen und Bürger. 400 Millionen Euro gehen in den nächsten Jahren in den Ausbau des Netzes, in neue Speicher, in die Modernisierung der Infrastruktur. Es ist eine Art Wärmewende, die von innen heraus kommt. Nicht durch Zwang, nicht durch Verbote – sondern durch smarte Entscheidungen und kluge Technik.

Das bringt mich zum dritten Punkt, der aus meiner Sicht den Hamburger Weg besonders macht: die Kombination von Systematik und Pragmatismus. Hamburg hat eines der größten Fernwärmenetze Deutschlands – und anstatt zu sagen: »Das ist kompliziert, da kann man nichts ändern«, hat die Stadt entschieden, genau dieses Netz zum Rückgrat der Wärmewende zu machen. Wo früher Kohle durchgejagt wurde, kommt jetzt Wärme aus Müllverbrennung, aus Industrie, aus dem Fluss. Und immer öfter aus dem Zusammenspiel all dieser Quellen – gepuffert durch große Wärmespeicher, die helfen, Lastspitzen abzufedern und Verbrauch und Erzeugung miteinander zu synchronisieren.

Was bedeutet das nun für Sie – als Eigentümer, als Vermieterin, als jemand, der Verantwortung trägt für ein Haus, ein Gebäude, ein Stück Stadt?

Zunächst einmal: dass Sie sich inspirieren lassen dürfen. Von einer Stadt, die nicht wartet, bis alles perfekt ist, sondern einfach anfängt. Von einem Modell, das nicht alle Probleme löst, aber vieles besser macht. Und von der Haltung, die dahinter steht: dass es sich lohnt, alte Strukturen zu hinterfragen – und neue zuzulassen.

Vielleicht ist Ihre Immobilie nicht in Hamburg. Vielleicht ist das nächste Fernwärmenetz noch nicht angeschlossen. Vielleicht ist der Wärmespeicher in Ihrer Kommune gerade mal eine Idee in einem Ausschuss. Aber genau deshalb ist der Hamburger Weg so wertvoll: Er zeigt, was machbar ist – auch dort, wo es vorher niemand für möglich gehalten hätte.

Was Sie jetzt tun können

Suchen Sie den Austausch. Fragen Sie nach, wie Ihre Kommune plant. Schauen Sie, ob es bereits Nahwärmeinitiativen in Ihrer Nachbarschaft gibt. Prüfen Sie, ob Ihre Heizung in fünf Jahren noch wirtschaftlich betrieben werden kann – oder ob es nicht doch eine Alternative gibt, die sich länger trägt.

Denn eines zeigt Hamburg ganz deutlich: Wenn Industrie, Politik und Energieversorger an einem Strang ziehen, wenn Mut auf Planung trifft, dann entstehen Lösungen, die tatsächlich funktionieren. Lösungen, bei denen die Klimaziele nicht nur auf dem Papier stehen, sondern im Alltag spürbar werden – als warme Wohnung, als stabile Nebenkosten, als gutes Gefühl, Teil von etwas Sinnvollem zu sein.

Und genau das wünsche ich Ihnen: Dass Sie anfangen, Ihre eigene Wärmewende zu gestalten. Dass Sie sich nicht von Begriffen wie »komplex«, »teuer« oder »noch nicht ausgereift« abschrecken lassen. Sondern dass Sie sich auf den Weg machen. Nicht unbedingt den Hamburger Weg – aber Ihren. Es ist nicht entscheidend, ob Sie als Erste oder Letzter starten. Entscheidend ist, dass Sie nicht stehen bleiben.

Denn wenn wir warten, bis alles perfekt ist, wird es nie losgehen. Wenn wir aber anfangen, wo wir sind, mit dem, was wir haben – dann kann Großes entstehen. Wie in Hamburg. Wie bei Frau Bergmann. Und vielleicht bald auch bei Ihnen.

4.4 Kalte Nahwärme und Niedertemperatur-Netze

»Die beste Energie ist die, die man nicht verschwendet.«

Die Wärmewende erfordert innovative Lösungen, um Gebäude effizient und klimafreundlich zu beheizen und zu kühlen. Während klassische Fernwärmenetze mit hohen Temperaturen arbeiten, setzen kalte Nahwärme- und Niedertemperatur-Netze auf einen völlig anderen Ansatz: Sie nutzen niedrigere Temperaturen und ermöglichen so eine nachhaltige und kosteneffiziente Energieversorgung.

4.4.1 Was ist kalte Nahwärme?

Kalte Nahwärme unterscheidet sich fundamental von herkömmlicher Fernwärme. Klassische Wärmenetze transportieren heißes Wasser mit Temperaturen von 70 bis 100 °C durch isolierte Leitungen zu den angeschlossenen Gebäuden. Kalte Nahwärmenetze hingegen arbeiten mit Temperaturen zwischen 5 und 35 °C, meist im Bereich von 10 bis 25 °C. Diese niedrigen Temperaturen haben gleich mehrere Vorteile: Die Wärmeverluste sind minimal, und die Netze können nicht nur zum Heizen, sondern auch zum Kühlen genutzt werden.

Der Energiefluss in einem kalten Nahwärmenetz kann mit einem Baum verglichen werden: Die Hauptleitung ist der Stamm, von dem aus sich kleinere Verästelungen in die einzelnen Gebäude erstrecken. Diese Netze transportieren kein heißes, sondern nur leicht temperiertes Wasser, das vor Ort durch Wärmepumpen auf die benötigte Temperatur gebracht wird.

Ein entscheidender Vorteil dieser Technologie ist die Nutzung von Umweltwärmequellen. Klassische Wärmenetze sind oft auf große Kraftwerke oder industrielle Abwärme angewiesen. Kalte Nahwärmenetze hingegen können ihre Energie aus einer Vielzahl regenerativer Quellen beziehen. Dazu gehören Erdwärme, die durch Geothermie gewonnen wird, Grundwasser, das aufgrund seiner konstanten Temperatur ganzjährig genutzt werden kann, Oberflächengewässer wie Flüsse oder Seen sowie industrielle Abwärme, die sonst ungenutzt entweichen würde.

Das Prinzip ist einfach: Ein Netz aus Rohrleitungen transportiert die gewonnene Umweltwärme zu den angeschlossenen Gebäuden. Dort übernehmen Wärmepumpen die Aufgabe, das temperierte Wasser auf die notwendige Vorlauftemperatur zu bringen. Für die Raumheizung reichen in modernen Gebäuden oft 35 °C, während für die Warmwasserbereitung über 50 °C notwendig sind. Da die Wärmepumpen nur eine geringe Temperaturdifferenz überbrücken müssen, arbeiten sie besonders effizient.

Ein weiterer Vorteil ist die Möglichkeit der passiven Kühlung. Während klassische Heizsysteme im Sommer ungenutzt bleiben, kann ein kaltes Nahwärmenetz auch zur Gebäudekühlung eingesetzt werden. Dabei wird das leicht temperierte Medium direkt zur Abkühlung verwendet – eine Technik, die als »Free Cooling« bezeichnet wird. Alternativ kann der Wärmepumpenprozess umgekehrt werden, sodass überschüssige Wärme aus den Gebäuden ins Netz zurückgeführt wird.

Das System bringt eine Reihe von Vorteilen mit sich. Die niedrigen Temperaturen sorgen für eine hohe Effizienz, da weniger Energie für den Transport benötigt wird. Gleichzeitig können verschiedene Wärmequellen flexibel integriert werden, sodass erneuerbare Energien optimal genutzt werden können. Zudem verlängert sich die Lebensdauer der Rohrleitungen, da sie weniger thermischen Belastungen ausgesetzt sind.

4.4.2 Wo lässt sich kalte Nahwärme einsetzen?

Dennoch gibt es auch Herausforderungen. Die Installation eines kalten Nahwärmenetzes erfordert eine sorgfältige Planung und die Bereitschaft aller Beteiligten, sich auf eine neue Form der Wärmeversorgung einzulassen. Während klassische Wärmenetze auch Bestandsgebäude mit konventionellen Heizkörpern versorgen können, benötigen Niedertemperatursysteme möglichst großflächige Wärmeüberträger wie Fußboden- oder Wandheizungen, um effizient zu arbeiten. Das lohnt sich also besonders in Neubaugebieten oder auch bei sehr umfangreichen energetischen Quartierssanierungen. Und natürlich können kalte Nahwärmesysteme in ländlichen Regionen, wo klassische Fernwärme nicht rentabel ist, eine echte Alternative darstellen. In dicht besiedelten Stadtgebieten kann sich der Ausbau eines Fernwärmenetzes mit hohen Temperaturen allerdings oft schneller amortisieren als ein Niedertemperaturnetz.

Ein Beispiel für eine erfolgreiche Umsetzung ist das Projekt in der Schweizer Gemeinde Wüstenrot. Hier wurde ein kaltes Nahwärmenetz realisiert, das die Wärmeversorgung mehrerer Wohnquartiere sicherstellt. Die Energie stammt aus einer Kombination von Geothermie und Photovoltaik, wodurch ein nahezu autarkes System entstanden ist.

Kalte Nahwärme ist nicht nur eine technologische Innovation, sondern erfordert auch einen gesellschaftlichen Wandel. Die Umstellung auf solche Systeme erfordert eine enge Zusammenarbeit zwischen Kommunen, Energieversorgern und Hausbesitzern. Mit Technologien wie kalter Nahwärme und Niedertemperatur-Netzen sind bereits heute Lösungen verfügbar, die eine nachhaltige und effiziente Wärmeversorgung ermöglichen.

4.5 Großwärmepumpen

»Die Zukunft gehört denen, die den Mut haben, neue Wege zu gehen.«

Großwärmepumpen weisen uns den Weg in eine klimaneutrale Welt. Sie stehen als neue Leittechnologie im Zentrum eines tiefgreifenden Wandels. Diese Technologie ist nicht nur eine Option unter vielen – sie soll zur zentralen Säule der zukünftigen Fernwärmesysteme werden und den Übergang von mit fossilen Brennstoffen betriebenen Kraft-Wärme-Kopplungsanlagen zu klimaneutralen Lösungen maßgeblich beschleunigen. Aktuell zeichnen sich bereits beeindruckende Entwicklungen ab: Bau und Planung gehen rasant voran, und zahlreiche Megaprojekte werden in Angriff genommen, die das Potenzial haben, den Energiemarkt nachhaltig zu revolutionieren. Auch hier bei mir in Ulm.

Stellen Sie sich vor, Sie blicken in die Zukunft – ein Deutschland, in dem bis 2040 rund zwei Drittel des Energiebedarfs in den Fernwärmenetzen durch Großwärmepumpen gedeckt werden. Diese Vision wurde bereits in der ersten Klimapfade-Studie des Industrieverbands BDI aus dem Jahr 2018 formuliert und findet in den neuesten Langfristszenarien des Bundeswirtschaftsministeriums klare Bestätigung. Großwärmepumpen sollen die CO_2-neutralen Arbeitstiere werden, die den Weg in eine klimaneutrale Zukunft ebnen.

4.5.1 Was leisten Großwärmepumpen?

Das technische Grundprinzip der Großwärmepumpe ist bewährt: Ähnlich wie bei ihren kleineren Schwestern entzieht sie der Umwelt – sei es Wasser oder Luft – Wärme, um diese mithilfe von erneuerbarem Strom auf ein nutzbares Temperaturniveau zu heben. Dabei wird nicht nur Wärme erzeugt, sondern auch ein entscheidender Beitrag zur Dekarbonisierung der Wärmeversorgung geleistet. Bis Anfang 2023 lag die installierte thermische Leistung dieser Anlagen in Deutschland noch bei lediglich 60 Megawatt. Doch seitdem ist der Markt regelrecht explodiert: Allein die im Herbst 2023 in Betrieb genommene Flusswärmepumpe der MVV Energie in Mannheim steigerte die Kapazität um beeindruckende 20 Megawatt, und in Stuttgart-Münster nahm EnBW eine 24-Megawatt-Anlage in Betrieb. Projekte gehen derzeit Schlag auf Schlag – die Hamburger Energiewerke planen in der Billwerder Bucht eine Flusswasserwärmepumpe mit 60 Megawatt, und RheinEnergie aus Köln hat bereits die größte Flusswasserwärmepumpe Europas mit 150 Megawatt in Auftrag gegeben. Solche Vorstöße sind nicht nur technisch wegweisend, sie signalisieren auch den wirtschaftlichen Aufbruch in einer Zeit, in der fossile Energieträger zunehmend unrentabel werden.

Dennoch stehen diese technologischen Wunderwerke vor Herausforderungen: Regulatorische Hindernisse und komplexe Genehmigungsverfahren sowie die wirtschaftlichen Rahmenbedingungen hemmen den schnellen Ausbau. Hier sind klare Vorgaben und ein verlässlicher, langfristiger regulatorischer Rahmen gefragt, damit Investitionen planbar und attraktiv werden.

In vielen Regionen Deutschlands existieren bereits Heizkraftwerke an Fließgewässern, die nun als ideale Standorte für Großwärmepumpen genutzt werden können. Dort, wo Wasser zur Verfügung steht, entfaltet die Technologie ihre volle Effizienz. Aber auch Luftwärmepumpen bieten akzeptable Wirkungsgrade – und Luft gibt es im Überfluss.

Das Potenzial von Großwärmepumpen ist sehr groß. Daher ist es nicht nur wichtig, einzelne Projekte voranzutreiben, sondern ganze Fernwärmenetze zu dekarbonisieren. Die Nachfrage ist so groß wie nie, und in vielen Fällen soll der örtliche Fernwärmeeinsatz künftig verdoppelt oder gar verdreifacht werden.

Wenn Sie als Eigentümer oder Entscheidungsträger in einer Kommune diesen Wandel miterleben, sollten Sie sich bewusst machen: Die Zeit der mit fossilen Brennstoffen betriebenen Heizung ist vorbei. Investitionen in neue Gasinfrastrukturen sind nicht mehr zukunftsfähig – sie werden zu »stranded assets«, also Vermögenswerten, die an Wert verlieren und nicht mehr wirtschaftlich genutzt werden können. Stattdessen eröffnet der Umstieg auf Großwärmepumpen neue Perspektiven: effizientere, nachhaltigere und wirtschaftlich tragfähigere Lösungen, die langfristig sowohl den ökologischen Fußabdruck reduzieren als auch den Wert Ihrer Investition sichern.

Der Weg in diese neue Ära mag von Herausforderungen gepflastert sein, doch er bietet auch enorme Chancen. Stellen Sie sich ein Szenario vor, in dem moderne Fernwärmenetze, gespeist durch leistungsstarke Großwärmepumpen, Ihre Stadt in eine Oase der Energieeffizienz verwandeln. In diesem Szenario wird nicht nur der CO_2-Ausstoß drastisch reduziert, sondern auch die Versorgungssicherheit gestärkt und die Wirtschaftskraft vor Ort gefördert. Industriebetriebe wie BASF setzen bereits auf diese Technologie, um in der Prozesswärme neue Maßstäbe zu erreichen – ein Beispiel, das zeigt, wie weitreichend und vielseitig das Potenzial ist.

Die Vision, dass Großwärmepumpen die dominierende Rolle in den Fernwärmenetzen einnehmen und damit den Weg für ein klimaneutrales Energiesystem ebnen, wird zunehmend Realität. Doch um diesen Weg zu beschreiten, bedarf es nicht nur technischer und wirtschaftlicher Innovation, sondern auch entschlossener politischer Maßnahmen. Die nächste Bundesregierung muss die notwendigen regulatorischen Anpassungen vornehmen und die Förderbedingungen optimieren – und das, ohne Zeit zu verlieren. Solange hier noch Versäumnisse bestehen, liegt es an Ihnen, selbst aktiv zu werden, den Wandel voranzutreiben und sich nicht von kurzfristigen Unsicherheiten lähmen zu lassen.

Die Chancen nutzen

Lassen Sie sich von der Dynamik dieser technologischen Revolution inspirieren. Großwärmepumpen sind mehr als nur eine Zukunftsoption – sie sind der Schlüssel zu einer nachhaltigen Transformation der Wärmeversorgung. Mit jedem neuen Projekt, das in Betrieb genommen wird, rücken wir diesem Ziel ein Stück näher.

Sehen Sie in den aktuellen Entwicklungen nicht nur Herausforderungen, sondern auch enorme Chancen. Jede Hürde, die überwunden wird – sei es in der Genehmigung, in der Planung oder in der wirtschaftlichen Umsetzung – bringt uns einen Schritt näher an ein Deutschland, in dem nachhaltige Fernwärmenetze den Takt angeben.

Die Zukunft liegt in unseren Händen – und mit Großwärmepumpen als zentralem Baustein können wir den Wandel aktiv vorantreiben. Eine Energieversorgung, die sowohl ökologisch als auch ökonomisch überzeugt.

4.5.2 Wo kommen Großwärmepumpen zum Einsatz?

»Große Veränderungen beginnen mit großem Denken.«
Daniel Graig

Das Projekt in Hannover-Herrenhausen markiert einen Wendepunkt in der deutschen Wärmewende. Mit einer Leistung von 30 Megawatt entsteht dort auf dem Gelände des Klärwerks eine der größten Wärmepumpenanlagen Deutschlands. Ab 2027 soll die Anlage jährlich rund 75.000 Megawattstunden klimaneutrale Wärme in das Fernwärmenetz der Stadt einspeisen. Der Energieversorger InnerCity investiert dafür 56 Millionen Euro – eine Summe, die die Ernsthaftigkeit des Vorhabens unterstreicht und gleichzeitig zeigt, dass die Transformation unserer Wärmeversorgung längst aus dem Stadium von Pilotprojekten herausgewachsen ist.

Großwärmepumpen funktionieren nach demselben Prinzip wie ihre kleineren Varianten in Einfamilienhäusern, bieten jedoch entscheidende Vorteile im urbanen Kontext. Sie nutzen verschiedene Wärmequellen wie Abwasser, Grundwasser, Flusswasser oder Abwärme aus industriellen Prozessen und heben diese auf ein nutzbares Temperaturniveau. Durch ihren großtechnischen Maßstab erreichen sie dabei besonders hohe Effizienzwerte. Während kleine Luft-Wasser-Wärmepumpen Jahresarbeitszahlen von 3 bis 4 erzielen, können große Anlagen mit optimalen Wärmequellen Werte von 5 bis 7 erreichen – das bedeutet, mit einer Kilowattstunde Strom werden bis zu sieben Kilowattstunden Wärme erzeugt.

Die Standortwahl für die Hannoveraner Großwärmepumpe auf dem Klärwerksgelände ist dabei kein Zufall. Kommunale Abwässer stellen eine ideale Wärmequelle dar, da sie relativ konstante Temperaturen zwischen 10 und 20 °C aufweisen – auch im Winter, wenn der Wärmebedarf am höchsten ist. Darüber hinaus entstehen Synergien mit der bestehenden Infrastruktur. Die räumliche Nähe zum Klärwerk minimiert Transportverluste, während gleichzeitig vorhandene Flächen optimal genutzt werden. Dieser integrierte Ansatz zeigt exemplarisch, wie städtische Ressourcen und Kreisläufe intelligent miteinander verbunden werden können.

Ähnliche Projekte entstehen derzeit in mehreren deutschen Städten. In Berlin plant Vattenfall eine 120-Megawatt-Großwärmepumpe am Standort Reuter West, die Abwasser aus dem Klärwerk Ruhleben nutzen und ab 2029 rund 95.000 Haushalte mit klimafreundlicher Wärme versorgen soll. In München errichten die Stadtwerke München mehrere Großwärmepumpen, die unter anderem Grundwasser und Isarwasser als Wärmequelle nutzen. Und in Hamburg entsteht im Stadtteil Dradenau eine 60-Megawatt-Großwärmepumpe, die Abwasser und industrielle Abwärme nutzt.

Die Integration von Großwärmepumpen in bestehende oder neu geschaffene Fernwärmenetze bietet mehrere systemische Vorteile. Zum einen ermöglicht sie einen schnellen und großflächigen Umstieg auf erneuerbare Wärme, ohne dass einzelne Gebäudeeigentümer individuelle Heizungssysteme austauschen müssen. Dies ist besonders relevant für Mehrfamilienhäuser, Quartiere mit denkmalgeschützten Gebäuden oder Stadtteile mit geringen Sanierungsraten. Zum anderen schafft die zentrale Wärmeerzeugung Flexibilität im Gesamtsystem: In Zeiten hoher erneuerbarer Stromerzeugung können die Wärmepumpen verstärkt betrieben werden, während bei Knappheit andere Wärmequellen – etwa Biomasse oder gespeicherte Wärme – einspringen können.

Besonders bemerkenswert ist, dass Großwärmepumpen auch wirtschaftlich zunehmend attraktiv werden. Die Investitionskosten pro Kilowatt Leistung liegen deutlich unter denen kleiner dezentraler Anlagen. Zudem profitieren sie von Skaleneffekten bei Betrieb und Wartung. Die langjährige Expertise kommunaler Energieversorger im Bereich der Wärmeversorgung sorgt außerdem für professionelles Management und kontinuierliche Optimierung. Der Wirtschaftlichkeitsnachweis liegt mittlerweile eindeutig vor: Eine Studie des Fraunhofer-Instituts für Energiewirtschaft und Energiesystemtechnik (IEE) hat gezeigt, dass Großwärmepumpen bereits heute wettbewerbsfähig gegenüber fossilen Alternativen sind – eine Situation, die sich mit steigenden CO_2-Preisen weiter verbessern wird.

Für Kommunen bieten sich durch diese Entwicklung neue Perspektiven. Die kommunale Wärmeplanung, die durch das Wärmeplanungsgesetz für alle Städte und Gemeinden verpflichtend wurde, kann Großwärmepumpen als zentrales Element einbeziehen. Besonders in dicht bebauten Quartieren stellen sie oft die effizienteste Lösung dar. Die Stadt Hannover hat dies früh erkannt und die Grundlagen für das aktuelle Projekt bereits in ihrer Wärmeplanung verankert. Sie zeigt exemplarisch, wie der Übergang von der Planung zur konkreten Umsetzung gelingen kann.

Ein weiterer Vorteil der Fernwärmeversorgung mit Großwärmepumpen liegt in ihrer sozialen Dimension. Während individuelle Heizungslösungen erhebliche Investitionen für einzelne Eigentümer bedeuten, verteilen sich die Kosten bei der Fernwärme auf viele Schultern. Die erforderlichen Umrüstungen in den Gebäuden – etwa der Austausch eines Gas- oder Ölkessels gegen eine Fernwärmeübergabestation – sind vergleichsweise kostengünstig und wenig komplex. Darüber hinaus entfallen Wartungs- und Instandhaltungskosten für individuelle Heizsysteme. Dies macht die Wärmewende auch für Quartiere mit geringerer Kaufkraft oder hohem Mieteranteil umsetzbar.

Die Kopplung von Strom- und Wärmesystemen, wie sie durch Großwärmepumpen realisiert wird, bietet außerdem erhebliche Vorteile für die Systemstabilität. In Zeiten hoher Einspeisung erneuerbarer Energien – etwa an windigen Winterwochenenden oder sonnigen Frühlingstagen – kann überschüssiger Strom zur Wärmeerzeugung genutzt werden. In Verbindung mit großen Wärmespeichern, wie sie bereits in vielen Fernwärmenetzen existieren, entstehen so wertvolle Flexibilitätsoptionen für das Energiesystem als Ganzes. Dies reduziert den Bedarf an konventionellen Backup-Kraftwerken und ermöglicht eine höhere Durchdringung erneuerbarer Energien im Stromnetz.

Der Bezirk Mitte in Wien zeigt, wie ein bereits bestehendes Fernwärmenetz schrittweise dekarbonisiert werden kann. Die Wiener Stadtwerke haben über mehrere Jahre hinweg fossile Wärmeerzeugungsanlagen durch eine Kombination aus Großwärmepumpen, Geothermie und Abwärmenutzung ersetzt. Besonders bemerkenswert: Trotz des Technologiewechsels blieben die Wärmepreise stabil, teilweise sanken sie sogar. Dies war möglich durch eine langfristige Planung, die günstige Finanzierungsbedingungen für die öffentlichen Unternehmen und die konsequente Nutzung lokaler Ressourcen.

Die Stadt Mannheim verfolgt einen ähnlichen Ansatz und integriert dabei das Thema Resilienz. Im Rahmen des Projekts »Wärmetransformation Mannheim« wird das bestehende Fernwärmenetz, das bisher hauptsächlich durch ein großes Kohlekraftwerk gespeist wurde, auf ein dezentrales System mit mehreren Großwärmepumpen, Solarthermie und industrieller Abwärme umgestellt. Diese Diversifizierung der Wärmequellen macht das System nicht nur klimafreundlicher, sondern auch weniger anfällig für Störungen oder Preisschwankungen bei einzelnen Energieträgern – ein wichtiger Aspekt angesichts der geopolitischen Herausforderungen der Energieversorgung.

Für das Hannoveraner Projekt ist besonders bemerkenswert, dass es in relativ kurzer Zeit von der Planung zur Umsetzung kam. Während in anderen Städten ähnliche Vorhaben oft Jahre in Genehmigungsverfahren feststecken, konnte hier durch eine enge Zusammenarbeit zwischen Energieversorgern, Stadtwerken und kommunaler Verwaltung ein beschleunigtes Verfahren erreicht werden. Dies zeigt, dass mit dem entsprechenden politischen Willen und einer klaren strategischen Ausrichtung die Wärmewende deutlich schneller vorangebracht werden kann als bisher oft angenommen.

Ein weiterer innovativer Aspekt des Projekts ist die Integration in den lokalen Strommarkt. Die Großwärmepumpe in Hannover wird mit einer intelligenten Steuerung ausgestattet, die den Betrieb an die Verfügbarkeit erneuerbaren Stroms anpasst. In Zeiten hoher Einspeisung aus Wind- und Solarenergie wird die Anlage bevorzugt betrieben, während sie bei Knappheit zurückfährt. Diese Flexibilität wird durch einen großen Wärmespeicher ermöglicht, der Produktions- und Bedarfsspitzen ausgleicht.

Damit trägt das Projekt nicht nur zur Dekarbonisierung der Wärmeversorgung bei, sondern unterstützt gleichzeitig die Integration erneuerbarer Energien ins Stromnetz.

Für Gebäudeeigentümer und Wohnungsunternehmen in Hannover und anderen Städten mit ähnlichen Projekten ergeben sich konkrete Handlungsoptionen. Der Anschluss an ein Fernwärmenetz mit erneuerbarer Wärmeerzeugung ist oft die einfachste und kostengünstigste Möglichkeit, die eigene Immobilie klimafreundlich zu heizen. Die Investitionskosten sind überschaubar, der technische Aufwand gering und die langfristige Preisstabilität höher als bei individuellen Lösungen. Darüber hinaus entfallen Wartung, Schornsteinfegergebühren und regelmäßige Erneuerungszyklen, wie sie bei Einzelheizungen anfallen.

Kommunen sollten diese Entwicklung aktiv unterstützen, indem sie ihre Wärmeplanung konsequent auf Großwärmepumpen und andere erneuerbare Technologien ausrichten. Dabei ist eine enge Abstimmung mit den lokalen Energieversorgern entscheidend. Fördergelder sollten gezielt zur Beschleunigung des Ausbaus erneuerbarer Fernwärme eingesetzt werden, etwa durch Zuschüsse für Anschlusskosten oder vergünstigte Darlehen für die notwendigen Infrastrukturinvestitionen. Auch regulatorische Instrumente wie Anschluss- und Benutzungssatzungen können sinnvoll sein, um die wirtschaftliche Basis für die erforderlichen Investitionen zu sichern.

Die Bedeutung lokaler Wertschöpfung sollte dabei nicht unterschätzt werden. Investitionen in erneuerbare Fernwärme bleiben zu einem großen Teil in der Region, schaffen Arbeitsplätze und stärken die lokale Wirtschaft. Im Gegensatz dazu fließen bei fossilen Heizungssystemen erhebliche Mittel in Form von Gas- oder Ölimporten ins Ausland ab. Eine Studie des Instituts für ökologische Wirtschaftsforschung (IÖW) hat gezeigt, dass jeder in erneuerbare Energien investierte Euro etwa das Dreifache an regionaler Wertschöpfung generiert im Vergleich zu Investitionen in fossile Technologien.

Die Zukunftsfähigkeit von Großwärmepumpen zeigt sich auch in ihrer Kompatibilität mit anderen erneuerbaren Wärmequellen. In vielen Städten werden sie als Teil eines diversifizierten Portfolios eingesetzt, das je nach lokalen Gegebenheiten auch Geothermie, Solarthermie, Biomasse oder industrielle Abwärme umfassen kann. Diese Flexibilität macht sie zu einem idealen Baustein für die schrittweise Transformation bestehender Fernwärmesysteme – von der fossilen Erzeugung hin zu einem vollständig erneuerbaren Mix.

Das Hannoveraner Projekt ist somit mehr als nur eine einzelne Großinvestition – es ist ein Modell für die urbane Wärmewende in Deutschland. Es zeigt, dass mit den richtigen technologischen Entscheidungen, politischem Willen und kluger Planung der Umstieg auf klimafreundliche Wärmeversorgung auch im Bestand gelingen kann. Und es demonstriert, dass dieser Übergang nicht nur ökologisch notwendig, sondern auch wirtschaftlich sinnvoll und sozial verträglich gestaltet werden kann.

Was Sie jetzt tun können

Informieren Sie sich über die Wärmeplanung Ihrer Kommune und bringen Sie sich aktiv in diesen Prozess ein. Schließen Sie sich mit anderen Eigentümerinnen und Eigentümern zusammen, um gemeinsam den Anschluss an bestehende oder geplante Fernwärmenetze zu forcieren. Die Technologie ist reif, die wirtschaftlichen Rahmenbedingungen sind günstig, und die Beispiele erfolgreicher Umsetzung – wie das Projekt in Hannover – zeigen den Weg.

4.5.3 Eine Flusswärmepumpe für Ulm

»Die größten Ressourcen liegen oft direkt vor unserer Nase,
wir müssen nur lernen, sie zu sehen.«
Janis Joplin

Wie können dicht bebaute urbane Räume klimaneutral mit Wärme versorgt werden, wenn weder ausreichend Platz für dezentrale Lösungen noch genügend Dachflächen für Solarthermie zur Verfügung stehen? Eine vielversprechende Antwort auf diese Frage fließt oft unbeachtet mitten durch unsere Städte: die Flüsse als unerschöpfliche Energiequellen für Wärmepumpen. Auch bei mir in Ulm. Hier trennt die Donau Baden-Württemberg von Bayern.

Die Stadtwerke Ulm/Neu-Ulm (SWU) planen zwei Flusswärmepumpen, die Wärme aus der Donau gewinnen und ins Fernwärmenetz einspeisen sollen. Das Projekt ist Teil einer umfassenden Strategie, mit der die SWU bis 2040 treibhausgasneutral werden wollen. In Offenhausen und im Bereich der Adenauerbrücke entstehen die Anlagen, die ab Ende 2026 rund 700 Haushalte mit erneuerbarer Wärme versorgen und jährlich etwa 1.500 Tonnen CO_2 einsparen sollen.

Zur Erinnerung: Flusswärmepumpen nutzen ein simples, aber effizientes Prinzip – Sie entziehen dem Flusswasser Wärme, heben diese auf ein höheres Temperaturniveau und speisen sie ins Fernwärmenetz ein. Das abgekühlte Wasser – typischerweise um 3–4°C kälter – wird anschließend wieder in den Fluss zurückgeleitet. Die Technik ist nicht grundlegend neu, erhält aber im Kontext der Wärmewende eine wachsende Bedeutung.

Die Effizienz dieser Technologie ist beeindruckend. Anders als Luftwärmepumpen, deren Leistung bei niedrigen Außentemperaturen deutlich sinkt, profitieren Flusswärmepumpen von der relativ konstanten Temperatur des Wassers. Selbst im Winter fällt die Temperatur größerer Flüsse selten unter 4 °C. Dies ermöglicht ganzjährig hohe Leistungszahlen – für jede Kilowattstunde Strom, die zum Betrieb der Pumpe aufgewendet wird, können bis zu fünf Kilowattstunden Wärme gewonnen werden. Darüber hinaus ermöglicht die hohe spezifische Wärmekapazität von Wasser, dass Flusswärmepumpen bei gleichem Durchsatz etwa viermal mehr Wärme liefern können als eine Luftwärmepumpe.

Ein weiterer erheblicher Vorteil: Flusswärmepumpen können nicht nur im Winter heizen, sondern im Sommer auch zur Kühlung genutzt werden. Dies macht sie besonders attraktiv für Quartiere mit gemischter Nutzung aus Wohnen, Gewerbe und Büroflächen, wo ganzjährig sowohl Wärme- als auch Kältebedarf besteht. In Zeiten zunehmender Hitzeperioden gewinnt dieser Aspekt zusätzlich an Bedeutung.

Die Umsetzung solcher Projekte ist jedoch nicht trivial. In Ulm holen die Stadtwerke pro Sekunde je nach Anlage zwischen 50 und 200 Liter Wasser aus der Donau. Die Wärmepumpen erzeugen daraus bis zu 80 °C heißes Wasser für das Fernwärmenetz. Um solche Eingriffe in Gewässer umsetzen zu können, sind umfangreiche wasserrechtliche und ökologische Prüfungen erforderlich. Die Behörden achten besonders darauf, dass die Temperaturveränderungen das Ökosystem des Flusses nicht beeinträchtigen.

Die SWU betonen, dass die Entnahme und Rückführung des Wassers das Ökosystem der Donau nicht spürbar beeinflussen wird. Die Anlagen werden nur abgeschaltet, wenn die Wassertemperatur unter 3 °C fällt, was in der Donau praktisch kaum vorkommt. Dennoch werden alle Schritte eng mit den zuständigen Umwelt- und Wasserbehörden abgestimmt, um ökologische Bedenken von Anfang an zu adressieren.

Technisch betrachtet stellen Verschmutzung und Korrosion besondere Herausforderungen dar. Wärmetauscher und Rohrleitungen müssen regelmäßig gewartet werden, um Leistungsverluste zu vermeiden. In Ulm werden die Anlagen daher mit speziellen Filtersystemen ausgestattet, die Partikel und organisches Material aus dem entnommenen Wasser entfernen, bevor es durch die Wärmetauscher geleitet wird.

Das Ulmer Projekt ist nicht isoliert zu betrachten. Die Flusswärmepumpen sind Teil eines innovativen Kraft-Wärme-Kopplungssystems (iKWK), das auch Blockheizkraftwerke, Power-to-Heat-Anlagen und Wärmespeicher umfasst. Diese Systemintegration ermöglicht Synergien und erhöht die Flexibilität: Wenn viel erneuerbarer Strom zur Verfügung steht, können die Wärmepumpen verstärkt betrieben werden; in Zeiten geringer erneuerbarer Stromerzeugung springen die Blockheizkraftwerke ein oder es wird auf gespeicherte Wärme zurückgegriffen.

Die Investitionskosten für das Ulmer Projekt liegen im mittleren einstelligen Millionenbereich – eine erhebliche Summe, die sich aber durch die langfristigen ökologischen und wirtschaftlichen Vorteile rechtfertigt. Zudem werden solche Projekte durch Förderprogramme des Bundes und der Länder unterstützt, die den Ausbau erneuerbarer Wärme vorantreiben wollen.

Das Potenzial von Flusswärmepumpen ist deutschlandweit beachtlich. Eine Studie des Vereins Deutscher Ingenieure (VDI) kommt zu dem Schluss, dass Flusswärmepumpen in deutschen Ballungszentren mit entsprechenden Gewässern oft alternativlos sind, um die Wärmewende voranzubringen. Städte wie München, Frankfurt, Köln oder Hamburg könnten erhebliche Teile ihres Wärmebedarfs aus ihren Flüssen decken.

In München etwa planen die Stadtwerke München (SWM) mehrere Großwärmepumpen, die unter anderem Isarwasser als Wärmequelle nutzen sollen. In Berlin werden Spree und Havel als potenzielle Wärmequellen untersucht. Und in Basel (Schweiz) ist bereits seit 2016 eine Flusswärmepumpe in Betrieb, die Wärme aus dem Rhein gewinnt und über 5.000 Haushalte versorgt.

Besonders beeindruckend ist das Projekt in Stockholm, wo seit den 1980er-Jahren Meerwasserwärmepumpen installiert wurden, die heute mehr als 80 Prozent des Fernwärmebedarfs der Stadt decken. Diese Anlagen nutzen nicht nur die Wärme des Ostseewassers, sondern auch die Abwärme aus Kühlprozessen, um maximale Effizienz zu erreichen.

Auch wenn Flusswärmepumpen in Deutschland noch Pioniercharakter haben, sind sie keine unerprobte Technologie. Sie vereinen bewährte Komponenten – Wärmetauscher, Wärmepumpen und Fernwärmenetze – zu einem neuen System. Die größten Herausforderungen liegen weniger in der technischen Umsetzung als in der Integration in bestehende Infrastrukturen und in den regulatorischen Rahmenbedingungen.

Ein entscheidender Vorteil von Flusswärmepumpen liegt in ihrer Skalierbarkeit. In Ulm beginnt man mit zwei Anlagen mittlerer Größe, die zunächst 700 Haushalte versorgen. Bei Erfolg kann das System schrittweise erweitert werden, ohne dass grundlegende Konzeptänderungen nötig wären. Dies ermöglicht einen flexiblen Ausbau, angepasst an die städtische Entwicklung und finanzielle Möglichkeiten.

Neben den ökologischen Vorteilen bietet die Technologie auch wirtschaftliche Perspektiven. Anders als bei fossilen Energieträgern sind die Betriebskosten vorhersehbar und weniger volatil. Der Fluss als Wärmequelle ist kostenlos und praktisch unerschöpflich. Die Hauptkosten entstehen durch den Stromverbrauch der Wärmepumpen – und dieser kann zunehmend durch erneuerbare Energien gedeckt werden, was die Klimabilanz weiter verbessert.

Für Kommunen mit entsprechenden Gewässern eröffnen Flusswärmepumpen einen Weg, ihre Wärmeversorgung zu dekarbonisieren, ohne auf externe Energielieferungen angewiesen zu sein. Dies stärkt die lokale Wertschöpfung und reduziert geopolitische Abhängigkeiten – ein Aspekt, der seit der Energiekrise 2022 deutlich an Bedeutung gewonnen hat.

Die Technologie passt zudem hervorragend in das Konzept der kommunalen Wärmeplanung, die durch das Wärmeplanungsgesetz für alle größeren Städte und Gemeinden verpflichtend wurde. Flusswärmepumpen können als zentrale Bausteine in diese Planung integriert werden und ermöglichen eine langfristig orientierte Transformation der Wärmeversorgung.

Ein weiterer systemischer Vorteil: Flusswärmepumpen unterstützen die Integration erneuerbarer Energien ins Stromnetz. In Zeiten hoher Wind- oder Solarstromerzeugung können sie verstärkt betrieben werden und überschüssigen Strom in Wärme umwandeln. Diese Sektorkopplung zwischen Strom- und Wärmesystem erhöht die Flexibilität des Gesamtsystems und unterstützt die Stabilisierung der Stromnetze.

Besonders interessant ist auch die soziale Dimension dieser Technologie. Die Umstellung auf erneuerbare Wärme über Fernwärmenetze entlastet einzelne Gebäudeeigentümer von der Investitionspflicht in neue Heizsysteme. Gerade in Quartieren mit gemischter Sozialstruktur oder hohem Mieteranteil ist dies ein wichtiger Aspekt. Die Investitionskosten werden vom kommunalen Versorger getragen und über längere Zeiträume amortisiert, was zu stabileren und sozial verträglicheren Wärmepreisen führt.

Der soziale Faktor zeigt sich auch in der Beteiligung der Bürger. In Ulm informieren die Stadtwerke frühzeitig und transparent über ihre Pläne, organisieren Informationsveranstaltungen und beteiligen die Anwohner am Planungsprozess. Diese Transparenz fördert die Akzeptanz und ermöglicht es, lokales Wissen in die Projektumsetzung einzubeziehen.

Trotz aller Vorteile bleibt die Frage: Werden Flusswärmepumpen ein Nischenprodukt bleiben oder können sie zu einem Standardbaustein der urbanen Wärmewende werden? Die Antwort hängt von mehreren Faktoren ab: der weiteren technologischen Entwicklung, den regulatorischen Rahmenbedingungen und nicht zuletzt der Bereitschaft von Kommunen und Energieversorgern, in innovative Lösungen zu investieren.

Die Aussichten sind vielversprechend. Mit steigenden CO_2-Preisen und strengeren Klimavorgaben werden erneuerbare Wärmelösungen wirtschaftlich zunehmend attraktiver. Die Technologie der Flusswärmepumpen ist ausgereift und kann in verschiedenen Skalierungen eingesetzt werden – von kleineren Quartierslösungen bis hin zu großstädtischen Anwendungen. Und nicht zuletzt gibt es in Deutschland zahlreiche Städte an Flüssen, die das notwendige hydrologische Potenzial mitbringen.

Projekte wie das in Ulm haben daher Modellcharakter. Sie zeigen, wie lokale Ressourcen intelligent genutzt werden können, um die Wärmewende voranzubringen, und liefern wertvolle Erfahrungen für ähnliche Vorhaben andernorts. Sie demonstrieren auch, dass die Transformation unserer Energiesysteme keine abstrakte Zukunftsvision ist, sondern bereits heute konkret umgesetzt wird. Ulm ist einfach klasse! Als Bürger von Ulm erfüllt mich das schon ein wenig mit Stolz!

Was Sie jetzt tun können

Sie leben oder arbeiten in einer Stadt mit Flussanbindung? Dann informieren Sie sich, ob auch dort Potenzial für Flusswärmepumpen besteht. Sprechen Sie mit Ihrer Kommunalverwaltung und den lokalen Energieversorgern über entsprechende Pläne. Als Bürgerin oder Bürger können Sie sich in die kommunale Wärmeplanung einbringen und für innovative, klimafreundliche Lösungen eintreten. Die Flüsse, die seit Jahrhunderten die wirtschaftliche Entwicklung unserer Städte prägen, können nun zu Energiequellen für eine nachhaltige Zukunft werden – nutzen wir dieses Potenzial!

5 Die kommunale Wärmeplanung

5.1 Die Wärmewende durch Bürgerbeteiligung erfolgreich gestalten

»Allein kann man wenig bewegen;
gemeinsam kann man Berge versetzen.«
Franz von Assisi

In Deutschland stehen Kommunen vor der bedeutenden Aufgabe, die Wärmeversorgung bis 2045 klimaneutral zu gestalten. In Baden-Württemberg bereits schon 2040. Eine Befragung des Kompetenzzentrums Kommunale Wärmewende (KWW) aus dem Jahr 2023 zeigt: Kommunen betrachten die Akteurs- und Bürgerbeteiligung als eine der größten Herausforderungen bei der Umsetzung der Wärmewende. Diese Einschätzung ist begründet, denn der Erfolg der kommunalen Wärmeplanung (KWP) hängt maßgeblich von einer breiten gesellschaftlichen Unterstützung ab.

Alle Gebäude in einer Kommune müssen über eine klimaneutrale Heiztechnik mit Wärme versorgt werden. Die jeweiligen Eigentümerinnen und Eigentümer müssen sich aktiv um eine klimaneutrale Lösung kümmern, wenn sie bisher eine Wärmeversorgung auf Basis fossiler Energieträger haben. So viel steht schon mal fest.

Die Stadt Rostock zum Beispiel hat früh erkannt, dass eine erfolgreiche Wärmeplanung die Einbindung der Bevölkerung erfordert. Bereits 2020, als die kommunale Wärmeplanung noch nicht gesetzlich verpflichtend war, begann die Stadt mit einer strukturierten Beteiligungsoffensive unter dem Leitspruch »Wärmewende braucht Miteinander«. Der Prozess startete mit einer öffentlichen Auftaktkonferenz, die trotz pandemiebedingter Online-Durchführung durch Aufzeichnung und Veröffentlichung eine breite Öffentlichkeit erreichte.

Im Anschluss folgte eine umfassende Fragebogenaktion, die durch verschiedene Kommunikationskanäle beworben wurde. Der Fragebogen erfüllte dabei eine Doppelfunktion: Er erfasste Meinungen und informierte gleichzeitig über das geplante Vorgehen der Kommune. Parallel arbeitete eine »Projektgruppe Wärmeplan« als beratender Beirat, in dem Vertreterinnen und Vertreter aus Umweltamt, Klimaschutz, Wohnungswirtschaft, Stadtwerken, Stadtplanung und Kommunalpolitik zusammenkamen.

Diese umfassende Beteiligungsstrategie führte zu einem nahezu einstimmigen Gemeinderatsbeschluss zum Wärmeplan und schuf eine breite Umsetzungsbereitschaft in der Bevölkerung.

In Hamburg steht hingegen die transparente Informationsbereitstellung im Fokus. Die Behörde für Umwelt, Klima, Energie und Agrarwirtschaft (BUKEA) hat sich zum Ziel gesetzt, Bürgerinnen und Bürgern Planungssicherheit zu geben. Ein wesentliches Prinzip ist dabei die Konsistenz der Informationen über alle Verwaltungsebenen hinweg.

Das zentrale Element der Hamburger Strategie bildet eine Website mit umfassenden Informationen und einer interaktiven GIS-Karte. Diese gibt Auskunft darüber, welche Gebiete sich für eine Wärmenetzversorgung eignen und wo dezentrale Lösungen wie Wärmepumpen sinnvoller erscheinen. Eigentümerinnen und Eigentümer können durch Anklicken ihres Gebäudes auf der Karte erfahren, wie wahrscheinlich der Ausbau eines Wärmenetzes in ihrem Gebiet ist und bis wann sie sich gegebenenfalls um eine dezentrale Wärmelösung kümmern sollten.

Menschen brauchen Planungssicherheit

Menschen brauchen vor allem Klarheit in der Planung. Dafür steht die BUKEA. Denn die Ungewissheit über zukünftige Entwicklungen ist das größte Hemmnis bei Investitionsentscheidungen. Wenn wir wissen, woran wir sind, können wir auch fundierte Entscheidungen treffen.

Die Landesenergieagentur Sachsen (SAENA) hat mit dem Format »Infomarkt« einen niedrigschwelligen Ansatz entwickelt. Diese zwei- bis zweieinhalbstündigen Veranstaltungen sind marktähnlich organisiert: Nach einer kurzen Einführung durch kommunale Vertreter können sich Interessierte an verschiedenen Informationsständen beraten lassen, die von lokalen Akteuren wie der Energieagentur, dem regionalen Planungsverband, Planungsbüros, Naturschutzorganisationen und Bürgerinitiativen betreut werden.

Die Einbindung bekannter lokaler Akteure schafft Vertrauen und ermöglicht eine persönliche Beratung. Durch die Nutzung bestehender Strukturen und ehrenamtlicher Unterstützung bleibt der organisatorische und finanzielle Aufwand überschaubar. Für kontroverse Diskussionen empfiehlt die SAENA die Unterstützung durch professionelle Moderation.

In Freiburg-Waldsee wurde im Rahmen eines Forschungsprojekts das Format der »Quartiersenergiegespräche« entwickelt, nachdem eine Befragung der Bürgerschaft hohe Umsetzungsbereitschaft, aber gleichzeitig viele offene Fragen und fehlende Ansprechpartner identifiziert hatte. Die Veranstaltungsreihe zielte darauf ab, Nachbarschaftsaustausch zu ermöglichen und praxisnahe Informationen zur Wärmewende bereitzustellen.

Besonders erfolgreich waren dabei die Thementische, an denen Fachleute der Stadtwerke, der Energieagentur und des Fraunhofer ISE für persönliche Fragen zur Verfügung standen. Die Formate und Themen wurden kontinuierlich an die Interessen der Teilnehmenden angepasst. Die positive Resonanz führte zu dem Wunsch nach einer Fortführung, da nicht alle Fragen im begrenzten Rahmen beantwortet werden konnten.

In Weinheim hat man erkannt, dass nach Abschluss der kommunalen Wärmeplanung im Dezember 2023 ein weiterer Schritt notwendig ist: Die Unterstützung der Gebäudeeigentümer bei der praktischen Umsetzung. Als Haupthemmnis erwies sich fehlendes Fachwissen zu Wärmeversorgungslösungen, Energieberatung, Sanierungsprozessen und Fördermöglichkeiten.

Die Stadt initiierte daher einen »Bürgerdialog zur Wärmeversorgung« und berief eine Dialoggruppe ein, bestehend aus zwölf zufällig ausgewählten Bürgerinnen und Bürgern, sechs Gemeinderatsmitgliedern und sechs Vertretern von Interessensgruppen wie den Stadtwerken. Diese Gruppe erarbeitet nun konkrete Vorschläge, wie man die Bürgerschaft bei der Umsetzung der Wärmewende unterstützen kann.

Für eine erfolgreiche Bürgerbeteiligung haben sich drei grundlegende Prinzipien herauskristallisiert:

- Erstens ist Transparenz entscheidend für vertrauensvolle Beteiligungsprozesse. Bürgerinnen und Bürger müssen nachvollziehen können, welche Entscheidungen wie getroffen werden und welche Auswirkungen diese auf ihre individuelle Situation haben. Die Hamburger GIS-Karte ist hierfür ein gelungenes Beispiel, da sie komplexe Planungen auf der Ebene einzelner Gebäude verständlich macht.
- Zweitens erfordert wirksame Beteiligung einen echten Dialog auf Augenhöhe. Die einseitige Bereitstellung von Informationen reicht nicht aus; vielmehr benötigen Bürgerinnen und Bürger Gelegenheiten, Fragen zu stellen, Bedenken zu äußern und eigene Vorschläge einzubringen. Die Quartiersenergiegespräche in Freiburg zeigen, wie persönliche Interaktion zwischen Fachleuten und Interessierten zu gegenseitigem Verständnis führen kann.
- Drittens entsteht nachhaltige Unterstützung durch die Förderung eines Gemeinschaftsgefühls und die Aktivierung lokaler Netzwerke. Die sächsischen Infomärkte nutzen bewusst bestehende Strukturen und soziale Bezüge, um die Wärmewende nicht nur als technisches, sondern auch als gemeinschaftliches Projekt zu etablieren.

Ein zukunftsweisender Ansatz für die weitere Stärkung der gesellschaftlichen Unterstützung sind Bürgergenossenschaften für Wärmenetze. Diese verbinden partizipative Elemente mit wirtschaftlichen Vorteilen: Gewinne bleiben in der Kommune und können lokal reinvestiert werden, die demokratische Entscheidungsfindung fördert Akzeptanz und Identifikation, und die aktive Beteiligung stärkt den sozialen Zusammenhalt.

Kommunen können die Bildung solcher Genossenschaften unterstützen, indem sie Informationsveranstaltungen anbieten, Beratungsstellen einrichten, Förderprogramme auflegen, bei der Bereitstellung von Flächen unterstützen und die Vernetzung zwischen potenziellen Genossenschaftsmitgliedern, lokalen Unternehmen und anderen relevanten Akteuren fördern.

Die kommunale Wärmewende erfordert das Zusammenwirken vielfältiger Akteure: der kommunalen Verwaltung, der Energieversorger, des Handwerks, der Beratungsstellen und nicht zuletzt der Bürgerinnen und Bürger selbst. Die vorgestellten Beispiele zeigen, dass es bereits erfolgreiche Modelle gibt, von denen Kommunen lernen können.

Eine breit angelegte Beteiligung ist nicht nur wünschenswert, sondern notwendig für den Erfolg der Wärmewende. Denn letztlich müssen Entscheidungen zur Umsetzung klimaneutraler Wärmeversorgung von Eigentümerinnen und Eigentümern getroffen werden, was eine positive Haltung und aktive Bereitschaft voraussetzt.

Was Sie jetzt tun können

Sie können selbst aktiv werden, um die Wärmewende in Ihrer Kommune voranzubringen. Informieren Sie sich über die Planungen Ihrer Kommune und nehmen Sie an Beteiligungsformaten teil. Bringen Sie Ihre Fragen und Anregungen ein und tauschen Sie sich mit anderen Interessierten aus. Falls Sie kommunale Verantwortung tragen, nutzen Sie die vorhandenen Ressourcen und Netzwerke wie das Kompetenzzentrum Kommunale Wärmewende oder lokale Energieagenturen.

Die Wärmewende ist eine gesamtgesellschaftliche Aufgabe, die nur durch das koordinierte Zusammenwirken aller Beteiligten erfolgreich bewältigt werden kann. Je früher und umfassender die Beteiligung gestaltet wird, desto größer sind die Chancen für eine effiziente und akzeptierte Transformation der Wärmeversorgung.

5.2 Die Kommunale Wärmeplanung – der Schlüssel zur Wärmewende vor Ort

»Eine Stadt ohne Plan ist wie ein Haus ohne Fundament.«

Die Wärmewende muss gelingen, um die Klimaziele zu erreichen und eine unabhängige, bezahlbare Energieversorgung sicherzustellen. Doch während über Heizungsgesetze, CO_2-Preise und Förderprogramme diskutiert wird, liegt eine der wichtigsten Stellschrauben in den Händen der Kommunen. Die kommunale Wärmeplanung ist das strategische Instrument, mit dem Städte und Gemeinden ihre eigene Wärmewende gestalten können – maßgeschneidert, regional angepasst und langfristig ausgerichtet.

Während in Deutschland Millionen von Einfamilienhäusern noch mit individuellen Gasheizungen laufen, ist es in Dänemark längst Standard, dass die Stadt Wärme produziert und effizient über Wärmenetze verteilt. In Deutschland hingegen war die Wärmeversorgung lange eine private Angelegenheit – und genau das macht den Wandel so kompliziert. Die kommunale Wärmeplanung setzt hier an: Sie soll eine klare Richtung vorgeben, Investitionen lenken und den Wildwuchs individueller Heizungslösungen durch einen systematischen, nachhaltigen Umbau ersetzen.

Seit dem 1. Januar 2024 ist das Gesetz für die Wärmeplanung und zur Dekarbonisierung der Wärmenetze in Kraft. Es verpflichtet Städte mit mehr als 100.000 Einwohnern dazu, bis spätestens Juni 2026 eine kommunale Wärmeplanung vorzulegen. Kleinere Gemeinden haben dafür bis 2028 Zeit. Einige Bundesländer, darunter Baden-Württemberg, waren hier Vorreiter und haben bereits eigene Regelungen erlassen, die teilweise über die bundesweiten Vorgaben hinausgehen.

5.3 Welche Maßnahmen gehören zur kommunalen Wärmeplanung?

Die kommunale Wärmeplanung ist ein zentraler Bestandteil der Energiewende und verfolgt das Ziel, eine klimaneutrale Wärmeversorgung bis 2045 zu erreichen. 33 vom 40 großen deutschen Städten mit kommunaler Wärmeplanung liegen in Baden-Württemberg. Darunter auch Ulm. Die Wärmeplanung umfasst eine Bestandsanalyse des aktuellen Wärmeverbrauchs, eine Potenzialanalyse für erneuerbare Energien wie Solarthermie, Geothermie oder industrielle Abwärme sowie ein Zielszenario und einen Maßnahmenplan zur Transformation der Wärmeversorgung. In Ulm wird die Wärmeplanung eng mit der Stadtverwaltung, den Stadtwerken und den einzelnen Akteuren abgestimmt, um die vorhandenen Fernwärmenetze auszubauen und neue nachhaltige Wärmelösungen zu etablieren. Für Gebäudeeigentümerinne und -eigentümer bedeutet die kommunale Wärmeplanung, dass sie sich frühzeitig auf zukünftige Entwicklungen einstellen können, sei es durch den Anschluss an ein Wärmenetz oder den Einsatz erneuerbarer Energien. Ulm nimmt in Baden-Württemberg eine Vorreiterrolle ein, da hier bereits seit Jahren an innovativen Konzepten für eine nachhaltige Wärmeversorgung gearbeitet wird. Da bin ich schon ein bisschen stolz auf meine Geburtsstadt und Heimat. Da bin ich gern Bürger von Ulm!

Doch was bedeutet die kommunale Wärmeplanung konkret für Städte und Gemeinden? Die Wärmeplanung soll sicherstellen, dass Kommunen eine Strategie für eine klimaneutrale Wärmeversorgung bis 2045 entwickeln. Dabei geht es nicht nur darum, fossile Energien durch erneuerbare zu ersetzen, sondern auch darum, die Energieeffizienz zu steigern und langfristige Investitionssicherheit für Bürger und Unternehmen zu schaffen.

5.3.1 Wie läuft die Wärmeplanung ab?

Wie läuft eine kommunale Wärmeplanung ab? Die Wärmeplanung ist kein abstrakter politischer Prozess, sondern eine sehr konkrete technische, wirtschaftliche und gesellschaftliche Analyse. Im Kern umfasst sie vier zentrale Schritte:

1. **Bestandsanalyse** – Wo stehen wir? Wie hoch ist der Wärmebedarf in der Stadt? Welche Energiequellen werden derzeit genutzt? Wie hoch sind die CO_2-Emissionen? Welche Gebäude und Infrastrukturen sind besonders relevant?
2. **Potenzialanalyse** – Welche erneuerbaren Energien stehen zur Verfügung? Wie kann industrielle Abwärme genutzt werden? Ist der Ausbau von Fern- oder Nahwärmenetzen möglich? Gibt es vorhandene Strukturen, die umgerüstet werden können?
3. **Zielszenarioentwicklung** – Wie sieht eine klimaneutrale Wärmeversorgung 2045 aus? Welche Technologien sind notwendig? Welche Übergangslösungen sind sinnvoll? Wie kann der Wärmesektor mit dem Strom- und Verkehrssektor gekoppelt werden?
4. **Umsetzungsstrategie** – Welche Maßnahmen müssen kurzfristig, mittelfristig und langfristig ergriffen werden? Welche Investitionen sind notwendig? Welche Fördermittel stehen zur Verfügung? Wie können Bürger, Unternehmen und Wohnungsbaugesellschaften in den Prozess einbezogen werden?

Die Wärmeplanung ist dabei keine starre Vorgabe, sondern ein dynamischer Prozess. Alle fünf Jahre müssen die Pläne überprüft und an neue Entwicklungen angepasst werden.

Die kommunale Wärmeplanung ist ein Gamechanger für die Wärmewende. Sie stellt sicher, dass Investitionen nicht ins Leere laufen und dass Bürger nicht allein gelassen werden, wenn es darum geht, ihre Heizung zukunftssicher zu machen. In der Vergangenheit wurden Wärmenetze oft nur dort ausgebaut, wo es sich für Energieversorger wirtschaftlich lohnte – die Wärmeplanung sorgt nun dafür, dass der Ausbau strategisch erfolgt und auf langfristige Klimaziele abgestimmt wird.

Kommunen sind außerdem die Schnittstelle zwischen Politik, Bürgern und Unternehmen. Sie haben die Möglichkeit, Förderprogramme gezielt zu steuern und lokale Energieprojekte zu initiieren. Eine Stadt mit einer gut durchdachten Wärmeplanung kann gezielt auf Fördermittel zugreifen, private Investitionen lenken und sicherstellen, dass erneuerbare Energiequellen optimal genutzt werden.

5.3.2 Vor welchen Herausforderungen stehen die Kommunen?

Doch die Wärmeplanung ist auch mit Herausforderungen verbunden. Einer der größten Kritikpunkte ist die Datenerhebung: Viele Kommunen haben bisher keinen detaillierten Überblick über den Wärmeverbrauch in ihrem Gebiet. Um eine realistische Wärmeplanung zu erstellen, müssen Energieversorger, Industrieunternehmen und sogar private Haushalte Daten bereitstellen – ein komplexes Unterfangen, das oft auf Skepsis stößt. Daher wird zum Beispiel in Ulm die Datenerhebung auf Blockbauebene erfasst. Das bedeutet: die einzelne Immobilien werden in Gruppen im Stadtteil zusammengefasst.

Ein weiteres Problem ist die Finanzierung. Der Umbau der Wärmeversorgung erfordert massive Investitionen, sowohl in den Ausbau von Wärmenetzen als auch in die Umstellung bestehender Heizsysteme. Hier müssen Bund und Länder sicherstellen, dass Kommunen nicht allein gelassen werden und dass ausreichend Fördermittel bereitstehen.

Schließlich gibt es auch gesellschaftliche Widerstände. Während einige Bürger den Umstieg auf eine klimafreundliche Wärmeversorgung begrüßen, gibt es auch viele, die sich überfordert fühlen oder befürchten, dass ihre Heizkosten steigen. Kommunale Wärmepläne müssen daher nicht nur technisch durchdacht sein, sondern auch mit einer guten Kommunikationsstrategie begleitet werden.

Ein Blick nach Dänemark zeigt, wie kommunale Wärmeplanung erfolgreich funktionieren kann. Dort sind Wärmenetze weit verbreitet, und die meisten Städte haben ihre Wärmeversorgung längst auf erneuerbare Energien umgestellt. Auch in Deutschland gibt es erste Erfolgsgeschichten. Städte setzen gezielt auf eine Kombination aus industrieller Abwärme und Großwärmepumpen, um die Fernwärme klimaneutral zu machen. Freiburg hat bereits früh eine umfassende Wärmeplanung umgesetzt und ist heute eine der Vorzeigestädte in Sachen nachhaltige Energieversorgung.

Wärmeplanung als Schlüssel zur Wärmewende

Die kommunale Wärmeplanung ist der Schlüssel zur Wärmewende. Sie sorgt für eine strategische, koordinierte und nachhaltige Umstellung der Wärmeversorgung und verhindert, dass sich Städte in ineffizienten Einzellösungen verlieren. Gleichzeitig müssen Kommunen jetzt handeln, um Fördermittel zu nutzen und langfristige Planungen in die Realität umzusetzen.

Die gute Nachricht ist: Die Werkzeuge für eine erfolgreiche kommunale Wärmeplanung sind vorhanden. Jetzt kommt es darauf an, sie konsequent einzusetzen. Die Städte und Gemeinden, die heute mutig vorangehen, werden in Zukunft nicht nur klimafreundlicher, sondern auch wirtschaftlich wettbewerbsfähiger sein.

5.4 Die kommunale Wärmeplanung als Entscheidungsgrundlage

»Zukunft passiert nicht einfach – sie wird geplant.«

Die kommunale Wärmeplanung ist ein wichtiges Instrument für die Wärmewende, aber was bedeutet das konkret für Sie als Hausbesitzerin bzw. Hausbesitzer? Die Entscheidung, wie eine Immobilie in Zukunft beheizt wird, ist eine der größten Investitionen, die Eigentümer treffen müssen. Doch wie findet man den richtigen Weg, wenn Wärmenetze ausgebaut, Gasheizungen hinterfragt und Förderprogramme ständig angepasst werden?

Schauen wir uns das Ganze anhand eines realistischen Beispiels in Ulm an. Weil ich eben die meisten Kundenberatungen in Ulm, um Ulm und um Ulm herum habe.

Peter und Annemarie, beide Mitte 50, haben vor 20 Jahren ihr Haus in einem Vorort von Ulm gekauft. Sie lieben ihr Zuhause, haben in den letzten Jahren renoviert, das Dach gedämmt und neue Fenster eingebaut. Doch nun steht die Frage im Raum: Wie soll in Zukunft geheizt werden?

Vor Kurzem haben sie von der kommunalen Wärmeplanung gehört. Die Stadt Ulm hat ihren Wärmeplan veröffentlicht, in dem einige Stadtteile als Eignungsgebiete für Fernwärme ausgewiesen sind – darunter auch ihre Wohngegend. Plötzlich stehen sie vor einer Entscheidung, mit der sie sich bislang kaum beschäftigt haben. Sollen sie ihre bestehende Gasheizung behalten, modernisieren oder doch auf eine neue Lösung umsteigen?

Als Peter von der kommunalen Wärmeplanung hört, ist seine erste Reaktion Skepsis. Warum soll ich mir da jetzt Gedanken machen? Unsere Heizung läuft doch noch gut. Doch Annemarie denkt langfristiger: Was, wenn Gas teurer wird? Und was ist mit der CO_2-Bepreisung? Wir sollten uns das wenigstens mal anschauen.

Gesagt, getan. Sie besuchen die Website der Stadt Ulm und laden sich den kommunalen Wärmeplan herunter. Dort finden sie die zentrale Information: Ihre Wohngegend könnte an das Fernwärmenetz angeschlossen werden, aber eine verbindliche Entscheidung steht noch aus. Zusätzlich gehen sie zu einer Infoveranstaltung der Stadt. Dort erfahren sie, dass die Stadt plant, das Fernwärmenetz in ihrer Siedlung bis 2030 auszubauen, ein Anschluss langfristig günstiger als eine neue Gasheizung wäre, es Förderprogramme gibt, die den Anschluss erleichtern, und dass alternativ eine Wärmepumpe infrage käme.

Hier zeigt sich, wie wichtig es ist, sich rechtzeitig zu informieren. Viele Hausbesitzer warten ab, bis Entscheidungen endgültig gefallen sind – doch dann sind die besten Förderungen oft schon vergeben.

Nach der Veranstaltung setzen sich Peter und Annemarie zusammen und überlegen, welche Heizlösung für sie am besten passt. Ein Anschluss an die Fernwärme hätte den Vorteil, dass sie keine eigene Heizungswartung mehr übernehmen müssten, eine konstante Wärmeversorgung hätten und von staatlichen Förderungen profitieren könnten. Allerdings würde der Anschluss zunächst Kosten verursachen, und sie wären von einem externen Anbieter abhängig.

Keine Anschlusspflicht

Eine generelle Anschlusspflicht besteht für Sie nicht. Sie sind in Ihrer Wärmeplanung unabhängig. Aber das Fernwärmenetz Ihres Energieversorgers kann eine wirklich gute Alternative sein. Sie lagern Erzeugung und Umweltauflagen einfach an Ihren Netzbetreiber aus.

Eine Wärmepumpe wäre eine unabhängige Lösung, die sehr effizient in gut gedämmten Häusern arbeitet und sich mit einer Photovoltaikanlage kombinieren ließe. Allerdings wären die Anfangsinvestitionen hoch, und die Stromkosten könnten steigen. Die dritte Option wäre, die bestehende Gasheizung weiter zu nutzen. Das wäre die einfachste Lösung, doch mit Blick auf den steigenden CO_2-Preis keine langfristig sinnvolle Entscheidung.

Nach langem Überlegen kommen Annemarie und Peter zu dem Schluss, dass der Anschluss an die Fernwärme für sie die beste Lösung ist. Er ist komfortabel, planbar und auf lange Sicht günstiger als die Alternativen. Doch eine Frage bleibt: Was tun, wenn die Heizung schon vorher ausfällt? Die Gasheizung ist bereits 18 Jahre alt. Zwar läuft sie noch, aber irgendwann wird sie den Geist aufgeben. Sollten sie sie dann noch einmal durch eine neue Gasheizung ersetzen, nur um später auf Fernwärme umzusteigen? Oder gibt es eine bessere Lösung?

Hier kommt die hybride Lösung ins Spiel: eine kleine Wärmepumpe als Übergangslösung, die mit der bestehenden Gasheizung kombiniert wird. Diese sogenannte Hybridheizung kann später problemlos ersetzt werden, sobald das Fernwärmenetz fertig ist.

Das Fazit von Peter und Annemarie ist klar: Kurzfristig behalten sie die bestehende Gasheizung und investieren in kleine Maßnahmen wie smarte Thermostate. Mittelfristig prüfen sie die Möglichkeit einer Hybridlösung. Langfristig setzen sie auf den Fernwärmeanschluss, um die Heizkosten zu senken.

Die Heizung muss zu Ihren Bedürfnissen passen

Egal, für welche Lösung Sie sich entscheiden – die beste Heizung ist die, die zu Ihren Bedürfnissen passt. Der kommunale Wärmeplan gibt eine Orientierung, aber die Entscheidung liegt letztlich bei Ihnen.

Peter und Annemarie informieren sich über aktuelle Förderprogramme. Die KfW bietet Zuschüsse für effiziente Wärmepumpen, die Stadt Ulm unterstützt den Anschluss an die Fernwärme mit vergünstigten Tarifen und es gibt Steuererleichterungen für energetische Sanierungen. Mit dieser Kombination können sie die Investitionskosten deutlich senken.

Viele Hausbesitzer neigen dazu, Entscheidungen zur Heizung so lange wie möglich hinauszuzögern. Doch das kann teuer werden. Wer zu spät handelt, muss oft höhere Kosten tragen – sei es durch steigende Gaspreise, den CO_2-Preis oder weil Förderungen bereits ausgelaufen sind. Die kommunale Wärmeplanung ist ein hilfreiches Werkzeug, um frühzeitig eine Strategie zu entwickeln und sich auf die Zukunft vorzubereiten. Wer den kommunalen Wärmeplan anschaut, Infoveranstaltungen besucht, eine Pro-und-Kontra-Liste erstellt, Übergangslösungen bedenkt und Förderungen prüft, kann eine fundierte Entscheidung treffen.

Rechtzeitig informieren

Die Wärmewende ist kein abstraktes Konzept, sondern eine handfeste Veränderung, die alle Hausbesitzer betrifft. Wer sich rechtzeitig informiert und eine klare Strategie entwickelt, kann nicht nur Geld sparen, sondern auch den Wert seiner Immobilie sichern.

Peter und Annemarie haben ihre Entscheidung getroffen – und sie fühlen sich gut damit. Denn sie wissen, dass sie die Zukunft ihrer Wärmeversorgung in die eigene Hand genommen haben.

5.5 Kein Anschluss an ein Nah- oder Fernwärmenetz in Sicht?

»Wer klug plant, spart langfristig.«

Mit dem neuen Gebäudeenergiegesetz (GEG) müssen sich Hausbesitzer, die ihre Heizung tauschen oder neu installieren möchten, an die neuen Vorgaben halten. Die wichtigste Regel: Neue Heizsysteme müssen zu mindestens 65 Prozent mit erneuerbaren Energien betrieben werden. In vielen Städten und Gemeinden ist der Anschluss an ein Nah- oder Fernwärmenetz eine attraktive Lösung – aber was, wenn dieser nicht zur Verfügung steht oder erst in vielen Jahren ausgebaut wird? Welche Alternativen gibt es für Hausbesitzer, die jetzt eine Entscheidung treffen müssen?

Für viele klingt die Umstellung auf erneuerbare Heizsysteme erst einmal kompliziert und teuer. Doch wer sich die verschiedenen Möglichkeiten genauer ansieht, merkt schnell: Es gibt nicht nur eine Lösung, sondern eine ganze Reihe von Optionen, die je nach Gebäude, Standort und individuellen Bedürfnissen sinnvoll sein können.

Wärmepumpen gehören zu den effizientesten und nachhaltigsten Alternativen. Sie nutzen Umweltwärme aus der Luft, dem Erdreich oder dem Grundwasser und wandeln sie in Heizenergie um. Besonders in gut gedämmten Gebäuden können sie ihre Stärken voll ausspielen. Moderne Wärmepumpen sind inzwischen auch für ältere Gebäude eine Option, sofern gewisse bauliche Maßnahmen getroffen werden, um die Effizienz zu steigern. Hier lohnt sich eine gezielte Beratung, denn die Wahl zwischen Luft-Wasser-, Sole-Wasser- oder Wasser-Wasser-Wärmepumpen hängt stark von den örtlichen Gegebenheiten ab.

Eine weitere Möglichkeit sind Biomasseheizungen, die mit Holzpellets, Hackschnitzeln oder Scheitholz betrieben werden. Sie gelten als klimaneutral, da sie nur so viel CO_2 freisetzen, wie die Bäume während ihres Wachstums aufgenommen haben. Biomasseheizungen sind besonders in ländlichen Regionen beliebt, wo ausreichend Platz für die Lagerung der Brennstoffe vorhanden ist. Allerdings sollten Sie bedenken, dass Pelletpreise schwanken können und ein gewisser Wartungsaufwand besteht.

Hybridheizungen kombinieren eine Wärmepumpe mit einem zusätzlichen Heizsystem – häufig einer Gas- oder Ölheizung. Der Vorteil: In der Übergangszeit und im Sommer läuft die Wärmepumpe besonders effizient, während an kalten Wintertagen das Zusatzsystem für genügend Wärme sorgt. Diese Lösung kann eine sinnvolle Brücke sein, insbesondere wenn die bestehende Heizung noch nicht vollständig ersetzt werden soll. Wichtig ist dabei, dass der erneuerbare Anteil mindestens 65 Prozent beträgt, um den gesetzlichen Vorgaben zu entsprechen. So haben Sie ein wunderbares Back-up-System.

Solarthermie kann eine weitere sinnvolle Ergänzung sein. Dabei wird die Energie der Sonne genutzt, um Wasser zu erwärmen, das entweder für die Heizung oder für die Warmwasserversorgung genutzt wird. Da die Sonne nicht immer scheint, wird Solarthermie meist mit einer anderen Heizquelle kombiniert. Besonders gut funktioniert diese Lösung in Verbindung mit Wärmepumpen oder Biomasseheizungen.

Ein spezieller Fall sind Wasserstoff-ready-Gasheizungen. Diese können theoretisch mit Wasserstoff betrieben werden, sobald das Gasnetz entsprechend umgerüstet ist. Allerdings gibt es hier große Unsicherheiten, ob und wann Wasserstoff flächendeckend für den Gebäudesektor zur Verfügung stehen wird. In den meisten Fällen ist der Einsatz einer Wasserstoff-Gasheizung daher eher eine Wette auf die Zukunft als eine sofort umsetzbare Lösung. Bitte schauen Sie sich hierzu das Kapitel 3.7 (»Und was ist mit Wasserstoff?«) genauer an. Das wird Ihnen bei Ihrer Entscheidung helfen.

Wer jetzt eine Entscheidung treffen muss, aber unsicher ist, welche Lösung für sein Gebäude die beste ist, kann sich an den kommunalen Wärmeplan seiner Stadt oder Gemeinde halten. Viele Städte haben bereits Wärmepläne veröffentlicht, die zeigen, welche Gebiete langfristig an Wärmenetze angeschlossen werden sollen. Bis 2028 gibt es zudem Übergangsregelungen, die es unter bestimmten Bedingungen noch ermöglichen, konventionelle Heizungen einzubauen – allerdings nur mit der Verpflichtung, diese innerhalb von drei Jahren auf erneuerbare Energien umzustellen.

In besonderen Fällen können Hausbesitzer auch Ausnahmen oder Härtefallregelungen beantragen, etwa wenn eine Umstellung wirtschaftlich unzumutbar oder technisch nicht machbar ist. Hier lohnt es sich, genau hinzuschauen, welche Kriterien erfüllt sein müssen, um eine solche Ausnahme zu erhalten. Ein Energieberater oder Energieeffizienz-Experte wird Ihnen hier für Ihren speziellen Fall weiter helfen.

Am Ende ist die beste Heizlösung immer die, die am besten zum Gebäude, zur Region und zu den individuellen Anforderungen passt. Eine gründliche Planung und eine rechtzeitige Auseinandersetzung mit den verfügbaren Möglichkeiten helfen dabei, nicht nur die gesetzlichen Vorgaben zu erfüllen, sondern auch langfristig Kosten zu sparen. Wer heute klug entscheidet, muss sich in den nächsten Jahrzehnten keine Gedanken mehr über steigende Energiepreise oder neue gesetzliche Vorgaben machen. Es liegt an jedem Einzelnen, den besten Weg für sich zu finden.

Tipp

Eine detaillierte Auflistung der unterschiedlichen Heizsysteme finden Sie im letzten Drittel des Buches – beschrieben mit der Funktion und der Zukunftsfähigkeit in Bezug auf das GEG.

6 Bestandsaufnahme: Wie steht es um Ihre Immobilien?

6.1 Wie berechnet man den Wärmebedarf eines Gebäudes?

»Nur wer seinen Bedarf kennt, kann effizient planen.«

Die Entscheidung für ein neues Heizsystem oder eine energetische Sanierung sollte nicht aus dem Bauch heraus getroffen werden. Eine zentrale Frage dabei ist: Wie viel Wärme wird eigentlich benötigt, um das Haus im Winter angenehm warm zu halten? Die Wärmebedarfsberechnung gibt darauf eine Antwort und hilft, die richtige Heizleistung zu bestimmen, unnötige Energiekosten zu vermeiden und ein nachhaltiges System zu wählen.

Wer eine Reise plant, prüft zuerst das Ziel und die beste Route dorthin. Niemand würde blind ins Auto steigen, ohne zu wissen, ob genügend Strom im Akku ist und welche Strecke am effizientesten ist. Genauso verhält es sich mit der Heizung eines Hauses. Bevor man sich für eine neue Heizlösung entscheidet, sollte man den eigenen Wärmebedarf genau kennen. Denn eine überdimensionierte Heizung wäre so, als würde man mit einem riesigen Lkw nur ein paar Einkäufe transportieren – viel zu teuer und ineffizient. Eine zu kleine Heizung hingegen wäre wie ein zu schwaches Auto, das einen Berg hinaufkeucht und niemals ankommt.

6.1.1 Orientierungshilfe Energieausweis

Normalerweise haben Sie ja einen Energieausweis für Ihr Gebäude. Ein Energieausweis ist allerdings in bestimmten Fällen nicht erforderlich, sodass Eigentümer nicht verpflichtet sind, einen solchen ausstellen zu lassen. Dazu gehören Gebäude mit einer Nutzfläche von weniger als 50 Quadratmetern, da ihr Energieverbrauch im Vergleich zu größeren Immobilien gering ist und keine wesentliche Rolle im Gesamtenergiebedarf spielt. Ebenso ausgenommen sind Gebäude, die gar nicht oder nur in geringem Umfang beheizt oder gekühlt werden. Dazu zählen zum Beispiel Lagerhallen, Garagen oder Schuppen, die keine Wärmeerzeugung benötigen. Auch Ferienhäuser, die für weniger als vier Monate im Jahr genutzt werden, benötigen keinen Energieausweis, da ihr temporärer Betrieb nicht in den Gesamtenergiebedarf eines Gebäudes eingerechnet wird. Denkmalschutzgebäude und Gebäude mit besonders erhaltenswerter Bausubstanz sind ebenfalls befreit, da hier der Fokus auf der Erhaltung der historischen Substanz liegt und energetische Maßnahmen oft nur eingeschränkt umsetzbar sind.

Kirchen und andere religiöse Gebäude fallen ebenfalls aus der Pflicht, ebenso wie Traglufthallen, Zelte und andere provisorische Bauten, die nur für eine begrenzte Zeit genutzt werden. Weitere Ausnahmen gibt es für landwirtschaftlich genutzte Gebäude wie Ställe oder Gewächshäuser, die auf eine spezifische Nutzung ausgelegt sind und oft keine Heizungsanlage benötigen. Gewerbliche oder industrielle Betriebsgebäude, die nach ihrer Zweckbestimmung auf eine Innentemperatur von weniger als 12 °C ausgelegt sind oder nur für kurze Zeiträume beheizt oder gekühlt werden, sind ebenfalls nicht betroffen.

Selbst wenn ein Gebäude theoretisch in die Energieausweispflicht fallen würde, entfällt diese Anforderung, wenn es zum Abriss vorgesehen ist oder wenn es vom Eigentümer selbst genutzt wird und keine Verkaufs- oder Vermietungsabsicht besteht. Das wird wohl in vielen Fällen so sein, wenn Sie langfristiger Eigentümer sind. Ein bestehendes Mietverhältnis erfordert keinen Energieausweis, es sei denn, es kommt zu einer Neuvermietung oder einem Verkauf.

Beim Energieausweis gibt es zwei verschiedene Arten, die sich in der Art der Ermittlung der Energieeffizienz eines Gebäudes unterscheiden. Der bedarfsorientierte Energieausweis wird auf Grundlage einer technischen Analyse des Gebäudes erstellt. Dabei werden bauliche Eigenschaften wie Dämmung, Fensterqualität und Heiztechnik betrachtet und daraus der theoretische Energiebedarf berechnet. Die Berechnung erfolgt unabhängig von den tatsächlichen Heizgewohnheiten der Bewohner und bietet eine objektive Grundlage für den energetischen Zustand eines Gebäudes. Diese Variante wird vor allem für Neubauten oder Gebäude ohne ausreichend lange Verbrauchsdaten verwendet.

Der verbrauchsorientierte Energieausweis hingegen basiert auf den tatsächlichen Energieverbrauchswerten der letzten drei Jahre. Die Daten stammen in der Regel aus den Heizkostenabrechnungen oder den Angaben der Energielieferanten. Diese Methode ist einfacher und günstiger, kann jedoch stark vom individuellen Nutzungsverhalten der Bewohner beeinflusst werden. Sparsame Nutzer mit bewusstem Heizverhalten können den Energieverbrauch niedriger erscheinen lassen, während ein hoher Verbrauch auf schlechte Gewohnheiten oder ineffiziente Nutzung zurückzuführen sein kann, ohne dass das Gebäude selbst energetisch schlecht ist. Deshalb ist der Bedarfsausweis oft aussagekräftiger, insbesondere wenn Modernisierungsmaßnahmen geplant sind. Der Verbrauchsausweis ist jedoch ausreichend, wenn ausreichend Verbrauchsdaten vorliegen und keine baulichen Veränderungen vorgenommen werden sollen. Beide Energieausweise haben eine Gültigkeit von zehn Jahren und müssen vorgelegt werden, wenn eine Immobilie verkauft oder neu vermietet wird, es sei denn, sie fällt unter eine der oben genannten Ausnahmen.

6.1.2 So wird der Wärmebedarf berechnet

Sie haben keinen Energieausweis für Ihr Gebäude? Dann gehen Sie wie folgt vor.

Die einfachste Methode, um den Wärmebedarf eines Hauses zu bestimmen, basiert auf einer überschlägigen Berechnung. Der erste Schritt ist die Ermittlung der beheizten Wohnfläche. Dazu werden alle beheizten Räume vermessen und deren Flächen addiert. Ein Kellerraum, der nicht beheizt wird, bleibt unberücksichtigt, während Wohnräume, Küche, Bad und Flur einfließen.

Als Nächstes spielt das Baujahr des Gebäudes eine entscheidende Rolle, denn es gibt Aufschluss darüber, wie gut das Haus gedämmt ist. Ein Altbau aus den 1960er-Jahren verliert deutlich mehr Wärme als ein Neubau mit moderner Dämmung. Daher gibt es Richtwerte für den Energiebedarf pro Quadratmeter Wohnfläche:

- Für Gebäude, die vor 1977 gebaut wurden und keine umfassende Sanierung erfahren haben, beträgt der Wärmebedarf etwa 200 kWh pro Quadratmeter und Jahr.
- Häuser aus der Zeit zwischen 1977 und 1995 verbrauchen im Durchschnitt 150 kWh pro Quadratmeter.
- Für Gebäude, die nach 1995 errichtet wurden oder umfassend modernisiert sind, liegt der Wert bei etwa 100 kWh pro Quadratmeter. Besonders effiziente Niedrigenergiehäuser kommen sogar mit nur 50 kWh pro Quadratmeter aus.

Um den Wärmebedarf zu berechnen, wird die Wohnfläche mit dem entsprechenden Richtwert multipliziert. Ein Beispiel: Ein 120 Quadratmeter großes Haus aus dem Baujahr 1985 hat einen geschätzten Jahreswärmebedarf von $120\ m^2 \times 150\ kWh/m^2 =$ 18.000 kWh pro Jahr.

Diese Methode gibt eine grobe Orientierung, kann aber individuelle Gegebenheiten wie Dämmstandards, Fensterqualität oder Heizgewohnheiten nicht berücksichtigen. Wer genauere Werte benötigt, kann auf verschiedene Online-Rechner zurückgreifen. Energieberatungsunternehmen und Verbraucherzentralen bieten kostenlose Tools an, die eine präzisere Berechnung ermöglichen, indem sie zusätzliche Faktoren wie Gebäudedämmung, Fenstertypen oder Lüftungsverhalten einbeziehen.

Es ist wichtig zu verstehen, dass diese Methoden nur erste Schätzungen liefern. Wer eine genaue Berechnung benötigt, etwa für eine geplante energetische Sanierung oder die Beantragung von Fördermitteln, sollte einen zertifizierten Energieberater hinzuziehen. Nur eine professionelle Berechnung kann sicherstellen, dass eine neue Heizung optimal dimensioniert wird und das Gebäude langfristig energieeffizient beheizt werden kann.

Ein zu groß oder zu klein dimensioniertes Heizsystem führt zu unnötigen Kosten und ineffizientem Betrieb. Eine Heizung, die zu leistungsstark ist, arbeitet oft im ineffizienten Teillastbetrieb, während eine zu schwache Anlage nicht genug Leistung bringt und das Haus an kalten Tagen nicht ausreichend beheizen kann. Daher gilt: Wer seinen Wärmebedarf kennt, kann die richtige Entscheidung für sein Zuhause treffen und langfristig Energie und Geld sparen.

Viele Hausbesitzer stehen vor der Herausforderung, sich zwischen verschiedenen Heizsystemen zu entscheiden. Die Wärmebedarfsberechnung hilft dabei, die möglichen Optionen einzugrenzen. Ein Haus mit hohem Wärmebedarf könnte besser mit einer Biomasseheizung oder einer Hybridlösung aus Wärmepumpe und Gasheizung versorgt werden. Ein gut gedämmtes Gebäude hingegen profitiert besonders von einer Wärmepumpe, da sie mit niedrigen Vorlauftemperaturen besonders effizient arbeitet.

Zusätzlich sollte auch die Zukunftssicherheit der gewählten Heizlösung beachtet werden. Die politischen Vorgaben ändern sich ständig, doch die Richtung ist klar: Fossile Brennstoffe werden langfristig immer teurer. Wer jetzt in eine neue Heizung investiert, sollte sich fragen, ob das System auch in 10 oder 20 Jahren noch wirtschaftlich betrieben werden kann.

Die Methoden zur Wärmebedarfsberechnung haben sich im Laufe der Zeit erheblich verändert, da sowohl die technischen Möglichkeiten als auch die Effizienz moderner Heizsysteme stetig verbessert wurden. Um auch an besonders kalten Tagen genügend Wärme sicherzustellen, wurden Heizsysteme häufig überdimensioniert, was dazu führte, dass viele Heizkörper größer ausgelegt wurden als tatsächlich notwendig. Das hatte mehrere Gründe. Einerseits waren die Berechnungsmethoden für den Wärmebedarf weniger präzise als heute. Man arbeitete häufig mit groben Faustregeln, die den Wärmebedarf pro Quadratmeter pauschal bestimmten, ohne individuelle Gebäudeeigenschaften zu berücksichtigen. Um auf der sicheren Seite zu sein, planten Ingenieure und Heizungsbauer die Heizkörper meist etwas größer als eigentlich nötig. Da die Heizsysteme damals mit höheren Vorlauftemperaturen arbeiteten, mussten Heizkörper groß genug sein, um genügend Wärme abzugeben.

Heute kann diese Überdimensionierung vorteilhaft genutzt werden, insbesondere im Zusammenhang mit modernen Heizsystemen. Wenn Heizkörper größer dimensioniert sind, können sie auch bei niedrigeren Vorlauftemperaturen noch genügend Wärme liefern. Das ist besonders wichtig für den Einsatz von Brennwertkesseln, Wärmepumpen oder anderen effizienten Heiztechniken, die mit niedrigeren Temperaturen arbeiten. Wer also ein älteres Gebäude mit großen Heizkörpern hat, kann prüfen, ob die Vorlauftemperatur schrittweise gesenkt werden kann, ohne dass der Wohnkomfort leidet.

In vielen Fällen reicht die vorhandene Heizkörperfläche aus, um auch mit 50 oder 45 °C Vorlauftemperatur eine angenehme Raumtemperatur zu erreichen. Probieren Sie das doch einfach mal selbst aus. So können Sie schnell herausfinden, ob Ihre Heizflächen ausreichend sind. Manchmal genügt es auch, wenige Heizkörper gegen Heizkörper mit größeren Heizflächen auszutauschen. Ein Quadratmeter Ansichtsfläche eines Heizkörpers aus den 1970er-Jahre hat im Durchschnitt eine Heizfläche von weniger als 50 Prozent eines heutigen modernen Heizkörpers. Das liegt an den Lamellen, die dann die Wärme abgeben können.

Zusätzlich kann ein hydraulischer Abgleich dafür sorgen, dass die Wärme optimal im Heizsystem verteilt wird. Eine Überprüfung der Gebäudehülle und eventuelle Dämmmaßnahmen können den Wärmebedarf weiter senken, sodass bestehende Heizkörper noch effizienter genutzt werden können. Wer langfristig auf erneuerbare Energien umsteigen will, hat mit bereits großzügig ausgelegten Heizkörpern einen Vorteil, weil sie den geringeren Temperaturniveaus moderner Heizsysteme besser gerecht werden.

Heute hingegen ermöglichen computergestützte Verfahren eine wesentlich genauere Berechnung des Wärmebedarfs, indem sie detaillierte Gebäudedaten, Wärmeverluste durch Wärmebrücken sowie lokale Klimabedingungen berücksichtigen. Normierte Verfahren wie die DIN EN 12831 haben die Planung weiter präzisiert, sodass Heizungsanlagen optimal auf den tatsächlichen Bedarf abgestimmt werden können.

Trotz dieser Entwicklungen zeigt sich, dass viele ältere Heizkörper auch bei niedrigeren Vorlauftemperaturen noch ausreichend Wärme liefern können. Gleichzeitig hat sich die Wärmedämmung von Gebäuden in den letzten Jahrzehnten deutlich verbessert, wodurch der Heizbedarf oft niedriger ist als bei der ursprünglichen Planung. Auch moderne Heizkessel, insbesondere Brennwerttechnik, tragen zur Effizienzsteigerung bei, da sie auch bei niedrigeren Temperaturen eine hohe Wärmeleistung erzielen können. Die Heizleistung wird vom Heizungsbauer oftmals von der letzten Heizung übernommen.

Zusätzlich ermöglichen optimierte Regelungstechniken eine bessere Anpassung der Heizleistung an den tatsächlichen Bedarf, was den Energieverbrauch weiter reduziert. Darüber hinaus spielt auch das Nutzerverhalten eine Rolle, da ein bewussterer Umgang mit Heizenergie dazu beiträgt, den Gesamtverbrauch zu senken.

Sie können Ihren Heizbedarf relativ einfach überschlagen. Dafür benötigen Sie die jährlichen Heizenergieverbräuche aus Ihrer Abrechnung sowie die Wohnfläche Ihrer Immobilie. Zusätzlich sollten Sie den Energieverbrauch für die Warmwasserbereitung berücksichtigen, da dieser einen erheblichen Anteil am Gesamtverbrauch hat. Um den Heizbedarf pro Quadratmeter zu berechnen, nehmen Sie den Heizenergieverbrauch aus Ihrer Abrechnung in Kilowattstunden. Falls Ihre Abrechnung in Litern Heizöl oder Kubikmetern Gas erfolgt, müssen Sie dies umrechnen. Ein Liter Heizöl entspricht etwa zehn Kilowattstunden Wärmeleistung, ein Kubikmeter Erdgas ebenfalls etwa zehn Kilowattstunden Wärmeleistung. Danach bestimmen Sie die Wohnfläche in Quadratmetern und teilen den jährlichen Heizenergieverbrauch durch die Wohnfläche.

Ein Beispiel: Ein Jahresverbrauch von 500 kWh bei einer Wohnfläche von 120 Quadratmetern ergibt einen Heizbedarf von 125 kWh pro Quadratmeter. Dieser Wert zeigt Ihnen, wie viel Heizenergie Ihr Gebäude pro Quadratmeter benötigt. Zum Vergleich: Ein Neubau mit KfW-Standard 55 benötigt etwa 50 kWh/m²/Jahr, ein unsanierter Altbau oft über 150 kWh/m²/Jahr. Falls Ihr Wert über 150 kWh/m²/Jahr liegt, gibt es oft Einsparpotenzial durch bessere Dämmung oder eine effizientere Heiztechnik.

6.1.3 Wie hoch ist der Warmwasserbedarf?

Der Anteil des Warmwasserbedarfs am gesamten Heizenergieverbrauch hängt von mehreren Faktoren ab, wie der Gebäudeart, der Dämmung und der Heiztechnik. Durchschnittlich liegt der Warmwasseranteil bei 12 bis 20 Prozent des gesamten Heizenergieverbrauchs pro Jahr. Bei gut gedämmten Gebäuden oder Neubauten kann der Anteil eher im Bereich von 20 bis 30 Prozent liegen, da der Heizbedarf für die Raumwärme geringer ausfällt. In unsanierten oder schlecht gedämmten Altbauten macht Warmwasser hingegen oft nur 10 bis 15 Prozent des Gesamtverbrauchs aus, da der Heizwärmebedarf deutlich höher ist.

Für eine genauere Abschätzung kann man pro Person einen jährlichen Warmwasserverbrauch von 500 bis 800 kWh ansetzen. Wenn der Gesamtverbrauch eines Haushalts bekannt ist, kann der Anteil berechnet werden, indem der geschätzte Warmwasserverbrauch aller Personen durch den gesamten Heizenergieverbrauch geteilt wird.

Eine alternative Methode ist die Abschätzung des Warmwasserbedarfs anhand der Wohnfläche. Pro Quadratmeter Wohnfläche können Sie zwischen 5 und 10 kWh pro Jahr für die Warmwasserbereitung veranschlagen. Der genaue Wert hängt davon ab, wie viele Personen im Haushalt leben und wie der Warmwasserverbrauch aussieht.

Falls Sie den Energieverbrauch für Warmwasser genauer bestimmen möchten, können Sie überschlagen, dass eine vierköpfige Familie etwa 2.800 kWh/Jahr für Warmwasser benötigt. Falls Ihr Verbrauch deutlich höher ausfällt als diese Berechnungen, könnte es sein, dass Ihre Heizung ineffizient läuft oder Ihr Gebäude energetisch optimiert werden kann.

Eine kluge Wärmebedarfsberechnung kann also nicht nur Geld sparen, sondern auch verhindern, dass man in eine Heizlösung investiert, die in wenigen Jahren nicht mehr wirtschaftlich ist.

6.2 In welchen Gebäudebestand fällt Ihr Haus?

»Bevor du dich aufmachst, die Welt zu verbessern, geh dreimal um dein eigenes Haus.«

Wussten Sie, dass nur ca. 15 Prozent aller Gebäude in Deutschland nach 2020 gebaut wurden? Gut 85 Prozent der bestehenden Gebäude sind 20 Jahre und älter. Vermutlich gehört Ihres auch dazu.

Eine genaue Aufschlüsselung der Anzahl der Gebäude, die in Deutschland in den jeweiligen Jahrzehnten errichtet wurden, ist schwer zu erfassen, da sie von vielen Faktoren wie Wirtschaftsentwicklung, Bevölkerungswachstum und politischen Ereignissen beeinflusst wird. Darüber hinaus variieren die Datenquellen und Statistiken. Hier ist jedoch eine grobe Übersicht, basierend auf den verschiedenen Phasen der deutschen Baugeschichte:

6.2.1 Vor 1919 – 13 Prozent Anteil am Gebäudebestand

Der Gebäudebestand in Deutschland vor 1919 war stark geprägt von historischen Baustilen und Techniken, die heute oft als kulturelles Erbe betrachtet werden. Viele der Gebäude aus dieser Zeit sind aus Materialien wie Stein, Ziegel und Holz errichtet und variieren stark in ihrer energetischen Effizienz. In dieser Zeit war die Dämmung noch nicht im Fokus, und es gab keine modernen Heizsysteme, wie wir sie heute kennen.

Besonders in ländlichen Regionen und in einigen Städten sind Fachwerkhäuser aus dieser Zeit erhalten. Sie haben oft eine schlechte Wärmedämmung und sind energetisch meist nicht effizient. Oder nehmen wir mal die Gründerzeit: Diese repräsentativen Gebäude findet man oft in den Innenstädten. Sie sind in der Regel massiv gebaut, aber ebenfalls energetisch ineffizient nach heutigen Standards.

In der Regel wurden offene Kamine oder einfache Kohleöfen verwendet, die ineffizient und umweltunfreundlich sind. Die Gebäude wurden ohne moderne Dämmmaterialien errichtet. Das macht sie energetisch ineffizient, da viel Wärme verloren geht. Und bei den Fenstern war eine Einfachverglasungen ohne Dämmung üblich, was zu hohen Energieverlusten führt.

Diese Gebäude stellen heute oft eine Herausforderung in Bezug auf die energetische Sanierung dar. Historische Substanz und moderne energetische Anforderungen müssen in Einklang gebracht werden, was komplex und oft auch teuer ist. Förderprogramme und spezialisierte Sanierungsmethoden können helfen, diese Gebäude energetisch zu optimieren, ohne ihren historischen Charakter zu verlieren. Doch hierzu später mehr.

Insgesamt ist der Gebäudebestand aus der Zeit vor 1919 ein wichtiger Teil des deutschen architektonischen Erbes, der jedoch besondere Anforderungen an die energetische Modernisierung stellt.

6.2.2 1919 bis 1949 – 12 Prozent Anteil am Gebäudebestand

Der Zeitraum zwischen 1919 und 1949 war für den Gebäudebestand in Deutschland äußerst komplex und vielschichtig. Nach dem Ersten Weltkrieg und während der Weimarer Republik gab es einen Modernisierungsschub in der Architektur. Diese Phase wurde durch den Zweiten Weltkrieg unterbrochen, in dem zahlreiche Gebäude zerstört wurden. Die Zeit danach war von Wiederaufbau und Improvisation gekennzeichnet. In der Weimarer Zeit entstanden innovative Bauwerke im Stil des Neuen Bauens, geprägt von Funktionalismus und modernen Materialien wie Stahl und Beton. Und in der nationalsozialistische Architektur? Hier wurden die Gebäude meist massiv und repräsentativ, oft mit Steinverkleidungen gebaut.

Nach dem Krieg, während des Wiederaufbaus, wurden schnell und günstig neue Gebäude errichtet, oft in vereinfachter Form und mit beschränkten Materialien. Es war ja wenig zu haben – man musste nehmen, was übrig war. Die Heiztechnologie entwickelte sich weiter, und Zentralheizungen wurden häufiger, aber die Effizienz blieb gering. In diesem Zeitraum wurde wenig Wert auf Dämmung gelegt. Die Gebäude haben oft ungedämmte Fassaden und Dächer, was sie energetisch ineffizient macht. Bei den Fenstern handelt es sich meist um einfachverglaste Fenster, die zu erheblichen Wärmeverlusten führen.

Auch die Gebäude aus dieser Epoche stellen heute eine Herausforderung in puncto energetische Sanierung dar. Insbesondere die Kriegs- und Nachkriegsbauten sind oft in einem Zustand, der umfangreiche Modernisierungsmaßnahmen erfordert. Hier sind sowohl architektonische als auch energetische Überlegungen von Bedeutung.

In Summe stellen Gebäude aus der Zeit zwischen 1919 und 1949 ein breites Spektrum dar, das von avantgardistischen Entwürfen bis zu pragmatischen Wiederaufbaulösungen reicht. Energetische Sanierungsmöglichkeiten sind vielfältig, erfordern jedoch eine individuelle Herangehensweise und besondere Expertise.

6.2.3 1950 bis 1979 – 38 Prozent Anteil am Gebäudebestand

Der Zeitraum von 1950 bis 1979 war durch den Wirtschaftsaufschwung, das sogenannte Wirtschaftswunder, und eine sehr aktive Bauphase geprägt. Die Phase steht auch für den Übergang zu modernen Baustoffen und Techniken.

Nach dem Wiederaufbau zeigte sich eine neue Offenheit für internationale Einflüsse, vor allem aus den USA. Bungalows und Flachdachhäuser wurden beliebt. Und im Osten der Republik formte sich der Plattenbau: In der DDR war der Plattenbau sehr verbreitet, um schnell eine große Anzahl an Wohnungen zu schaffen. Glücklicherweise gab es aber auch eine Bewegung zurück zu traditionellen Baustilen, vor allem in ländlichen Gegenden.

In den 1950er-Jahren waren Kohleheizungen weit verbreitet, die im Laufe der Zeit von Gas- und Ölheizungen abgelöst wurden. Erst gegen Ende dieses Zeitraums begann man, verstärkt auf Wärmedämmung zu achten. Frühe Versuche, Häuser energetisch zu optimieren, steckten noch in den Kinderschuhen. Die Doppelverglasung wurde langsam zum Standard, besonders in den 1970ern. Der durchschnittliche Energieverbrauch lag bei etwa 200 bis 250 kWh pro Quadratmeter und Jahr, was heutzutage als ineffizient gilt. In modernen Energieeffizienzklassen würde der Großteil dieser Gebäude in die unteren Kategorien (E, F, G) fallen.

Die Gebäude aus dieser Zeit sind Hauptkandidaten für Sanierungsprojekte. Die Herausforderungen liegen sowohl in der Verbesserung der Dämmung als auch in der Modernisierung der Heiz- und Lüftungssysteme. Obwohl diese Gebäude damals die modernsten auf dem Markt waren, sind sie heute als Worst Performance Building eingestuft. Denn sie verbrauchen immer noch sechsmal so viel Energie wie heutige Effizienzhäuser im Neubau.

Worst Performance Buildings sind Gebäude, die energetisch besonders ineffizient sind und einen überdurchschnittlich hohen Energieverbrauch haben. Sie zeichnen sich durch schlechte Dämmung, veraltete Heiztechnik und hohe Wärmeverluste aus, was zu hohen Heizkosten und einem großen CO_2-Ausstoß führt. Diese Gebäude befinden sich meist in einem schlechten energetischen Zustand und entsprechen nicht den aktuellen Anforderungen an Energieeffizienz, wie sie beispielsweise durch das Gebäudeenergiegesetz (GEG) oder die EU-Gebäuderichtlinie (EPBD) definiert werden.

Für Eigentümer bedeutet dies, dass Worst Performance Buildings entweder umfassend modernisiert oder durch energieeffiziente Neubauten ersetzt werden müssen. Maßnahmen zur Sanierung beinhalten verbesserte Wärmedämmung, moderne Heizsysteme wie Wärmepumpen oder Fernwärmeanschlüsse sowie die Optimierung der Gebäudetechnik durch smarte Steuerungssysteme. Ziel ist es, den Energieverbrauch und die CO_2-Emissionen dieser Gebäude drastisch zu senken, um die Klimaziele zu erreichen und den Wohnkomfort zu verbessern. Das Schöne dabei: Es wird hier im BEG großzügig bei den Sanierungsmaßnahmen unterstützt.

Zusammenfassend kann man sagen, dass die Gebäude aus den Jahren 1950 bis 1979 ein vielfältiges Bild zeigen, das von der einfachen Bauweise der Nachkriegszeit bis hin zu moderneren Ansätzen reicht. Sie stellen eine der größten Herausforderungen für die heutige energetische Sanierung dar.

6.2.4 1980 bis 1989 – 10 Prozent Anteil am Gebäudebestand

Die 1980er-Jahre stellten in Deutschland eine weitere signifikante Phase in der Entwicklung des Gebäudebestands dar. Diese Zeit war von einer Reihe von Veränderungen und Fortschritten geprägt, sowohl in Bezug auf Bautechnologien als auch auf das wachsende Bewusstsein für Energieeffizienz.

Die Architektur der 1980er-Jahre war vielfältig, mit einer Tendenz zu postmodernen Stilen, die eine Abkehr von der strengen Modernität darstellten. Es wurden immer mehr Wohnanlagen und Mehrfamilienhäuser gebaut, teils auch als Antwort auf die steigenden Grundstückspreise. Fachwerkfassaden und Verblendmauerwerk erlebten ein Revival, oft als dekorative Elemente ansonsten moderner Bauten.

Die 1980er-Jahre sahen einen großen Sprung in der Qualität der Gebäudedämmung. Mineralwolle und Polystyrol wurden populär als Dämmmaterialien. Energiesparende Fenster mit besserer Verglasung und besseren Rahmen wurden zunehmend verbreitet. Gas- und Ölheizungen dominierten, aber auch die ersten Wärmepumpen kamen auf den Markt. Deren Entwicklung fand ja bereits in den 1970-ern statt. Der durchschnittliche Energieverbrauch fiel im Vergleich zu den Vorjahren auf etwa 150–200 kWh pro Quadratmeter und Jahr. Gebäude aus dieser Zeit würden heute oft in die Energieeffizienzklassen D und E fallen, da sie besser sind als ihre Vorgänger, aber dennoch nicht den heutigen Standards entsprechen.

Obwohl die Gebäude aus den 1980er-Jahren im Allgemeinen besser isoliert sind als ihre Vorgänger, sind sie oft nicht ausreichend auf den neuesten Stand der Technik gebracht. Dies macht sie zu Kandidaten für energetische Sanierungen, insbesondere weil viele der verwendeten Materialien und Technologien inzwischen veraltet sind.

Insgesamt bieten die Gebäude aus den 1980er-Jahren in Deutschland ein gemischtes Bild. Sie repräsentieren einen Fortschritt in Bezug auf Energieeffizienz und moderne Bauweise, stehen jedoch vor dem Hintergrund aktueller Nachhaltigkeitsziele immer noch vor erheblichen Herausforderungen.

6.2.5 1990 bis 1999 – 12 Prozent Anteil am Gebäudebestand

Die 1990er-Jahre waren für den Gebäudebestand in Deutschland eine Zeit, die vor allem durch die Wiedervereinigung Deutschlands und die damit verbundenen baulichen Herausforderungen beeinflusst war. Durch die Wiedervereinigung stand die Modernisierung von Gebäuden in den neuen Bundesländern im Fokus, was den Baustil und die Energieeffizienz maßgeblich beeinflusste.

In den neuen Bundesländern wurden viele Plattenbauten modernisiert, während im Westen neue Wohnprojekte entstanden, die den modernen architektonischen Strömungen folgten. In dieser Zeit erlebte auch der Bau von Büro- und Gewerbeimmobilien einen Boom, teils bedingt durch die wirtschaftliche Entwicklung. Immer mehr Bauherren und Planer legten Wert auf umweltfreundliche Materialien und Bauprozesse. Die Fortschritte in der Dämmtechnologie, insbesondere durch neue Materialien wie Polyurethan-Schaum, führten zu einem höheren energetischen Standard. Neben Gas- und Ölheizungen wurden erneuerbare Energien wie Solarthermie und Photovoltaik immer häufiger eingesetzt. Mechanische Lüftungssysteme mit Wärmerückgewinnung kamen verstärkt zum Einsatz.

Der durchschnittliche Energieverbrauch für diese Gebäude lag bei etwa 130–160 kWh pro Quadratmeter und Jahr. Häufig werden sie in die Energieeffizienzklassen C und D eingestuft, was eine deutliche Verbesserung gegenüber älteren Gebäuden darstellt. Gebäude der 1990er-Jahre entsprechen zwar eher modernen Energiestandards als ältere Gebäude, jedoch sind viele von ihnen inzwischen in die Jahre gekommen und bedürfen einer energetischen Sanierung.

Die 1990er-Jahre repräsentieren eine Zeit des Übergangs und der Verbesserung im deutschen Gebäudebestand. In dieser Periode wurde das Fundament für die heutigen Bestrebungen nach mehr Energieeffizienz und Nachhaltigkeit im Bausektor gelegt. Die damals umgesetzten Neuerungen haben die Basis für die heutigen energetischen Standards geschaffen, aber es besteht weiterhin erheblicher Modernisierungsbedarf.

6.2.6 2000 bis 2021 – 15 Prozent Anteil am Gebäudebestand

Die Jahre 2000 bis 2021 kennzeichnen einen wichtigen Abschnitt für den Gebäudebestand in Deutschland, sowohl in Bezug auf den architektonischen Stil als auch die Energieeffizienz. Diese Periode ist geprägt von einer verstärkten Hinwendung zu nachhaltigen Bauweisen, technologischen Fortschritten und einer Fokussierung auf erneuerbare Energien.

Es hat einen deutlichen Trend hin zu nachhaltigen Bauweisen gegeben, die sich sowohl in der Materialauswahl als auch in der Energieeffizienz widerspiegeln. Offene Grundrisse, große Glasflächen und Materialien wie Stahl und Beton werden bevorzugt. Die Anzahl an Mehrfamilienhäusern, vor allem in städtischen Gebieten, ist gestiegen, ebenso wie die Anzahl an Renovierungen und Modernisierungen.

Hochentwickelte Dämmmaterialien und -techniken sind Standard geworden, oft übersteigen sie sogar die gesetzlichen Anforderungen. Wärmepumpen, Solarthermie und Photovoltaikanlagen sind populär geworden, während Ölheizungen immer mehr aus dem Gebäudebestand verschwinden. Intelligente Haustechnik ermöglicht eine noch effizientere Energienutzung. Der durchschnittliche Energieverbrauch hat sich auf etwa 70–100 kWh pro Quadratmeter und Jahr reduziert. Die meisten neueren Gebäude fallen in die Energieeffizienzklassen A und B, wodurch sich der CO_2-Ausstoß deutlich reduziert hat.

Trotz der Fortschritte muss der Gebäudebestand kontinuierlich modernisiert werden, um den zukünftigen Anforderungen an den Klimaschutz gerecht zu werden. Neue Gesetze und Verordnungen werden in den kommenden Jahren weitere Veränderungen erforderlich machen.

Zusammenfassend haben die Jahre 2000 bis 2021 wichtige Fortschritte in Bezug auf die Energieeffizienz und den ökologischen Fußabdruck von Gebäuden in Deutschland gebracht. Die Herausforderungen liegen nun darin, diese Fortschritte zu konsolidieren und den gesamten Gebäudebestand in Einklang mit den langfristigen Klimazielen zu bringen.

Lassen Sie sich beraten

Die Gebäude aus den Jahren 2000 bis 2021 bilden nur ungefähr 15 Prozent des Gebäudebestandes in Deutschland – um sie brauchen wir uns heute relativ wenig Sorgen zu machen. Es sind die anderen 85 Prozent, die sehr viel mehr Aufmerksamkeit fordern.

Es gibt glücklicherweise zahlreiche Förderprogramme, die den Einbau moderner, umweltfreundlicher Heizsysteme finanziell unterstützen. Informieren Sie sich gründlich, welche Programme für Sie infrage kommen, und nehmen Sie sich am besten einen Fachplaner zur Seite.

Meine Ausführungen zum Zustand der Gebäude in Deutschland haben auf den letzten Seiten nur den Wärmeverlust aufgezeigt – nicht die Umweltverträglichkeit des Wärmeerzeugers. Wie in Deutschland aktuell geheizt wird, steht auf einem ganz anderen Blatt.

7 Kleine Heizungskunde: Wie wir in Zukunft heizen (sollten)

7.1 Wie heizt Deutschland eigentlich?

»Die Heizung von heute bestimmt die Energiezukunft von morgen.«

Welche Entwicklungen zeichnen sich heute mit Blick auf die Heiztechnik in deutschen Gebäuden ab? Hier bietet sich ein deutliches Bild: Fossile Energieträger dominieren nach wie vor, doch erneuerbare Energien gewinnen zunehmend an Bedeutung. Wer sich heute mit dem Thema Wärmewende und Heizungstausch beschäftigt, muss nicht nur den aktuellen Bestand kennen, sondern auch die langfristigen Trends verstehen. Die Wahl des richtigen Heizsystems ist nicht nur eine Frage des Komforts, sondern hat auch massive Auswirkungen auf die Energiekosten, die Umweltbilanz und die zukünftige Wertentwicklung einer Immobilie.

Die meistgenutzte Heiztechnik in Deutschland ist die Gas-Zentralheizung. Rund 48 Prozent aller Haushalte heizen damit. Noch immer ist Gas die bevorzugte Wahl vieler Hausbesitzer, da die Infrastruktur gut ausgebaut ist und moderne Gasheizungen vergleichsweise günstig in der Anschaffung sind. Allerdings sinkt der Anteil kontinuierlich, da der CO_2-Preis steigt und politische Vorgaben langfristig eine Abkehr von fossilen Brennstoffen vorsehen.

An zweiter Stelle steht die Öl-Zentralheizung mit einem Anteil von 23 Prozent. Auch hier zeigt sich ein deutlicher Rückgang. Vor allem steigende Betriebskosten und die unsichere Versorgungslage sorgen dafür, dass immer mehr Eigentümer nach Alternativen suchen. Hinzu kommt, dass Ölheizungen in Neubauten kaum noch zulässig sind und in Zukunft schrittweise durch erneuerbare Systeme ersetzt werden sollen.

Fernwärme spielt mit 15 Prozent eine wachsende Rolle. Vor allem in städtischen Gebieten profitieren Haushalte von der zentralen Wärmeversorgung, die immer häufiger mit erneuerbaren Energien kombiniert wird. Der Ausbau von Wärmenetzen wird politisch stark gefördert, da sie eine hohe Effizienz ermöglichen und verschiedene Energiequellen flexibel einbinden können.

Neben diesen dominierenden Heizsystemen gibt es auch eine Reihe alternativer Technologien, die in den letzten Jahren an Bedeutung gewonnen haben. Besonders stark wächst der Anteil von Wärmepumpen, die mittlerweile 6 Prozent des deutschen Heizungsbestands ausmachen. Ihr Anteil hat sich in den letzten Jahren mehr als verdoppelt, und die Nachfrage steigt weiter. Besonders in Neubauten setzen Bauherren vermehrt auf diese klimafreundliche Technologie.

Holz- und Pellet-Zentralheizungen machen mittlerweile 4 Prozent des Heizungsbestands aus. Sie bieten eine Alternative für Haushalte, die unabhängig von fossilen Energieträgern werden wollen. Allerdings sind sie nicht überall sinnvoll einsetzbar, da sie Lagerflächen benötigen und die Feinstaubbelastung in bestimmten Regionen problematisch sein kann.

Trotz der zunehmenden Verbreitung erneuerbarer Heizsysteme gibt es immer noch einen kleinen Anteil an veralteten Heiztechniken. Nachtstromspeicheröfen, Gaseinzelöfen und sogar Öleinzelöfen sind in einigen Haushalten noch im Einsatz, auch wenn ihr Anteil bei unter 2 Prozent liegt. Diese Systeme sind ineffizient und teuer im Betrieb, weshalb sie zunehmend aus dem Markt gedrängt werden.

Ein zentraler Aspekt für Hausbesitzer ist die langfristige Entwicklung des Heizungsmarkts. Während fossile Heizsysteme nach wie vor weit verbreitet sind, zeigt sich in den Neubauten ein völlig anderes Bild. In fast der Hälfte der genehmigten Nichtwohngebäude des Jahres 2023 wurden Wärmepumpen als primäre Heizquelle geplant. Auch im Einfamilienhausbereich dominieren erneuerbare Heizsysteme, insbesondere in Neubaugebieten mit strengen Effizienzstandards.

Die politische Richtung ist klar: Langfristig wird es immer schwieriger, eine mit fossilen Brennstoffen befeuerte Heizung wirtschaftlich zu betreiben. Der CO_2-Preis steigt, staatliche Förderungen konzentrieren sich zunehmend auf erneuerbare Systeme, und die Anforderungen an die Energieeffizienz von Gebäuden werden weiter verschärft. Zum Thema CO_2-Preis finden Sie weiter vorne in diesem Buch noch ein ausführliches Kapitel (Kap. 3.2). Das wird Ihre Entscheidung sehr vereinfachen.

Für Eigentümer, die sich jetzt mit einem Heizungstausch beschäftigen, ist es daher entscheidend, nicht nur auf die aktuelle Marktlage zu schauen, sondern auch die kommenden Entwicklungen zu berücksichtigen. Eine Investition in eine moderne Wärmepumpe oder den Anschluss an ein Fernwärmenetz kann langfristig finanziell vorteilhafter sein als eine erneute Entscheidung für eine Heizlösung, die von fossilen Brennstoffen abhängig ist. Die Funktion der einzelnen Heizsysteme und deren Zukunftsfähigkeit beschreibe ich Ihnen in Kapitel 7.3.

Umstellung unumgänglich

Wer heute noch mit Gas oder Öl heizt, muss sich über kurz oder lang Gedanken über eine Umstellung machen. Die Richtung ist klar, und die Entwicklung zeigt, dass erneuerbare Heiztechniken immer mehr zur Standardlösung werden.

7.2 Wasserstoff und Wärmepumpe

»Der längste Umweg ist selten der effizienteste Weg zum Ziel.«
Edward A. Murphy

In den letzten Jahren ist besonders ein Energieträger in den Mittelpunkt der Diskussion gerückt: Wasserstoff. Von politischen Entscheidungsträgern und Industrievertretern wird er häufig als »Multitalent der Energiewende« oder gar als »Zaubermittel« bezeichnet. Doch wie realistisch ist der Einsatz von Wasserstoff für die Wärmewende, insbesondere für das Heizen in privaten Haushalten? Eine sachliche Betrachtung der technischen, wirtschaftlichen und ökologischen Faktoren zeigt ein differenzierteres Bild, als es die öffentliche Debatte vermuten lässt.

7.2.1 Die Vor- und Nachteile von Wasserstoff

Zunächst ist es wichtig, die verschiedenen Arten von Wasserstoff zu unterscheiden. Wasserstoff selbst ist ein farbloses Gas, das bei seiner Verbrennung keine CO_2-Emissionen verursacht – so weit die positive Eigenschaft. Doch entscheidend für die Klimabilanz ist die Herstellungsmethode. Hier hat sich eine »Farbenlehre« etabliert: Grüner Wasserstoff wird mittels Elektrolyse aus Wasser unter Einsatz von Strom aus erneuerbaren Energien gewonnen. Blauer Wasserstoff hingegen wird aus Erdgas hergestellt, wobei das entstehende CO_2 abgeschieden und gespeichert werden soll (Carbon Capture and Storage, kurz CCS). Grauer Wasserstoff wird ebenfalls aus Erdgas produziert, jedoch ohne CO_2-Abscheidung, was ihn besonders klimaschädlich macht. Und auch von weißem Wasserstoff ist ab und zu die Rede. Dieser wird gefördert wie zum Beispiel Erdgas. Weißer Wasserstoff – auch als natürlicher oder geogener Wasserstoff bezeichnet – kommt weltweit in bestimmten geologischen Formationen vor. Besonders vielversprechend sind Gebirgsregionen, in denen Mantelgestein durch plattentektonische Prozesse nahe an die Erdoberfläche gelangt ist. Zu den bekannten und vermuteten Vorkommen zählen die Alpen und die Pyrenäen. Auch in Lothringen in Frankreich wird danach geforscht. Bei uns in Deutschland könnte man weißen Wasserstoff gerade mal in Nordbayern fördern. Ich habe da jedoch so meine Zweifel, ob das wirklich passieren wird.

Für eine ernsthafte Klimaschutzstrategie kommt ausschließlich grüner Wasserstoff infrage. Doch hier liegt bereits ein grundlegendes Problem: Die Produktion von grünem Wasserstoff erfordert erhebliche Mengen erneuerbaren Stroms. Bei der Umwandlung von Strom zu Wasserstoff und wieder zurück zu nutzbarer Energie gehen etwa 60 bis 70 Prozent der ursprünglichen Energie verloren. Diese Umwandlungsverluste werfen die Frage auf, ob es nicht effizienter wäre, den grünen Strom direkt zu nutzen, anstatt den Umweg über Wasserstoff zu nehmen.

7.2.2 Warum Wärmepumpen wegweisend sind

Für den Wärmesektor, insbesondere für Wohngebäude, gibt es mit der Wärmepumpe eine weit effizientere Alternative. Eine Wärmepumpe nutzt Umweltwärme aus Luft, Erdreich oder Grundwasser und hebt diese mithilfe von Strom auf ein nutzbares Temperaturniveau. Moderne Wärmepumpen erreichen Jahresarbeitszahlen zwischen 3 und 5, was bedeutet, dass sie mit einer Kilowattstunde Strom drei bis fünf Kilowattstunden Wärme erzeugen können. Im Vergleich dazu würde eine Heizung mit grünem Wasserstoff für die gleiche Wärmemenge deutlich mehr Strom benötigen – ein Luxus, den wir uns angesichts der Herausforderungen beim Ausbau der erneuerbaren Energien kaum leisten können.

Ein konkretes Beispiel verdeutlicht diesen Effizienzunterschied: Ein durchschnittliches Einfamilienhaus mit einem Wärmebedarf von 15.000 kWh pro Jahr würde bei Nutzung einer Wärmepumpe mit einer Jahresarbeitszahl von 4 etwa 3.750 kWh Strom benötigen. Würde dasselbe Haus mit Wasserstoff beheizt, der zuvor aus Strom erzeugt wurde, läge der Stromverbrauch bei etwa 25.000 kWh – mehr als das Sechsfache. Diese Ineffizienz erklärt, warum führende Energieexperten betonen, dass die Wärmepumpe sehr viel effizienter direkt Wärme bereitstellen kann und daher genutzt werden sollte.

Neben der Effizienzfrage steht das Problem der Verfügbarkeit. Deutschland plant, bis 2030 eine Elektrolysekapazität von 10 Gigawatt aufzubauen – ein ambitioniertes Ziel. Doch selbst wenn dieses erreicht wird, würde der produzierte grüne Wasserstoff nur einen Bruchteil des prognostizierten Bedarfs decken. Laut verschiedenen Szenarien könnte der Wasserstoffbedarf Deutschlands bis 2050 bei bis zu 600 Terawattstunden liegen. Zum Vergleich: Die gesamte Stromerzeugung aus erneuerbaren Quellen lag 2023 bei etwa 250 Terawattstunden. Deutschland wird daher langfristig auf Importe angewiesen sein und möglicherweise nur etwa 20 Prozent seines Wasserstoffbedarfs selbst decken können.

Ein weiterer kritischer Punkt ist die Infrastruktur. Die bestehenden Gasnetze müssten für den Transport von reinem Wasserstoff umgerüstet werden, da Wasserstoff andere physikalische Eigenschaften als Erdgas hat. Dies betrifft sowohl die Transportleitungen als auch die Verteilnetze bis hin zu den Hausinstallationen und Endgeräten. Die Kosten dafür wären erheblich und müssten letztlich von den Verbrauchern getragen werden. Darüber hinaus stellt sich die Frage, ob es sinnvoll ist, eine parallele Infrastruktur zu den ohnehin notwendigen Stromnetzen aufrechtzuerhalten.

Die Herausforderung wird noch komplexer, wenn man die internationale Dimension betrachtet. Deutschland plant, große Mengen Wasserstoff zu importieren, unter anderem aus Norwegen, einem traditionellen Gaslieferanten. Hier wird die Verbindung zur Gasindustrie besonders deutlich. Norwegen ist daran interessiert, seine Rolle als

Energieexporteur auch in einer klimaneutralen Zukunft beizubehalten. Blauer Wasserstoff aus norwegischem Erdgas könnte dabei eine wichtige Rolle spielen. Doch dieser Ansatz ist aus Klimaschutzperspektive problematisch.

Die Produktion von blauem Wasserstoff setzt auf die Abscheidung und unterirdische Speicherung von CO_2 (CCS). Diese Technologie ist jedoch mit erheblichen Unsicherheiten behaftet. Zum einen kann das CO_2 nie vollständig abgeschieden werden – typische Raten liegen bei etwa 50 bis 90 Prozent. Zum anderen bestehen Zweifel an der langfristigen Sicherheit der CO_2-Speicher. Das unter hohem Druck in geologische Formationen gepresste CO_2 müsste über Jahrtausende sicher eingeschlossen bleiben, um einen wirksamen Klimaschutzeffekt zu erzielen. Ob dies gelingen kann, ist wissenschaftlich umstritten.

Hinzu kommen die Methanemissionen, die bei der Förderung, dem Transport und der Verarbeitung von Erdgas entstehen. Methan ist ein hochwirksames Treibhausgas, das über einen Zeitraum von 20 Jahren etwa 80-mal so klimaschädlich ist wie CO_2. Selbst wenn die norwegische Gasindustrie vergleichsweise sauber arbeitet – die Förderanlagen sind größtenteils elektrifiziert –, bleiben Methanemissionen entlang der Lieferkette ein Problem, das die Klimabilanz von blauem Wasserstoff verschlechtert.

Während die technischen und ökologischen Argumente gegen einen breiten Einsatz von Wasserstoff im Wärmesektor sprechen, bleibt die Frage: Warum wird Wasserstoff dennoch so stark als Lösung für die Wärmewende propagiert? Ein Blick auf die Akteure und ihre Interessen liefert wichtige Hinweise.

Die Gasindustrie sieht im Wasserstoff eine Möglichkeit, ihre bestehende Infrastruktur und ihr Geschäftsmodell zu erhalten. Der Verband »Zukunft Gas« (früher »Zukunft Erdgas«), in dem große Gaskonzerne wie Wintershall, VNG und der norwegische Staatskonzern Equinor organisiert sind, hat sich frühzeitig als Befürworter einer wasserstoffbasierten Energiewende positioniert. Durch intensive Lobbyarbeit, darunter Veranstaltungen, Studien und direkte Kontakte zur Politik, wird versucht, das Narrativ vom »klimafreundlichen« Wasserstoff als Nachfolger des Erdgases zu etablieren.

Diese Einflussnahme zeigt Wirkung: In wichtigen Beratungsgremien wie dem Nationalen Wasserstoffrat sind Vertreter der Gasindustrie überproportional stark vertreten. Von den 26 Mitgliedern stammen nur zwei aus Umweltverbänden, während die Industrie deutlich mehr Sitze hat. Dieses Ungleichgewicht prägt die Empfehlungen des Gremiums, die wiederum in politische Entscheidungen einfließen. Was soll man da als Verbraucher noch dazu sagen? Doch wir können durch unsere Entscheidung, welches System wir in unseren Immobilien einsetzen, dagegen vorgehen.

Auch in der Förderpolitik spiegelt sich dieser Einfluss wider. Obwohl aus wissenschaftlicher Sicht klar ist, dass Wasserstoff primär in der Industrie und nicht im Wärme- oder Verkehrssektor eingesetzt werden sollte, fließen erhebliche Fördermittel in wasserstoffbasierte Lösungen für diese Bereiche. Dies entspricht mehr den Interessen der Industrie als dem, was aus Klimaschutzperspektive sinnvoll wäre.

Bei all diesen kritischen Betrachtungen ist wichtig zu betonen: Wasserstoff wird durchaus eine wichtige Rolle in einem klimaneutralen Energiesystem spielen – aber in spezifischen Anwendungsfeldern, in denen es keine effizienteren Alternativen gibt. Dazu gehören Teile der Grundstoffindustrie, insbesondere die Stahlproduktion, wo Wasserstoff als Reduktionsmittel den bisher verwendeten Koks ersetzen kann. Auch in der chemischen Industrie, als Rohstoff für die Ammoniakproduktion oder für die Herstellung synthetischer Kraftstoffe, ist Wasserstoff unverzichtbar.

Eine weitere wichtige Funktion kann Wasserstoff als saisonaler Energiespeicher übernehmen. In Zeiten mit hoher Einspeisung erneuerbarer Energien – etwa im windreichen Winter oder sonnenreichen Sommer – kann überschüssiger Strom zur Wasserstoffproduktion genutzt werden. Dieser Wasserstoff kann dann in Perioden mit geringer Einspeisung erneuerbarer Energien, den sogenannten Dunkelflauten, zur Stromerzeugung eingesetzt werden. Diese Backup-Funktion ist für ein vollständig auf erneuerbaren Energien basierendes Stromsystem essenziell.

Für den Wärmesektor, insbesondere für Wohngebäude, bleibt die Wärmepumpe dagegen die effizientere und damit klimafreundlichere Lösung. Die direkte Nutzung von Strom zur Wärmeerzeugung über Wärmepumpen spart wertvolle Ressourcen und reduziert den Gesamtenergiebedarf. In urbanen Gebieten mit hoher Bebauungsdichte können zudem Wärmenetze eine sinnvolle Option darstellen. Diese lassen sich mit verschiedenen erneuerbaren Wärmequellen betreiben – von Großwärmepumpen über Solarthermie bis hin zu industrieller Abwärme.

Besonders überzeugend sind Beispiele erfolgreicher Wärmewende-Projekte, die ohne Wasserstoff auskommen. Die Stadt Wien etwa baut ihr Fernwärmenetz kontinuierlich aus und integriert zunehmend erneuerbare Energiequellen wie Geothermie und Großwärmepumpen. In Dänemark, einem Vorreiter der Wärmewende, versorgen Fernwärmenetze bereits über 60 Prozent der Haushalte, wobei der Anteil erneuerbarer Energien stetig steigt. In Aarhus kombiniert das lokale Fernwärmesystem verschiedene erneuerbare Quellen, darunter ein Biomassekraftwerk, große Solarthermieanlagen und Elektrokessel, die mit Ökostrom betrieben werden.

Auch auf Einzelgebäudeebene gibt es beeindruckende Beispiele. Ein Einfamilienhaus in Schleswig-Holstein wurde komplett saniert und mit einer Luft-Wasser-Wärmepumpe ausgestattet, die durch eine Photovoltaikanlage unterstützt wird. Der Jahresenergiebedarf konnte so um mehr als 80 Prozent reduziert werden, und in den Sommermonaten erzeugt das Haus mehr Energie, als es verbraucht. Die Investitionskosten amortisieren sich durch die eingesparten Energiekosten innerhalb von etwa 15 Jahren – eine Zeitspanne, die angesichts steigender Energiepreise und CO_2-Abgaben tendenziell kürzer wird.

Eine besonders innovative Lösung stellen kalte Nahwärmenetze dar, bei denen eine zentrale Wärmequelle – etwa ein Erdsondenfeld – auf niedrigem Temperaturniveau erschlossen und das Wärmemedium zu dezentralen Wärmepumpen in den einzelnen Gebäuden transportiert wird. Ein Beispiel ist das Neubaugebiet »Am Ackermannbogen« in München, wo ein solches System erfolgreich implementiert wurde. Die Bewohner profitieren von stabilen und vergleichsweise niedrigen Wärmepreisen, während die Kommune ihre Klimabilanz verbessert.

Für Quartiere mit Bestandsgebäuden, die nicht einzeln mit Wärmepumpen ausgestattet werden können, bieten sich hybride Lösungen an. In Berlin-Neukölln wurde ein Mehrfamilienhaus aus den 1950er-Jahren mit einer Kombination aus Solarthermie, Blockheizkraftwerk und Großwärmepumpe ausgestattet. Das System nutzt die jeweiligen Vorteile der verschiedenen Technologien und reduziert den fossilen Energiebedarf um mehr als 70 Prozent.

Diese Beispiele zeigen, dass bereits heute technisch ausgereifte und wirtschaftlich tragfähige Alternativen zu mit fossilen Brennstoffen betriebenen Heizungssystemen existieren, die ohne den Umweg über Wasserstoff auskommen. Es ist daher problematisch, wenn die Debatte um die Wärmewende zu stark auf Wasserstoff fokussiert wird und dadurch Ressourcen und Aufmerksamkeit von effizienteren Lösungen abgezogen werden.

Die Wärmewende ist eine komplexe Herausforderung, die differenzierte Ansätze erfordert. Wasserstoff wird dabei eine Rolle spielen, aber primär als Ergänzung in spezifischen Anwendungsfeldern und nicht als universelle Lösung. Für den Großteil der Wärmeversorgung, insbesondere in Wohngebäuden, sind Wärmepumpen und Wärmenetze auf Basis erneuerbarer Energien die effizienteren und damit klimafreundlicheren Optionen.

Die politischen Rahmenbedingungen sollten daher so gestaltet werden, dass sie die jeweils effizienteste Technologie fördern. Dazu gehört eine klare Priorisierung: Grüner Wasserstoff sollte vorrangig dort eingesetzt werden, wo es keine praktikablen Alternativen gibt – in der Industrie und als saisonaler Energiespeicher. Für den Wärmesektor sollten hingegen primär Wärmepumpen und Wärmenetze gefördert werden. Technologieoffenheit fördert in vielen Bereichen die klimaschädlichen Wege.

Darüber hinaus ist mehr Transparenz in der politischen Entscheidungsfindung notwendig. Die Besetzung von Beratungsgremien sollte ausgewogener gestaltet werden, mit einer stärkeren Repräsentation wissenschaftlicher und zivilgesellschaftlicher Perspektiven. Und nicht zuletzt braucht es eine sachlichere öffentliche Debatte, die sich weniger an industriellen Interessen und mehr an wissenschaftlichen Erkenntnissen orientiert.

Lassen Sie sich bei Ihrer Entscheidung unterstützen

Sie als Hausbesitzerin oder Hausbesitzer stehen möglicherweise vor der Entscheidung, Ihr Heizsystem zu modernisieren. Lassen Sie sich dabei nicht von Versprechungen über eine Wasserstoffzukunft beeinflussen, die möglicherweise nie eintreten wird. Informieren Sie sich stattdessen über die bereits heute verfügbaren, effizienten Alternativen. Lassen Sie sich von einem qualifizierten Energieberater unterstützen, der einen individuellen Sanierungsfahrplan für Ihr Gebäude erstellen kann. Prüfen Sie die verfügbaren Fördermöglichkeiten für Wärmepumpen, Solarthermie oder den Anschluss an ein Wärmenetz.

Und denken Sie daran: Mit jeder klimafreundlichen Heizung leisten Sie einen wichtigen Beitrag zum Klimaschutz – unabhängig von den Interessen der Gasindustrie. Die Technologien für eine erfolgreiche Wärmewende sind bereits heute verfügbar. Nutzen Sie sie, um Ihre persönliche Energiewende voranzutreiben und gleichzeitig Ihre Heizkosten langfristig zu senken. Denn eines ist sicher: Die Zukunft gehört den effizienten, direkt-elektrischen Systemen – nicht den Umwegen über Wasserstoff.

7.3 Wie zukunftsfähig sind die einzelnen Heizsysteme?

»Mehr als die Vergangenheit interessiert mich die Zukunft, denn in ihr gedenke ich zu leben.«
Albert Einstein

Am besten durchleuchten wir die einzelnen Systeme nach Technik, Bezahlbarkeit und auch nach gesetzlichen Bestimmungen. Denn das neue Gebäudeenergiegesetz (GEG) aus dem Jahr 2024 stellt einen zentralen Baustein der nationalen Strategie zur Reduktion von CO_2-Emissionen und zur Förderung der Energiewende im Gebäudesektor dar. Es zielt darauf ab, die Energieeffizienz von Gebäuden zu verbessern und den Einsatz erneuerbarer Energien zu erhöhen, um so einen Beitrag zum Klimaschutz und zur Erreichung der Klimaziele zu leisten. In diesem Kontext sind verschiedene Technologien und Maßnahmen von Bedeutung, die Immobilienbesitzern sowohl Vor- als auch Nachteile bieten und unterschiedliche wirtschaftliche Überlegungen nach sich ziehen. Diese Technologien können in Ein- und Mehrfamilienhäusern eingesetzt werden und sogar kleinere Wohngebiete versorgen.

Im Folgenden werde ich einige der zur Verfügung stehenden Techniken vorstellen, deren Anschaffungs- und Unterhaltskosten beleuchten und ihre Zukunftsfähigkeit bewerten. Es geht um Wärmepumpen, die Energie aus der Umwelt effizient in Heizwärme umwandeln, um Solarthermieanlagen, die die Sonnenenergie zur Warmwasserbereitung und zur Unterstützung der Heizung nutzen, aber auch um Blockheizkraftwerke (BHKW), die gleichzeitig Strom und Wärme erzeugen, und das hocheffizient. Und noch viel mehr.

Jede dieser Technologien hat das Potenzial, zur Dekarbonisierung des Gebäudesektors beizutragen, vorausgesetzt, sie wird sinnvoll und unter Berücksichtigung der spezifischen Bedingungen des jeweiligen Gebäudes oder Wohngebiets eingesetzt. Die Entscheidung für eine bestimmte Technologie sollten Sie daher nicht nur auf Grundlage der Anschaffungs- und Unterhaltskosten treffen, sondern auch unter Berücksichtigung ihrer langfristigen Nachhaltigkeit und der Fähigkeit, zur Erreichung der Klimaziele beizutragen. Den Umweltbonus gibt es bei diesen Technologien immer noch oben drauf.

Zu den wichtigsten Technologien gehören regenerative Energien, wie zum Beispiel die Photovoltaik, die es ermöglichen, erneuerbare Energie direkt am Gebäude zu erzeugen, wodurch die Stromrechnung gesenkt und überschüssiger Strom ins Netz eingespeist werden kann. Die Sonne scheint Ihnen ja sowieso aufs Dach. Zu den Technologien gehört aber auch das komplette Spektrum der regenerativen Wärmeerzeugung über Umwelt- oder Erdwärme. Trotz manchmal hoher Anfangsinvestitionen bieten sie langfristig die Möglichkeit zu signifikanten Einsparungen. Darum sollten Sie sie unbedingt in Ihre Überlegungen einbeziehen. Machen Sie Ihre Immobilie zukunftsfähig. Und bitte versuchen Sie nicht, sich am GEG abzuarbeiten. Wenn Sie Ihre Immobilie zukunftsfähig umbauen, haben Sie in der Regel das GEG bereits erfüllt. Das GEG schreibt Ihnen ausschließlich Maßnahmen vor, die Ihnen den Werterhalt, die Wertsteigerung und die Vermietbarkeit Ihrer Immobilie sichern. Und das auf eine Art und Weise, bei der Sie die Bundesförderung für energieeffiziente Gebäude (BEG) auch noch finanziell unterstützt.

Die passende Lösung finden

Jede Immobilie ist einzigartig und erfordert daher auch unterschiedliche Herangehensweisen. Machen Sie Ihre Immobilie zukunftsfähig. Ob Wärmepumpen, Solar- oder Windenergie, Bioenergie oder andere Technologien für Sie passen, das entscheiden Sie selbst – am besten mit einem Energiefachmann zusammen, der sich auch bei der Bundesförderung für energieeffiziente Gebäude (BEG) sicher und zu Hause fühlt. So haben Sie den größten Nutzen für Ihre Immobilie.

Vielleicht haben Sie ja bereits ein bestehendes Nah- oder Fernwärmenetz. Dann nutzen Sie dieses und lagern die Wärmeerzeugung aus – ebenso wie die Einhaltung der gesetzlichen Anforderungen. Der kommunale Wärmeplan, falls schon vorhanden, zeigt Ihnen auch zukünftige Netzplanungen auf. Das kann für Sie durchaus von Vorteil sein.

Eine sorgfältige Planung und Umsetzung energiebezogener Maßnahmen ist entscheidend, um Nachhaltigkeit, Wirtschaftlichkeit und den Komfort für Sie oder Ihre Mieter zu gewährleisten. Die Nutzung regenerativer Heiztechniken, auch im Großen, bietet weitere Vorteile. Zentrale Biomasseheizanlagen können eine nachhaltige und kosteneffiziente Lösung darstellen, insbesondere wenn sie mit Holzpellets oder Hackschnitzeln betrieben werden. Großwärmepumpen und solarthermische Anlagen sind ebenfalls effektive Optionen, um die Wärmeversorgung umweltfreundlich zu gestalten. Investitionen in nachhaltige und energieeffiziente Technologien sind Investitionen in die Zukunft. Sie bieten nicht nur ökologische Vorteile, sondern können auch die Betriebskosten senken, den Immobilienwert steigern und zur Zufriedenheit der Bewohner beitragen.

Ein Schlüsselaspekt ist auch die Steigerung der Energieeffizienz. Durch die Verbesserung der Gebäudedämmung und den Austausch alter Fenster und Türen durch energieeffiziente Modelle kann der Energiebedarf für Heizung und Kühlung signifikant reduziert werden. Auch die Umstellung auf LED-Beleuchtung und die Einführung intelligenter Lichtsteuerungssysteme tragen zur Senkung des Stromverbrauchs bei. Haben Sie diese oder ähnlichen Maßnahmen vor, berechnen Sie diese mit ein. Ihre Immobilie wird dann automatisch weniger Heizenergie benötigen, dies allerdings bei wesentlich größerem Komfort!

Um den Bestand in der Heizungstechnik effizient zu optimieren, ist eine umfassende Herangehensweise erforderlich, die sowohl den aktuellen Zustand der Heizungsanlagen als auch die Gebäudeinfrastruktur berücksichtigt. Der erste Schritt besteht darin, eine gründliche Analyse des bestehenden Systems durchzuführen, um die Effizienz, den Zustand der Anlage und der Verteilungssysteme sowie die Isolierung zu bewerten. Dabei ist es auch wichtig, das Nutzerverhalten und die Bedürfnisse der Bewohner miteinzubeziehen. Haben Sie also nicht nur die Technik und einen eventuellen Austausch im Blick. Über die Optimierung des Bestands und das Einbeziehen der Nutzer ist meist schon eine Einsparung von gut 20 Prozent möglich.

Allein ein hydraulischer Abgleich der Heizungsanlage ist viel Wert. Er sorgt für eine optimale Verteilung der Wärme im Gebäude und wird die Heizkosten signifikant senken. Nutzen Sie auch hier vorhandene Förderprogramme. Diese bieten oft finanzielle Unterstützung in Form von Zuschüssen oder zinsgünstigen Darlehen, um die Investitionskosten zu senken. Dazu in einem gesonderten nachfolgenden Kapitel mehr (Kap. 8.1).

Jede dieser Maßnahmen hat das Potenzial, zur Dekarbonisierung des Gebäudesektors beizutragen. Vorausgesetzt, sie wird sinnvoll und unter Berücksichtigung der spezifischen Bedingungen des jeweiligen Gebäudes oder Wohngebiets eingesetzt.

7.3.1 Erneuerbare Energien

Erneuerbare oder regenerative Energien können Sie sehr gut unterstützen. Das sind solche Energiequellen, die sich aus natürlich nachwachsenden oder unerschöpflichen Quellen speisen. Im Gegensatz zu fossilen Brennstoffen wie Kohle, Erdöl und Erdgas, die über Millionen von Jahren entstanden sind und deren Nutzung zu einem Abbau der verfügbaren Reserven führt, zeichnen sich erneuerbare Energien durch ihre nahezu unbegrenzte Verfügbarkeit aus – wie zum Beispiel bei Wind, Umweltwärme oder Sonne. Zu den wesentlichen Formen erneuerbarer Energie zählen die Solarenergie, die durch Umwandlung von Sonnenlicht in Elektrizität oder Wärme gewonnen wird, und die Windenergie, die die kinetische Energie des Windes nutzt. Wasserkraft nutzt die Bewegung von Wasser, um Elektrizität zu erzeugen, während Biomasse aus organischen Materialien wie Holz oder landwirtschaftlichen Abfällen besteht, die zur Energiegewinnung verbrannt oder in Biogas umgewandelt werden. Geothermie hingegen nutzt die in der Erde gespeicherte Wärme.

Erneuerbare Energien bieten nicht nur ökologische Vorteile durch die Verringerung der Abhängigkeit von fossilen Brennstoffen und die Reduktion von Umweltverschmutzung, sondern verringern die Abhängigkeit von Energieimporten und können zur wirtschaftlichen Entwicklung durch die Schaffung von Arbeitsplätzen in neuen Technologie- und Dienstleistungsbranchen beitragen. Zudem können Sie mit dem Einsatz von erneuerbaren Energien in der Regel immer Ihre Unterhaltskosten für Ihre Immobilie verringern.

7.3.2 Die Geothermie

Geothermie, auch Erdwärme genannt, nutzt die im Erdinneren gespeicherte Wärme zur Energiegewinnung und für Heizzwecke. Diese Form der Energie ist überall verfügbar, da die Erde eine nahezu unerschöpfliche Wärmequelle darstellt. Geothermische Systeme können in unterschiedlichen Tiefen installiert werden, von wenigen Metern unter der Erdoberfläche bis hin zu mehreren Kilometern, wo höhere Temperaturen für die Stromerzeugung genutzt werden können.

Die Vorteile der Geothermie:

- **Nachhaltigkeit und Umweltfreundlichkeit:** Geothermie ist eine saubere, erneuerbare Energiequelle, die kaum CO_2-Emissionen verursacht und somit zur Reduzierung der Treibhausgasemissionen beiträgt.
- **Konstanz:** Im Gegensatz zu anderen erneuerbaren Energien wie Wind- und Solarenergie ist geothermische Energie unabhängig von Wetterbedingungen oder Tageszeit und bietet eine konstante Energiequelle.
- **Effizienz:** Geothermische Heiz- und Kühlsysteme weisen eine hohe Effizienz auf, da sie weniger Energie verbrauchen als konventionelle Systeme.
- **Geringe Betriebskosten:** Nach der Installation sind die Betriebskosten für geothermische Systeme im Vergleich zu fossilen Brennstoffen oft niedriger, da keine Brennstoffkosten anfallen.

Die Nachteile der Geothermie:

- **Hohe Anfangsinvestitionen:** Die Installation geothermischer Systeme, insbesondere für die Tiefengeothermie, kann kostenintensiv sein.
- **Standortabhängigkeit:** Die Effizienz und Wirtschaftlichkeit geothermischer Systeme können je nach geologischen Bedingungen am Standort variieren.
- **Mögliche Umweltrisiken:** In seltenen Fällen können geothermische Bohrungen zu einer geringfügigen seismischen Aktivität führen oder das Grundwasser beeinträchtigen.

Zukunftsfähigkeit und Einsatzmöglichkeiten:

- **Energieträger:** Geothermie selbst ist der Energieträger. Es werden keine externen Brennstoffe benötigt, da die Energie direkt aus der Wärme der Erde gewonnen wird.
- **Zukunftsfähigkeit:** Geothermie gilt als zukunftsfähige Technologie, vor allem im Kontext der Energiewende und des zunehmenden Bedarfs an nachhaltigen Energiequellen. Die kontinuierliche Entwicklung und Verbesserung der Technologien zur Erschließung und Nutzung geothermischer Energie erweitern die Anwendungsmöglichkeiten und Effizienz dieser Energiequelle.
- **Einsatz in Ein- und Mehrfamilienhäusern:** Geothermische Heiz- und Kühlsysteme können sowohl in Einfamilienhäusern als auch in Mehrfamilienhäusern eingesetzt werden. Für einzelne Wohnhäuser sind oberflächennahe Geothermiesysteme wie Erdwärmepumpen besonders geeignet. Diese nutzen die konstante Temperatur des Bodens in geringer Tiefe, um Gebäude zu heizen oder zu kühlen. In Mehrfamilienhäusern können dieselben Systeme skaliert werden, um den höheren Energiebedarf zu decken. Die Möglichkeit, geothermische Systeme in verschiedenen Gebäudetypen einzusetzen, macht sie zu einer vielseitigen und attraktiven Option für die nachhaltige Energieversorgung und das Heizen und Kühlen von Gebäuden.

7.3.3 Die Umweltwärme

Umweltwärme bezeichnet die Nutzung von Wärmeenergie aus der Umgebung, wie der Luft, dem Erdreich oder dem Grundwasser, zur Beheizung und Warmwasserversorgung von Gebäuden. Diese Energie wird typischerweise mittels Wärmepumpen genutzt, die die vorhandene Wärme auf ein höheres Temperaturniveau bringen, um sie effektiv für Heizzwecke oder zur Warmwasserbereitung zu verwenden. Wärmepumpen können in beide Richtungen arbeiten, indem sie im Sommer auch zur Kühlung von Gebäuden genutzt werden.

Vorteile der Nutzung von Umweltwärme:

- **Energieeffizienz:** Wärmepumpen haben eine hohe Effizienz, da sie mehr Energie in Form von Wärme liefern, als sie an elektrischer Energie aufnehmen. Dies führt zu niedrigeren Betriebskosten im Vergleich zu konventionellen Heizsystemen.
- **Reduktion von CO_2-Emissionen:** Bei der Nutzung von Umweltwärme entstehen, insbesondere wenn der für den Betrieb der Wärmepumpe benötigte Strom aus erneuerbaren Quellen stammt, deutlich weniger CO_2-Emissionen als bei fossilen Heizsystemen.
- **Vielseitigkeit und Flexibilität:** Wärmepumpen können Wärme aus verschiedenen Quellen nutzen und sind für verschiedene Gebäudetypen und Heizsysteme geeignet.
- **Förderfähigkeit:** Im GEG und BEG gibt es Förderprogramme für den Einbau von Wärmepumpen, um die Nutzung erneuerbarer Energien zu unterstützen.

Nachteile der Nutzung von Umweltwärme:

- **Hohe Anfangsinvestitionen:** Die Anschaffungs- und Installationskosten für Wärmepumpensysteme sind im Vergleich zu althergebrachten Heizsystemen meist höher.
- **Abhängigkeit von Strom:** Wärmepumpen benötigen Strom für ihren Betrieb. Stammt der Strom nicht aus erneuerbaren Quellen, verschlechtert sich die ökologische Bilanz. Aber Sie können ja parallel auch zusätzlich eine Solarstromanlage installieren.
- **Effizienzabhängigkeit von Außentemperaturen:** Insbesondere Luftwärmepumpen können bei sehr niedrigen Außentemperaturen an Effizienz verlieren, wobei der Jahresdurchschnitt meist auch bei Bestandshäusern passt.

Zukunftsfähigkeit und Einsatzmöglichkeiten:

- **Energieträger:** Der primäre Energieträger für die Nutzung von Umweltwärme ist die Wärme aus der Umgebung selbst, die durch den Einsatz von Elektrizität mittels Wärmepumpen nutzbar gemacht wird.
- **Zukunftsfähigkeit:** Die Technik ist aufgrund ihrer Effizienz und der Nutzung erneuerbarer Energiequellen sehr zukunftsfähig. Angesichts des wachsenden Bewusst-

seins für Klimawandel und der Notwendigkeit zur Reduktion von CO_2-Emissionen gewinnt die Nutzung von Umweltwärme zunehmend an Bedeutung.

- **Einsatz in Ein- und Mehrfamilienhäusern:** Umweltwärme und die damit verbundenen Wärmepumpentechnologien lassen sich sowohl in Einfamilienhäusern als auch in Mehrfamilienhäusern einsetzen. Die Planung und Dimensionierung des Systems müssen allerdings auf den spezifischen Energiebedarf und die Gegebenheiten des jeweiligen Gebäudes abgestimmt werden. Insbesondere bei Neubauten oder grundlegenden Sanierungen können Wärmepumpensysteme effektiv integriert werden, um eine nachhaltige und kosteneffiziente Energieversorgung zu gewährleisten.

7.3.4 Die Solarenergie

Solarenergie ist eine Form der erneuerbaren Energie, die durch die Umwandlung von Sonnenlicht in elektrische Energie oder mittels Photovoltaikanlagen (PV) oder in Wärme durch Solarthermieanlagen gewonnen wird. Diese Technologie nutzt die Sonne als unerschöpfliche Energiequelle und bietet eine saubere, nachhaltige Alternative zu fossilen Brennstoffen.

Vorteile der Solarenergie:

- **Umweltfreundlichkeit:** Solarenergie produziert keine schädlichen Emissionen, reduziert den CO_2-Fußabdruck und trägt so zum Umweltschutz bei.
- **Erneuerbar und unerschöpflich:** Die Sonne ist eine konstante und unerschöpfliche Energiequelle, die global verfügbar ist. Und sie schreibt keine Rechnung!
- **Reduzierte Betriebskosten:** Nach der Anfangsinvestition fallen für die Nutzung von Solarenergie im Vergleich zu konventionellen Energiequellen geringere Betriebskosten an, da keine Brennstoffe benötigt werden.
- **Unabhängigkeit:** Die Nutzung von Solarenergie reduziert die Abhängigkeit von Energieimporten und erhöht die Energieversorgungssicherheit.
- **Förderungen:** Viele Städte bieten finanzielle Anreize und Förderungen für die Installation von Solaranlagen. Zudem erhalten Sie eine garantierte Einspeisevergütung bei Solarstromanlagen.

Nachteile der Solarenergie:

- **Hohe Anfangsinvestitionen:** Die Installation von Solaranlagen kann kostspielig sein, obwohl die Kosten in den letzten Jahren gesunken sind.
- **Variabilität:** Die Energieerzeugung ist abhängig von der Tageszeit, dem Wetter und der Jahreszeit, was eine Speicherlösung oder alternative Energiequellen notwendig macht.

- **Energieumwandlungsverluste:** Die Effizienz der Umwandlung von Sonnenlicht in elektrische Energie oder Wärme ist technisch begrenzt, aber in nahezu allen Fällen ausreichend.

Zukunftsfähigkeit und Einsatzmöglichkeiten:

- **Energieträger:** Bei der Solarenergie ist das Sonnenlicht selbst der Energieträger. Es werden keine weiteren Brennstoffe benötigt, was diese Energieform besonders umweltfreundlich macht.
- **Zukunftsfähigkeit:** Solarenergie gilt als eine der Schlüsseltechnologien für eine nachhaltige Energiezukunft. Durch kontinuierliche Verbesserungen in der Technologie und Effizienz sowie sinkende Kosten für Solaranlagen wird ihre Bedeutung weiter zunehmen. Egal ob Sie die Sonnenenergie für die Wärme oder den Strom nutzen.
- **Einsatz in Ein- und Mehrfamilienhäusern:** Solarenergie kann sowohl in Ein- auch in Mehrfamilienhäusern eingesetzt werden. Photovoltaikanlagen können auf Dächern und sogar in Freiflächen installiert werden, um elektrische Energie zu erzeugen. Solarthermieanlagen sind ebenfalls eine effiziente Lösung zur Warmwasserbereitung und können zur Unterstützung der Gebäudeheizung genutzt werden. Die Skalierbarkeit von Solaranlagen ermöglicht eine flexible Anpassung an unterschiedliche Energiebedürfnisse, sodass sowohl einzelne Haushalte als auch größere Wohnkomplexe effektiv mit Solarenergie versorgt werden können.

7.3.5 Die Windenergie

Windenergie nutzt die kinetische Energie des Windes, um mittels Windkraftanlagen Elektrizität zu erzeugen. Diese Form der Energiegewinnung ist eine der saubersten und effektivsten Methoden, erneuerbare Energie zu nutzen. Windkraftanlagen können in großen Windparks, sowohl an Land (onshore) als auch auf See (offshore), betrieben werden, um Strom in das Netz einzuspeisen.

Vorteile der Windenergie:

- **Umweltfreundlichkeit:** Windenergie ist eine saubere Energiequelle, die keine schädlichen Treibhausgase oder Luftverschmutzung produziert, was sie zu einer ausgezeichneten Alternative zu fossilen Brennstoffen macht.
- **Erneuerbarkeit:** Wind ist eine unerschöpfliche Ressource, was Windenergie zu einer nachhaltigen Option für die Stromerzeugung macht.
- **Kosteneffizienz:** Nach der anfänglichen Investition sind die Betriebs- und Wartungskosten von Windkraftanlagen relativ niedrig. Zudem sind die Kosten für Windenergie in den letzten Jahren gesunken, was sie wirtschaftlich attraktiv macht.

- **Energieunabhängigkeit:** Die Nutzung von Windenergie reduziert die Abhängigkeit von importierten fossilen Brennstoffen und trägt zur Energieunabhängigkeit bei.

Nachteile der Windenergie:

- **Variabilität:** Die Windenergieproduktion ist vom Windangebot abhängig, das zeitlich und räumlich variieren kann, was eine Herausforderung für die Netzstabilität und Energieversorgungssicherheit darstellt.
- **Initiale Investitionskosten:** Die Errichtung von Windkraftanlagen erfordert eine hohe Anfangsinvestition, obwohl sich diese langfristig amortisieren kann.
- **Raumbedarf und visuelle Auswirkungen:** Windkraftanlagen benötigen viel Platz und können als visuell störend empfunden werden. Zudem gibt es Bedenken hinsichtlich der Auswirkungen auf Vögel und Fledermäuse.

Zukunftsfähigkeit und Einsatzmöglichkeiten:

- **Energieträger:** Der Energieträger bei der Windenergie ist der Wind selbst. Es werden keine weiteren Brennstoffe benötigt, was die Windenergie zu einer besonders umweltfreundlichen Option macht.
- **Zukunftsfähigkeit:** Windenergie gilt als eine der Schlüsseltechnologien für die Energiewende und ist aufgrund ihrer Nachhaltigkeit und des Potenzials zur Kostensenkung sehr zukunftsfähig. Die technologische Entwicklung und die Verbesserung der Netzintegration erneuerbarer Energien werden ihre Rolle in der zukünftigen Energieversorgung weiter stärken.
- **Einsatz in Ein- und Mehrfamilienhäusern:** Der Einsatz von Windenergie in Ein- oder Mehrfamilienhäusern ist im Vergleich zu Solarenergie weniger verbreitet, vor allem aufgrund der Größe und des Raumbedarfs von Windkraftanlagen. Kleinere Windkraftanlagen können jedoch in bestimmten Situationen und an bestimmten Standorten eine sinnvolle Ergänzung zur Energieversorgung von Gebäuden darstellen, insbesondere in Gebieten mit hohem Windangebot. Bis 10 Meter Nabenhöhe sind diese auch in einzelnen Bundesländern genehmigungsfrei. Die Installation kleinerer Anlagen erfordert eine sorgfältige Planung, um sicherzustellen, dass sie effizient und ohne Beeinträchtigung für die Bewohner oder die Umgebung betrieben werden können. In größeren Industriebereichen finden Sie aber auch Windkraftanlagen, die hier den Energiebedarf unterstützen – wie zum Beispiel im Hamburger Hafen oder bei VW und Audi im Werk.

7.3.6 Die Bioenergie/Biomasse

Bioenergie nutzt Biomasse als Energiequelle zur Erzeugung von Wärme, Elektrizität oder Treibstoffen. Biomasse umfasst eine breite Palette organischer Materialien wie Holz, landwirtschaftliche Abfälle, spezielle Energiepflanzen und Algen. Diese Materialien können direkt verbrannt werden, um Wärme zu erzeugen, oder in Biogas, Biodiesel und andere biobasierte Treibstoffe umgewandelt werden.

Vorteile von Bioenergie und Biomasse:

- **Erneuerbarkeit:** Biomasse stammt aus organischen Materialien, die durch landwirtschaftliche Produktion oder natürliche Prozesse nachwachsen, was sie zu einer nachhaltigen und erneuerbaren Energiequelle macht.
- **CO_2-Neutralität:** Bei der Verbrennung von Biomasse wird nur so viel CO_2 freigesetzt, wie die Pflanzen während ihres Wachstums aus der Atmosphäre aufgenommen haben, was theoretisch zu einer neutralen CO_2-Bilanz führt. Ausgenommen natürlich Transport und Verarbeitung.
- **Vielseitigkeit:** Biomasse kann für eine Vielzahl von Anwendungen genutzt werden, einschließlich Heizung, Stromerzeugung und als Treibstoff für Transportmittel.
- **Energieunabhängigkeit:** Die Nutzung von Biomasse kann die Abhängigkeit von fossilen Brennstoffen reduzieren und zur Sicherung der lokalen Energieversorgung beitragen.

Nachteile von Bioenergie und Biomasse:

- **Landnutzung und Konkurrenz zur Nahrungsmittelproduktion:** Der Anbau von Energiepflanzen für Biomasse kann in Konkurrenz zur Nahrungsmittelproduktion stehen und somit zu Problemen bei der Landnutzung führen – Stichwort »Tank oder Teller«.
- **Umweltauswirkungen:** Die Sammlung, der Transport und die Verarbeitung von Biomasse können Energie verbrauchen und Treibhausgase emittieren. Zudem kann der intensive Anbau von Energiepflanzen negative Auswirkungen auf Biodiversität und Bodenqualität haben.
- **Effizienz:** Die Energieausbeute pro Flächeneinheit ist bei Biomasse im Vergleich zu anderen erneuerbaren Energiequellen oft geringer.

Zukunftsfähigkeit und Einsatzmöglichkeiten:

- **Energieträger:** Als Energieträger dient bei der Bioenergie die Biomasse selbst. Je nach Anwendung kann diese direkt verbrannt oder in andere Energieformen wie Biogas oder flüssige Biokraftstoffe umgewandelt werden.
- **Zukunftsfähigkeit:** Bioenergie und Biomasse haben das Potenzial, einen wichtigen Beitrag zur Energiewende und zur Reduktion von Treibhausgasemissionen zu leisten, insbesondere wenn sie nachhaltig produziert und effizient genutzt werden. Die Entwicklung von Technologien zur Verbesserung der Effizienz und zur Minimierung der Umweltauswirkungen ist entscheidend für die Zukunftsfähigkeit dieser Energiequelle. Zudem haben sie das Potenzial der Grundlastfähigkeit. Kosten aber im Gegensatz zu Wind und Sonne immer auch Geld.
- **Einsatz in Ein- und Mehrfamilienhäusern:** Bioenergie kann sowohl in Ein- als auch in Mehrfamilienhäusern eingesetzt werden, insbesondere in Form von Biomasse-

heizsystemen wie Pelletöfen oder Holzheizkesseln. Diese Systeme bieten eine umweltfreundliche und kosteneffiziente Möglichkeit zur Beheizung und Warmwasserversorgung. Ebenso können diese auch in Nah- und Fernwärmenetzen eingesetzt werden. Die Eignung und Effizienz hängen jedoch von verschiedenen Faktoren ab, einschließlich der Verfügbarkeit von Biomasse, der Lagermöglichkeiten und der lokalen Vorschriften. Insgesamt bietet Biomasse eine flexible und praktikable Option für die Energieversorgung von Gebäuden, erfordert jedoch eine sorgfältige Planung und Berücksichtigung der Nachhaltigkeitsaspekte.

7.3.7 Das Blockheizkraftwerk

Ein Blockheizkraftwerk (BHKW) ist eine Anlage zur gleichzeitigen Erzeugung von elektrischer Energie und nutzbarer Wärme durch ein gekoppeltes System, bekannt unter dem Prinzip der Kraft-Wärme-Kopplung (KWK). Diese Technologie zeichnet sich durch eine hohe Effizienz und Umweltfreundlichkeit aus, da sie die bei der Stromerzeugung entstehende Wärme nicht ungenutzt lässt, sondern für Heizzwecke oder zur Warmwasseraufbereitung nutzt.

BHKW können mit verschiedenen Energieträgern betrieben werden, darunter Erdgas, Biomasse, Heizöl oder Biogas. Erdgas ist aktuell der am häufigsten verwendete Brennstoff, aber die Nutzung von Biomasse oder Biogas macht ein BHKW zu einer besonders nachhaltigen und umweltfreundlichen Lösung, da diese Brennstoffe als erneuerbar gelten und die CO_2-Bilanz verbessern.

Die Funktionsweise eines BHKWs basiert auf einem Verbrennungsmotor, der einen Generator antreibt, um Strom zu erzeugen. Die dabei entstehende Abwärme wird über einen Wärmetauscher auf ein Heizsystem übertragen und kann so effizient genutzt werden. Dieses Prinzip ermöglicht es, dass BHKW im Vergleich zu herkömmlichen Kraftwerken, bei denen die Abwärme oft ungenutzt bleibt, einen deutlich höheren Gesamtwirkungsgrad erreichen.

Blockheizkraftwerke finden ihren Einsatz sowohl in kleineren Einheiten für Einfamilienhäuser als auch in größeren Anlagen für Mehrfamilienhäuser, Gewerbebetriebe, Industrieanlagen oder kommunale Einrichtungen wie Schwimmbäder und Schulen. Sie eignen sich besonders für Objekte mit einem hohen und gleichmäßigen Bedarf an Strom und Wärme, da so die Effizienz der Anlage maximiert wird.

Die Technik der BHKW ist seit Jahrzehnten etabliert und hat sich als eine effiziente und zuverlässige Lösung für die dezentrale Energieversorgung bewährt. Moderne BHKW sind in der Lage, flexibel auf Schwankungen im Energiebedarf zu reagieren, und können durch die Nutzung erneuerbarer Energieträger einen wichtigen Beitrag zum Klimaschutz leisten.

7.3.8 Der grüner Wasserstoff

Wasserstoff kann auf verschiedene Weisen hergestellt werden, wobei die Methode einen direkten Einfluss auf die Umweltverträglichkeit und den CO_2-Fußabdruck des produzierten Wasserstoffs hat. Basierend auf dem Herstellungsprozess und den dabei entstehenden Emissionen unterscheidet man üblicherweise zwischen grauem, blauem und grünem Wasserstoff.

Der graue Wasserstoff ist die am weitesten verbreitete Form der Wasserstoffproduktion, bei der Erdgas (hauptsächlich Methan) durch Dampfreformierung in Wasserstoff und Kohlendioxid umgewandelt wird. Bei diesem Prozess entsteht eine erhebliche Menge an CO_2, die normalerweise in die Atmosphäre freigesetzt wird, wodurch grauer Wasserstoff aus klimapolitischer Sicht sehr problematisch ist.

Der blaue Wasserstoff wird ähnlich wie grauer Wasserstoff durch Dampfreformierung von Erdgas hergestellt, jedoch mit einem entscheidenden Unterschied: Die dabei entstehenden CO_2-Emissionen werden durch Carbon-Capture-and-Storage(CCS)-Technologien abgefangen und gespeichert oder anderweitig genutzt, anstatt in die Atmosphäre freigesetzt zu werden. Obwohl dies eine sauberere Option als grauer Wasserstoff darstellt, hängt die Umweltverträglichkeit stark von der Effizienz der CO_2-Abscheidung und -Speicherung ab.

Der grüne Wasserstoff wird durch die Elektrolyse von Wasser mit Strom aus erneuerbaren Energiequellen wie Wind-, Solar- oder Wasserkraft hergestellt. Bei diesem Prozess wird Wasser in Sauerstoff und Wasserstoff aufgespalten, ohne schädliche Treibhausgase zu produzieren. Grüner Wasserstoff ist die umweltfreundlichste Variante, da seine Produktion vollständig erneuerbar und emissionsfrei ist. Grüner Wasserstoff gilt als Schlüsselelement für die Energiewende und die Dekarbonisierung verschiedener Wirtschaftssektoren, insbesondere in Bereichen, die schwer zu elektrifizieren sind, wie die Schwerindustrie und der Transportsektor.

Bitte bedenken Sie auch: Um grün hergestellten Strom in 1 Kilogramm Wasserstoff umzuwandeln, benötigen Sie je nach Herstellungsverfahren zwischen 40 und 80 kWh Strom, nur um diesen dann zu Wärmeenergie zu verbrennen. Das wird dann sicherlich das teuerste Heizsystem, das Sie jemals eingebaut haben. Wobei die Verfügbarkeit sicherlich auch infrage gestellt werden kann.

Vorteile von grünem Wasserstoff:

- **Umweltfreundlichkeit:** Die Produktion von grünem Wasserstoff setzt keine Treibhausgase frei, was ihn zu einer sauberen Energiequelle macht.
- **Vielseitigkeit:** Wasserstoff kann als Treibstoff, zur Speicherung von Energie, zur Wärmeerzeugung und als Rohstoff in der chemischen Industrie verwendet werden.
- **Energieunabhängigkeit:** Die Nutzung von grünem Wasserstoff kann uns helfen, unsere Abhängigkeit von importierten fossilen Brennstoffen zu reduzieren.
- **Speicherlösung für erneuerbare Energien:** Grüner Wasserstoff bietet eine Lösung für das Speicherproblem von erneuerbaren Energien, indem überschüssige Energie in Wasserstoff umgewandelt und gespeichert wird. So ist die Langzeitspeicherung von Energie möglich.

Nachteile von grünem Wasserstoff:

- **Sehr hohe Produktionskosten:** Die Herstellung von grünem Wasserstoff ist aufgrund der benötigten erneuerbaren Energien und der Elektrolysetechnologie derzeit noch sehr kostspielig.
- **Effizienzverluste:** Bei der Umwandlung von Elektrizität in Wasserstoff und zurück in nutzbare Energie treten Energieverluste auf – in einer Größenordnung von 40–80 Prozent, je nach Herstellungsverfahren.
- **Infrastruktur:** Für die Verteilung und Nutzung von Wasserstoff ist der Aufbau einer neuen Infrastruktur erforderlich.
- **Technologische Herausforderungen:** Die Speicherung und der Transport von Wasserstoff erfordern spezielle Technologien und Materialien.

Zukunftsfähigkeit und Einsatzmöglichkeiten:

- **Energieträger:** Der Energieträger bei der Nutzung von grünem Wasserstoff ist der Wasserstoff selbst, der durch Elektrolyse unter Verwendung von Strom aus erneuerbaren Energien gewonnen wird.
- **Zukunftsfähigkeit:** Grüner Wasserstoff hat das Potenzial, eine zentrale Rolle in einer nachhaltigen und kohlenstoffarmen Zukunft zu spielen. Die weitere Forschung und Entwicklung, die Senkung der Produktionskosten durch Skaleneffekte und der Ausbau der erneuerbaren Energien werden seine Zukunftsfähigkeit und Anwendbarkeit erweitern.
- **Einsatz in Ein- und Mehrfamilienhäusern:** Derzeit ist der Einsatz von grünem Wasserstoff in Ein- oder Mehrfamilienhäusern hauptsächlich auf die Nutzung in Brennstoffzellenheizgeräten beschränkt, die Wärme und Strom erzeugen können. Diese Technologie befindet sich jedoch noch in den Anfängen und ist mit hohen Kosten und technischen Herausforderungen verbunden. Für die breite Anwendung von grünem Wasserstoff in Wohngebäuden sind weitere Entwicklungen in der Technologie, Infrastruktur und Kostensenkung erforderlich.

7.3.9 Die Elektroheizung

Eine Elektroheizung wandelt elektrische Energie direkt in Wärme um und bietet eine einfache sowie flexible Lösung zur Beheizung von Räumen. Die Funktionsweise von Elektroheizungen ist relativ simpel: Ein elektrisches Heizelement erhitzt sich, wenn Strom hindurchfließt, und gibt diese Wärme an die Umgebung ab. Es gibt verschiedene Typen von Elektroheizungen, darunter Direktheizer wie Radiatoren, Konvektoren und Infrarotheizungen, sowie Speicherheizungen, die Wärme für eine spätere Nutzung speichern können.

Elektroheizungen finden vor allem in Gebäuden Anwendung, in denen der Einbau einer zentralen Heizungsanlage nicht möglich oder nicht wirtschaftlich ist, wie in kleineren Wohnungen, Ferienhäusern oder als Zusatzheizung in schlecht isolierten Räumen. Ihre einfache Installation und Wartung sowie die Möglichkeit zur individuellen Steuerung in jedem Raum machen sie zu einer flexiblen Heizlösung.

Elektroheizungen haben einen hervorragenden Wirkungsgrad. Nahezu jede eingesetzte Kilowattstunde Strom wird in Wärme umgewandelt, immer im Verhältnis von nahezu 1 : 1. Das bedeutet für Sie in der Regel relativ hohe Heizkosten gegenüber anderen Heizsystemen, wie zum Beispiel einer Wärmepumpe.

7.3.10 Kälte aus erneuerbaren Energien

Kälte aus erneuerbaren Energien meint die Nutzung nachhaltiger Energiequellen zur Bereitstellung von Kühlung oder Klimatisierung. Diese Technik nutzt häufig Solarenergie, Biomasse, Geothermie oder die Umgebungswärme, um über verschiedene Prozesse wie Absorptionskältemaschinen, Adsorptionskältemaschinen oder solarbetriebene Kühlsysteme Kälte zu erzeugen. Die Technologie bietet eine umweltfreundliche Alternative zu konventionellen, auf fossilen Brennstoffen basierenden Kühlsystemen und trägt zur Reduktion von Treibhausgasemissionen bei.

Vorteile der Kälteerzeugung aus erneuerbaren Energien:

- **Umweltfreundlichkeit:** Die Nutzung erneuerbarer Energien für die Kälteerzeugung führt zu einer deutlichen Reduzierung von CO_2-Emissionen und anderen umweltschädlichen Gasen, die bei herkömmlichen Kühlsystemen entstehen.
- **Energieeffizienz:** Viele Systeme zur Kälteerzeugung aus erneuerbaren Energien, insbesondere solche, die die direkte Sonneneinstrahlung nutzen, sind energieeffizient und können die Betriebskosten im Vergleich zu traditionellen Kühlsystemen senken.
- **Reduzierte Betriebskosten:** Nach der anfänglichen Investition können die Betriebskosten niedriger sein, da die primäre Energiequelle kostenlos ist.

Nachteile der Kälteerzeugung aus erneuerbaren Energien:

- **Hohe Anfangsinvestitionen:** Installation und Einrichtung der Systeme können teuer sein, insbesondere bei der Integration in bestehende Gebäude.
- **Verfügbarkeit und Konsistenz:** Die Verfügbarkeit der Energiequelle kann variieren (z. B. Sonnenlichtabhängigkeit bei solaren Kühlsystemen), was die Zuverlässigkeit beeinflussen kann.
- **Technische Komplexität:** Einige Systeme erfordern fortgeschrittene technische Lösungen und Wartung, was Fachkenntnisse voraussetzt.
- **Platzbedarf:** Einige erneuerbare Kühlsysteme benötigen mehr Platz als herkömmliche Systeme, was in dicht bebauten Gebieten ein Problem darstellen kann. Zum Beispiel bei größeren Eisspeichern.

Zukunftsfähigkeit und Einsatzmöglichkeiten:

- **Energieträger:** Als Energieträger dienen die jeweiligen erneuerbaren Energiequellen, wie Sonnenlicht für solarthermische Kühlsysteme, Erdwärme für geothermische Kühlanwendungen oder Biomasse zur Energiegewinnung für Absorptionskälteanlagen.
- **Zukunftsfähigkeit:** Die Technologie zur Kälteerzeugung aus erneuerbaren Energien gilt als sehr zukunftsfähig, da sie eine Antwort auf die drängenden Fragen des Klimawandels und der Nachhaltigkeit bietet. Mit fortschreitender Technologie und sinkenden Kosten wird ihre Anwendung voraussichtlich zunehmen.
- **Einsatz in Ein- und Mehrfamilienhäusern:** Die Nutzung von Kälte aus erneuerbaren Energien ist sowohl in Ein- als auch in Mehrfamilienhäusern möglich. Die Eignung hängt von verschiedenen Faktoren ab, darunter die geografische Lage, die Verfügbarkeit von Platz für die Installation der erforderlichen Systeme und die spezifischen Kühlbedürfnisse des Gebäudes. Insbesondere in Neubauten oder bei umfassenden Renovierungen können solche Systeme effektiv integriert werden, um eine nachhaltige und kosteneffiziente Kühlung zu gewährleisten.

7.3.11 Die Holzheizungen

Holzheizungen nutzen Holz als Brennstoff, um Wärme für die Beheizung von Räumen und die Warmwasserbereitung zu erzeugen. Diese Technologie zählt zu den ältesten Heizmethoden und hat sich dank moderner Entwicklungen zu einer effizienten und umweltfreundlichen Heizoption entwickelt. Holz gilt als nachhaltiger Energieträger, besonders wenn es aus verantwortungsvoll bewirtschafteten Wäldern stammt, da die beim Verbrennungsprozess freigesetzten CO_2-Emissionen etwa dem Kohlenstoffdioxid entsprechen, das die Bäume während ihres Wachstums aus der Atmosphäre aufgenommen haben.

Holzheizsysteme, wie Holzpelletöfen, Holzvergaserkessel und Scheitholzkessel, nutzen fortschrittliche Verbrennungstechnologien, um eine hohe Effizienz und geringe Emissionen zu gewährleisten. Diese Systeme sind mit automatischen Zuführmechanismen und effektiven Abgasreinigungssystemen ausgestattet, die den Bedienkomfort erhöhen und die Umweltbelastung minimieren, benötigen allerdings durch die Vorratshaltung relativ viel Platz.

Holzheizungen finden ihren Einsatz sowohl in Einfamilienhäusern als auch in Mehrfamilienhäusern und können sowohl als primäres Heizsystem als auch in Kombination mit anderen Heizsystemen verwendet werden. Sie eignen sich besonders für ländliche Gebiete, in denen Holz leicht verfügbar ist, und für Personen, die Wert auf Unabhängigkeit von fossilen Brennstoffen legen. In Ihrer Stadtwohnung stoßen Sie hier jedoch schnell auf Herausforderungen.

7.3.12 Die Hybridheizung

Eine Hybridheizung kombiniert verschiedene Heiztechnologien und Energieträger, um eine effiziente und flexible Wärmeversorgung für Gebäude zu gewährleisten. Diese Systeme nutzen häufig eine Kombination aus einer konventionellen Gas- oder Ölheizung mit erneuerbaren Energiequellen wie Solarthermie oder einer Wärmepumpe. Der Hauptvorteil einer Hybridheizung liegt in ihrer Fähigkeit, automatisch zwischen den Energieträgern zu wechseln, basierend auf Effizienz, Verfügbarkeit und aktuellen Energiepreisen. Dies ermöglicht eine optimale Nutzung erneuerbarer Energien, wenn diese verfügbar sind, und garantiert gleichzeitig eine zuverlässige Wärmeversorgung, indem bei Bedarf auf fossile Brennstoffe zurückgegriffen wird. Bitte achten Sie genau auf die Bestimmungen des aktuellen Gebäudeenergiegesetzes. Seit 2024 sind Sie gefordert, 65 Prozent Ihrer Wärmeenergie regenerativ zu erzeugen.

Der Einsatz erneuerbarer Energieträger in einem Hybridheizsystem macht es dennoch zu einer nachhaltigen und umweltfreundlichen Option. Insbesondere die Integration von Wärmepumpen, die Umgebungswärme nutzen, oder solarthermischen Anlagen, die Sonnenenergie einfangen, kann den Verbrauch fossiler Brennstoffe signifikant reduzieren und somit zur Senkung der CO_2-Emissionen beitragen.

Hybridheizungen sind besonders geeignet für den Einsatz in Ein- und Mehrfamilienhäusern sowie in gewerblichen Gebäuden, die eine flexible und zukunftssichere Heizlösung suchen. Sie bieten eine ideale Lösung für die Sanierung bestehender Heizsysteme, da sie sich problemlos in vorhandene Heizungsinfrastrukturen integrieren lassen und eine stufenweise Umstellung auf erneuerbare Energien ermöglichen.

7.3.13 Die Pelletheizung

Eine Pelletheizung nutzt gepresste Holzpellets als Brennstoff zur Wärmeerzeugung, was sie zu einer umweltfreundlichen und nachhaltigen Heizoption macht. Holzpellets werden aus Sägemehl oder anderen Holzresten hergestellt, die bei der Holzverarbeitung anfallen. Dies macht sie zu einem erneuerbaren Energieträger, dessen Nutzung die Abhängigkeit von fossilen Brennstoffen reduziert und zur Verringerung der CO_2-Emissionen beiträgt.

Die Funktionsweise einer Pelletheizung ähnelt der einer herkömmlichen Zentralheizung, mit dem Unterschied, dass Holzpellets automatisch aus einem Vorratsbehälter in die Brennkammer befördert werden. Dort werden sie effizient verbrannt, die entstehende Wärme erhitzt Wasser, das dann über das Heizsystem im Gebäude verteilt wird. Moderne Pelletheizungen zeichnen sich durch eine saubere Verbrennung und einen automatisierten Betrieb aus.

Pelletheizungen eignen sich für eine Vielzahl von Immobilien, von Einfamilienhäusern bis zu größeren Wohnanlagen und Gewerbeobjekten. Sie sind besonders attraktiv für Neubauten und Sanierungen, in denen Wert auf Nachhaltigkeit und Energieeffizienz gelegt wird, haben allerdings wegen der Vorratshaltung einen erhöhten Platzbedarf.

7.3.14 Die Solarthermieanlage

Eine Solarthermieanlage nutzt ebenfalls die Energie der Sonne, um Wasser zu erwärmen, und stellt so Heizwärme und Warmwasser bereit. Der verwendete Energieträger ist das Sonnenlicht, ein nachhaltiger und emissionsfreier Rohstoff, der überall auf der Welt verfügbar ist. Diese Eigenschaft macht Solarthermie zu einer der grünsten Technologien im Energiemix.

Die Technik hinter Solarthermie ist ebenso elegant wie effektiv: Sonnenkollektoren fangen die Sonnenstrahlen ein und übertragen die Wärme auf ein Trägermedium, typischerweise eine Flüssigkeit, die durch ein geschlossenes System zirkuliert. Diese erwärmte Flüssigkeit wird dann zu einem Wärmetauscher im Warmwasserspeicher geleitet, wo die Wärme an das Brauchwasser abgegeben wird. So wird das Wasser erwärmt, ohne dass fossile Brennstoffe verbrannt werden müssen.

Solarthermieanlagen sind vielseitig einsetzbar, von Einfamilienhäusern über Mehrfamilienhäuser bis hin zu gewerblichen Immobilien. Besonders interessant sind sie für Gebäude, in denen ein hoher Bedarf an Warmwasser besteht, wie z.B. in Hotels oder Schwimmbädern. Aber auch in Privathaushalten leisten sie einen wertvollen Beitrag zur Reduzierung der Energiekosten und zum Umweltschutz.

Ist diese Technik noch zeitgemäß? Absolut. In einer Zeit, in der Nachhaltigkeit und Energieeffizienz immer wichtiger werden, bietet die Solarthermie eine bewährte Lösung, um die Abhängigkeit von fossilen Brennstoffen zu verringern und die CO_2-Bilanz zu verbessern.

7.3.15 Die Wärmepumpe

Mit Wärmepumpen können Sie Gebäude beheizen und kühlen. Sie nutzen die vorhandene Wärme aus der Umgebung – Luft, Wasser oder Erde – und wandeln diese in nutzbare Energie für Heizzwecke oder zur Warmwasserbereitung um. Der Hauptvorteil von Wärmepumpen liegt in ihrer Effizienz und Umweltfreundlichkeit, da sie mehr Wärmeenergie liefern, als elektrische Energie für ihren Betrieb benötigt wird. Der primäre Energieträger ist somit die in der Umwelt vorhandene Wärme, ergänzt durch einen relativ geringen Einsatz von Strom, der idealerweise aus erneuerbaren Quellen stammt, um die Nachhaltigkeit weiter zu erhöhen. Aus einer Kilowattstunde Strom holen Sie immer sehr viel mehr als 100 Prozent Wärmeenergie heraus. Dadurch haben Sie sehr niedrige Unterhaltskosten.

Wärmepumpen gibt es in verschiedenen Systemen, die jeweils unterschiedliche Wärmequellen nutzen:

- Luft-Wasser-Wärmepumpen ziehen Wärme aus der Außenluft. Sie sind relativ einfach zu installieren und eignen sich besonders für Gebiete, in denen keine Möglichkeit besteht, ein Erdkollektorsystem zu verlegen. Ihr Wirkungsgrad kann bei sehr niedrigen Außentemperaturen abnehmen, moderne Geräte arbeiten jedoch auch unter diesen Bedingungen effizient.
- Erdwärme- oder Sole-Wasser-Wärmepumpen nutzen die im Boden gespeicherte Sonnenenergie. Über ein System von unterirdischen Rohren (Erdkollektoren) oder Tiefenbohrungen wird die Erdwärme aufgenommen. Diese Systeme bieten ganzjährig eine konstante Leistung, da die Bodentemperaturen über das Jahr relativ stabil sind.
- Wasser-Wasser-Wärmepumpen nutzen die Wärme aus Grundwasser. Sie erfordern zwei Brunnenanlagen: eine zur Entnahme des warmen Wassers und eine zweite, um das abgekühlte Wasser zurückzuleiten. Diese Systeme sind sehr effizient, ihre Installation ist jedoch abhängig von den lokalen Grundwasserverhältnissen. Die Bohrungen müssen zum Teil sehr tief sein.

Die Funktionsweise einer Wärmepumpe basiert auf dem Prinzip der Wärmeverschiebung. Ein Kältemittel zirkuliert im System und nimmt bei niedriger Temperatur Wärme aus der Umgebung auf. Durch Kompression wird das Kältemittel erwärmt und gibt die aufgenommene Wärme bei höherer Temperatur im Inneren des Gebäudes ab. Anschließend entspannt sich das Kältemittel wieder, kühlt ab und der Kreislauf beginnt von Neuem.

Wärmepumpen finden ihren Einsatz in einer Vielzahl von Immobilien, von Einfamilienhäusern über Mehrfamilienhäuser bis hin zu gewerblichen und öffentlichen Gebäuden. Sie eignen sich sowohl für Neubauten als auch für die Modernisierung bestehender Heizsysteme, besonders in Kombination mit einer gut isolierten Gebäudehülle. Wärmepumpen sind zukunftsfähig. Ihre Fähigkeit, erneuerbare Energie effizient zu nutzen, macht sie zu einem starken Baustein in der Wärmewende.

7.3.16 Die Wärmespeicherung

Wärmespeicherung ist der Prozess der Aufbewahrung von überschüssiger Wärmeenergie für eine spätere Nutzung. Dies kann durch verschiedene Methoden erfolgen, wie die Speicherung in Wasser, speziellen Salzlösungen oder mittels Phasenwechselmaterialien, die Wärme bei einem Temperaturwechsel absorbieren oder abgeben. Wärmespeicher sind essenziell für effiziente Heizsysteme und erneuerbare Energietechnologien, da sie es ermöglichen, Energie zu nutzen, wenn die Nachfrage besteht, unabhängig davon, wann sie erzeugt wurde.

Der Pufferspeicher

Ein Pufferspeicher ist ein zentrales Element in Heizsystemen, das dazu dient, Wärmeenergie zeitlich versetzt zur Erzeugung zu speichern und bei Bedarf wieder abzugeben. Diese Technologie ist besonders vorteilhaft, da sie eine effiziente Nutzung der erzeugten Wärme ermöglicht, Energieverluste minimiert und zur Stabilisierung des Heizsystems beiträgt. Pufferspeicher sind universell einsetzbar und können mit verschiedenen Energieträgern und Wärmeerzeugern kombiniert werden, darunter Biomassekessel, Solarthermieanlagen, Wärmepumpen und herkömmliche Gas- oder Ölheizungen.

Die Funktionsweise eines Pufferspeichers basiert auf der thermischen Speicherung von Wärme in einem Medium, üblicherweise Wasser. Die während der Zeiten hoher Energieproduktion, etwa bei intensiver Sonneneinstrahlung für Solarthermieanlagen, erzeugte Wärme wird im Speicher gehalten und bei Bedarf, beispielsweise während der Spitzenlastzeiten oder wenn keine direkte Sonneneinstrahlung verfügbar ist, an das Heizsystem abgegeben.

Pufferspeicher finden ihren Einsatz in einer breiten Palette von Immobilien, von Einfamilienhäusern über Mehrfamilienhäuser bis hin zu gewerblichen und industriellen Anlagen.

Der sensible Wärmespeicher

Sensible Wärmespeicher sind eine effektive und weit verbreitete Technologie zur Speicherung von thermischer Energie. Sie basieren auf dem Prinzip der direkten Wärmespeicherung in einem Material durch Erhöhung seiner Temperatur, ohne dass eine Phasenänderung stattfindet. Wasser ist das am häufigsten verwendete Speichermedium in sensiblen Wärmespeichern, bekannt für seine hohe spezifische Wärmekapazität, was bedeutet, dass es viel Wärme aufnehmen kann, ohne signifikant im Volumen zu expandieren oder seine Phase zu ändern (Wasser macht das ja erst in gefrorenem Zustand oder beim Verdampfen). Die meisten Pufferspeicher funktionieren nach diesem Prinzip.

Der Vorteil dieser Technologie liegt in ihrer Einfachheit, Zuverlässigkeit und Effizienz. Sensible Wärmespeicher sind in der Lage, große Mengen an thermischer Energie kostengünstig zu speichern und diese Energie bei Bedarf wieder abzugeben.

Sensible Wärmespeicher finden ihren Einsatz in einer Vielzahl von Immobilien, von Wohngebäuden über gewerbliche bis hin zu industriellen Anlagen. Sie sind besonders nützlich in Systemen, die eine zeitliche Verzögerung zwischen Energieerzeugung und -bedarf überbrücken müssen, wie zum Beispiel in solarthermischen Anlagen, wo tagsüber erzeugte Wärme für die Nutzung in den Abend- und Nachtstunden gespeichert wird.

Der Latentwärmespeicher

Latentwärmespeicher nutzen das Prinzip der Speicherung von Wärmeenergie durch den Phasenwechsel eines Materials, meist vom festen in den flüssigen Zustand oder umgekehrt. Dieser Prozess ermöglicht es, große Mengen an Energie bei nahezu konstanter Temperatur zu speichern und freizusetzen. Die genutzten Materialien, sogenannte Phasenwechselmaterialien (PCM), variieren je nach Anforderung der Speichertemperatur und umfassen unter anderem Salzhydrate, Paraffine oder Fettsäuren.

Der größte Vorteil von Latentwärmespeichern liegt in ihrer hohen Energiedichte und der Fähigkeit, Wärme über einen längeren Zeitraum ohne signifikante Temperaturverluste zu speichern. Dies macht sie ideal für Anwendungen, in denen eine effiziente und platzsparende Wärmespeicherung erforderlich ist. Da die Technologie primär die gespeicherte Energie nutzt, hängt die Nachhaltigkeit und Umweltfreundlichkeit vor allem von der Quelle der zum Laden des Speichers verwendeten Energie ab.

Latentwärmespeicher finden ihren Einsatz in einer Vielzahl von Immobilien, darunter Wohngebäude, Büros und industrielle Anlagen. Sie sind besonders nützlich in Systemen, die eine gleichmäßige Wärmeversorgung über den Tag benötigen oder die Wärme für die Nutzung zu einem späteren Zeitpunkt speichern müssen, wie beispielsweise in Kombination mit nächtlichem Niedrigtarifstrom oder solarthermischen Kollektoren.

7.3.17 Die unterschiedlichen Wärmenetze

Die Wärmenetze gehören natürlich der Vollständigkeit halber zu den unterschiedlichen Heizsystemen dazu. Da diese aber bereits in einem separaten Kapitel beschrieben sind, und das dazu noch sehr ausführlich, verweise ich gerne darauf (Kap. 4). Die Kostenseite brauchen Sie, jedenfalls von den Investitionen her, nicht berücksichtigen – diese Kosten trägt Ihr Energieversorger. Allerdings unterscheiden sich die Abnahmeverträge in Laufzeit und Preis pro Kilowattstunde sehr. Nutzen Sie hier diesen Faktor für Ihre Entscheidung. Und der Preis für die Übergabestruktur, die meist Sie als Gebäudeinhaber tragen.

Wärmenetze gelten als eine der zukunftsfähigsten Lösungen für die klimafreundliche Wärmeversorgung, insbesondere in städtischen und dicht besiedelten Gebieten. Sie ermöglichen eine zentrale Wärmeerzeugung, die effizient, flexibel und zunehmend auf erneuerbare Energien umgestellt werden kann. Der Ausbau und die Modernisierung bestehender Wärmenetze spielen eine entscheidende Rolle bei der Dekarbonisierung des Gebäudesektors, da sie es ermöglichen, fossile Heizsysteme schrittweise durch klimafreundliche Alternativen zu ersetzen.

Ein wesentlicher Vorteil von Wärmenetzen ist ihre hohe Effizienz. Durch die zentrale Erzeugung von Wärme lassen sich Ressourcen optimal nutzen, und Abwärmequellen wie industrielle Prozesse oder Rechenzentren können integriert werden.

Ein weiterer Faktor, der für die Zukunftsfähigkeit von Wärmenetzen spricht, ist ihre Anpassungsfähigkeit an verschiedene Energiequellen. Während heute noch viele Netze mit fossilen Brennstoffen betrieben werden, werden diese schrittweise auf CO_2-freie Alternativen umgestellt werden, ohne dass Verbraucher ihre eigenen Heizsysteme austauschen müssen. Damit bieten Wärmenetze eine langfristige Lösung für eine klimaneutrale Wärmeversorgung, die sowohl für Bestandsgebäude als auch für Neubauten attraktiv ist.

Herausforderungen bestehen vor allem im Ausbau der Infrastruktur, da der Bau neuer Leitungen hohe Investitionskosten mit sich bringt und Genehmigungsverfahren Zeit in Anspruch nehmen. Dennoch gibt es in vielen Städten bereits gezielte Maßnahmen zur Förderung und Finanzierung von Wärmenetzen, da sie langfristig nicht nur klimafreundlicher, sondern auch wirtschaftlich effizienter sind.

Die Zukunft von Wärmenetzen liegt in ihrer Kombination mit innovativen Technologien wie saisonalen Wärmespeichern, Power-to-Heat-Lösungen und digitalisierten Steuerungssystemen. Durch intelligente Lastmanagementsysteme kann überschüssige erneuerbare Energie in Form von Wärme gespeichert und bei Bedarf genutzt werden, was zur Netzstabilität beiträgt und die Integration erneuerbarer Energien erleichtert.

7.3.18 Öl- und Gasheizungen

Das Heizen mit Öl und Gas ist aus mehreren Gründen weder wirtschaftlich noch zukunftsfähig. Obwohl diese Heizarten im Gebäudebestand dominieren, führe ich diese hier nicht gesondert auf. Sie haben keine Zukunftsfähigkeit! Denn einer der wichtigsten Faktoren sind die steigenden Kosten für fossile Brennstoffe. Durch die CO_2-Bepreisung und geopolitische Unsicherheiten werden Öl und Gas langfristig immer teurer, während erneuerbare Energien und effiziente Heizsysteme wie Wärmepumpen oder Wärmenetze kontinuierlich günstiger und zugänglicher werden. Wer heute noch in eine neue Öl- oder Gasheizung investiert, riskiert es, in naher Zukunft deutlich höhere Betriebskosten zu haben oder sogar zu teuren Nachrüstungen gezwungen zu werden.

Ein weiterer Punkt ist die politische und gesetzliche Entwicklung. In Deutschland und der EU gibt es klare Vorgaben, die darauf abzielen, mit fossilen Brennstoffen betriebene Heizsysteme schrittweise aus dem Markt zu nehmen. Neue Öl- und Gasheizungen werden in vielen Fällen nur noch unter bestimmten Bedingungen erlaubt, und der Betrieb alter Anlagen wird perspektivisch immer weiter eingeschränkt. Spätestens ab 2045 wird in Deutschland keine mit fossilen Brennstoffen betriebene Heizungsanlage mehr erlaubt sein, und in vielen Kommunen gibt es bereits Pläne für den Anschluss an erneuerbare Wärmenetze oder den Ausbau anderer klimafreundlicher Heizalternativen.

Auch aus technischer Sicht ist das Heizen mit Öl und Gas längst überholt. Moderne Heizsysteme wie Wärmepumpen, Pelletheizungen oder solarthermische Anlagen arbeiten nicht nur umweltfreundlicher, sondern auch effizienter. Eine Wärmepumpe beispielsweise nutzt Umweltwärme aus der Luft, dem Wasser oder dem Erdreich und benötigt lediglich einen geringen Anteil an Strom, um Wärme zu erzeugen. Dadurch kann sie mit jeder Kilowattstunde Strom mehrere Kilowattstunden Wärme bereitstellen, während eine Gas- oder Ölheizung nur die Energie nutzt, die direkt im Brennstoff enthalten ist. In Kombination mit Photovoltaik oder Ökostrom wird die Wärmeerzeugung sogar nahezu CO_2-frei.

Neben den finanziellen und gesetzlichen Nachteilen ist auch die Umweltbilanz von Öl- und Gasheizungen katastrophal. Der Gebäudesektor ist für einen erheblichen Anteil der CO_2-Emissionen verantwortlich, und jede Heizung, die mit fossilen Brennstoffen betrieben wird, trägt direkt zur Klimaerwärmung bei.

Zusammengefasst ist das Heizen mit fossilen Brennstoffen eine teure, unsichere und umweltschädliche Lösung. Die Zukunft gehört erneuerbaren Energien, effizienten Heizsystemen und vernetzten Wärmelösungen wie Wärmenetzen oder hybriden Systemen, die langfristig nicht nur günstiger, sondern auch nachhaltiger und sicherer sind. Wer heute in ein modernes Heizsystem investiert, sichert sich langfristige Kostenvorteile, eine stabile Versorgung und trägt aktiv zum Klimaschutz bei.

7.4 Sind Gasetagenheizungen noch zeitgemäß?

»Veränderung ist die einzige Konstante im Leben.«
Heraklit

Wenn in Ihrem Mehrfamilienhaus eine Etagenheizung ausfällt, stehen Sie vor einer weitreichenden Entscheidung, die den technischen Austausch weit über den simplen Ersatz der defekten Anlage hinaus betrifft. Dieser Moment, der zunächst als unglücklicher Zwischenfall erscheinen mag, bietet Ihnen die Möglichkeit, Ihre gesamte Heizsituation zu überdenken und nachhaltig zu modernisieren. Insbesondere vor dem Hintergrund der gesetzlichen Vorgaben des Gebäudeenergiegesetzes (GEG), das ab Mitte 2028 nur noch Heizsysteme zulässt, die zu mindestens 65 Prozent mit erneuerbaren Energien betrieben werden, wird der Ausfall einer Etagenheizung zum Wendepunkt. Während in Großstädten mit über 100.000 Einwohnern der 30. Juni 2026 als Stichtag gilt, setzen kleinere Gemeinden den 30. Juni 2028 als Termin fest. Diese Fristen erfordern ein überlegtes und rasches Handeln, damit Ihre Immobilie zukunftssicher bleibt.

Fällt in Ihrem Gebäude die Etagenheizung aus, eröffnet Ihnen diese Situation die Gelegenheit, sich intensiv mit dem energetischen Zustand Ihres Hauses auseinanderzusetzen. Es gilt, den aktuellen Zustand der Heizungsanlage sowie die gesamte energetische Effizienz des Gebäudes systematisch zu erfassen. Hierbei spielen Faktoren wie das Alter und der technische Zustand der Anlage, die vorhandenen Dämmmaßnahmen und das individuelle Verbrauchsverhalten der einzelnen Wohneinheiten eine entscheidende Rolle. Eine lückenlose Bestandsaufnahme bildet die Basis für alle weiteren Entscheidungen und ermöglicht es Ihnen, den Modernisierungsbedarf präzise zu bestimmen.

In einem ersten Schritt sollten Sie daher einen qualifizierten Energieberater hinzuziehen, der Ihnen hilft, den Istzustand detailliert zu dokumentieren. Mit diesem umfassenden Überblick können Sie anschließend abwägen, ob es sinnvoll ist, an der bestehenden dezentralen Heiztechnik festzuhalten oder ob der Umbau auf eine zentral gesteuerte Heizungsanlage die bessere Option für Ihr Gebäude darstellt. Beide Ansätze haben ihre Vor- und Nachteile, die es im Detail zu betrachten gilt.

7.4.1 Dezentrale Heizsysteme – ein Überblick

Bei dezentralen Anlagen verfügt fast jede Wohneinheit über eine eigene Heizung. Diese Lösung bietet Ihnen den Vorteil, dass jede Einheit individuell gesteuert werden kann. Falls einzelne Wohnungen unterschiedliche Nutzungsprofile haben – etwa unterschiedliche Belegungszeiten oder variierende Komfortansprüche – ermöglicht dies eine flexible und bedarfsgerechte Steuerung. Allerdings ist diese Flexibilität auch mit einem erhöhten Wartungsaufwand verbunden, da jede einzelne Anlage regelmäßig überprüft und gegebenenfalls repariert werden muss. Zudem können bei dezentralen Systemen die Investitions- und Betriebskosten im Vergleich zu zentralen Lösungen langfristig höher ausfallen, da mehrfach in einzelne Anlagen investiert werden muss. Die Herausforderung besteht hier darin, alle Einzelkomponenten effizient zu koordinieren, sodass der Gesamtzustand des Gebäudes energetisch optimiert wird.

7.4.2 Zentrale Heizsysteme – ein moderner Ansatz

Alternativ können Sie eine zentrale Heizungsanlage einbauen. Hierbei wird das gesamte Gebäude über ein einziges, zentral gesteuertes System beheizt. Moderne zentrale Anlagen bieten den Vorteil, dass sie oft mit fortschrittlicher Regelungstechnik ausgestattet sind, die den Anteil erneuerbarer Energien kontinuierlich erhöhen kann. So sieht die langfristige Planung vor, dass bereits im Jahr 2035 mindestens 30 Prozent des Brennstoffs aus erneuerbaren Quellen stammen und bis 2045 eine vollständige Umstellung erreicht wird. Zwar können die anfänglichen Investitionskosten für eine zentrale Anlage höher sein als bei dezentralen Lösungen, jedoch sprechen zahlreiche Studien dafür, dass sich diese Investition über die Jahre durch niedrigere Betriebskosten und einen reduzierten ökologischen Fußabdruck auszahlt. Zudem erleichtert eine zentrale Anlage die Überwachung und Steuerung des gesamten Heizsystems, was besonders bei großen Mehrfamilienhäusern von Vorteil ist.

Ein wertvolles Hilfsmittel in diesem Entscheidungsprozess stellt das Programm »Zukunft Altbau« dar, das vom Umweltministerium Baden-Württemberg gefördert wird. Das dazugehörige Merkblatt fasst prägnant die gesetzlichen Rahmenbedingungen, technischen Details und wirtschaftlichen Aspekte zusammen, die Sie bei der Modernisierung Ihrer Heizungsanlage beachten sollten. Es unterstreicht, dass es keine pauschale Lösung gibt – jede Immobilie muss anhand ihrer individuellen Merkmale beurteilt werden. Vor dem Einbau neuer Heizsysteme ist zudem ein verpflichtendes

Beratungsgespräch mit qualifizierten Fachleuten erforderlich, um alle potenziellen Optionen und langfristigen Auswirkungen zu beleuchten. Durch die Empfehlungen und praxisnahen Hinweise des Merkblatts erhalten Sie einen klaren Fahrplan, der Ihnen hilft, die richtige Entscheidung zu treffen.

Ein weiterer zentraler Aspekt bei der Planung des Heizungstauschs ist die Finanzierung. Die Umrüstung auf ein modernes Heizsystem stellt in der Regel eine beträchtliche Investition dar, bei der nicht nur die Anschaffungskosten, sondern auch die laufenden Betriebskosten und der Aufwand für Wartung und Instandhaltung berücksichtigt werden müssen. Staatliche Förderprogramme, Zuschüsse und attraktive Finanzierungsmodelle auf Bundes- und Landesebene können hier einen erheblichen finanziellen Spielraum eröffnen und den Umstieg wirtschaftlich attraktiver machen. Es empfiehlt sich, eine detaillierte Kosten-Nutzen-Analyse durchzuführen und gegebenenfalls externe Finanzierungsberater hinzuzuziehen, um maßgeschneiderte Konzepte zu entwickeln, die die Investitions- und Betriebskosten optimal ausbalancieren.

7.4.3 Organisatorische Herausforderungen in der Eigentümergemeinschaft

Besonders in Wohnungseigentümergemeinschaften (WEG) gewinnt der Heizungstausch eine zusätzliche organisatorische Dimension. Hier müssen alle betroffenen Parteien – von langjährigen Bewohnern bis zu technisch versierten Mitgliedern – in den Entscheidungsprozess einbezogen werden. Der Hausverwaltung kommt hierbei eine Schlüsselrolle zu. Sie ist dafür verantwortlich, alle relevanten Informationen, etwa von Bezirksschornsteinfegern oder externen Energieberatern, zusammenzutragen und diese in regelmäßigen Eigentümerversammlungen transparent zu präsentieren. Ein strukturierter, partizipativer Entscheidungsprozess ist essenziell, um eine Lösung zu finden, die sowohl den gesetzlichen Vorgaben entspricht als auch den Bedürfnissen und Möglichkeiten der gesamten Gemeinschaft gerecht wird. Nur durch einen offenen Dialog und eine gemeinsame Abstimmung können Konflikte vermieden und ein reibungsloser Modernisierungsprozess gewährleistet werden.

Machen Sie Ihre Immobilie zukunftssicher

Die Umstellung auf ein Heizsystem, das den Anforderungen erneuerbarer Energien entspricht, sichert den Werterhalt Ihres Gebäudes und leistet einen wichtigen Beitrag zum Klimaschutz. Durch die kontinuierliche Integration neuer Technologien und die stetige Verbesserung der Regelungstechnik wird Ihre Investition zukunftssicher. Dies bedeutet, dass Sie nicht nur den aktuellen gesetzlichen Anforderungen gerecht werden, sondern auch bestens auf zukünftige Entwicklungen vorbereitet sind.

Ein strukturierter Modernisierungsprozess umfasst mehrere wesentliche Schritte: Zunächst erfolgt eine umfassende Bestandsaufnahme, bei der Sie den Zustand der bestehenden Heizungsanlage sowie die energetische Effizienz des gesamten Gebäudes detailliert dokumentieren. Anschließend folgt die Phase der Informationsbeschaffung, in der Sie sich intensiv mit den gesetzlichen Vorgaben und den Erfahrungen externer Fachleute auseinandersetzen. Im nächsten Schritt steht die differenzierte Abwägung der beiden grundlegenden Konzepte – dezentrale versus zentrale Heizsysteme –, bevor Sie in einem transparenten und partizipativen Prozess gemeinsam mit Ihrer Eigentümergemeinschaft eine Entscheidung treffen. Abschließend wird die Finanzierung des Projekts detailliert geplant und alle notwendigen Fördermittel beantragt. Eine lückenlose Dokumentation aller Schritte sichert dabei nicht nur die Einhaltung der gesetzlichen Vorgaben, sondern dient auch als wertvolle Referenz für zukünftige Modernisierungsmaßnahmen.

Die Entscheidung, Ihre Heizungsanlage zu modernisieren, ist nicht nur eine technische oder wirtschaftliche Angelegenheit, sondern auch ein Ausdruck Ihrer persönlichen Verantwortung als Eigentümer. Indem Sie sich aktiv mit dem Zustand und den Möglichkeiten Ihres Gebäudes auseinandersetzen, tragen Sie dazu bei, den ökologischen Fußabdruck zu reduzieren und den Klimaschutz voranzutreiben. Gleichzeitig stärken Sie den Gemeinschaftssinn in Ihrer Eigentümergemeinschaft, indem Sie gemeinsam mit anderen Bewohnern eine nachhaltige und zukunftsorientierte Lösung erarbeiten. Dieser Ansatz fördert nicht nur das Vertrauen unter den Beteiligten, sondern ermöglicht es auch, individuelle Bedürfnisse und Perspektiven zu integrieren, sodass die getroffene Entscheidung breit getragen wird.

Sollte Ihre Etagenheizung ausfallen, müssen Sie aktiv werden. Sie wollen ja nicht im Kalten sitzen. Die Modernisierung Ihrer Heizungsanlage ist ein wichtiger Schritt, um Ihre Immobilie zukunftssicher zu gestalten. Durch die Umstellung auf Systeme, die vermehrt auf erneuerbare Energien setzen, senken Sie langfristig nicht nur die Betriebskosten, sondern leisten auch einen bedeutenden Beitrag zum Klimaschutz. Der technologische Fortschritt in diesem Bereich ist rasant, und laufend werden neue, effizientere Systeme entwickelt, die sich nahtlos in moderne Gebäudestrukturen integrieren lassen. Viele Systeme und deren Zukunftsfähigkeit haben Sie hier bereits kennengelernt. Indem Sie jetzt aktiv werden, positionieren Sie Ihre Immobilie als Vorreiter in Sachen Energieeffizienz und Nachhaltigkeit – ein Aspekt, der auch im Hinblick auf den Werterhalt und die zukünftige Vermarktung von großer Bedeutung ist.

Darüber hinaus ist der Umbau auf ein modernes Heizsystem ein Zeichen der Weitsicht und des Verantwortungsbewusstseins. Es geht dabei nicht nur um die Einhaltung gesetzlicher Vorgaben, sondern auch um die Bereitschaft, in eine umweltfreundliche Zukunft zu investieren. Ihre Entscheidung wirkt sich somit nicht nur auf den energetischen Zustand des Gebäudes aus, sondern auch auf das Lebensgefühl und den

Zusammenhalt in Ihrer Gemeinschaft. Sie zeigen damit, dass Sie bereit sind, Herausforderungen proaktiv anzugehen und gemeinsam mit anderen den Weg in eine nachhaltigere Zukunft zu beschreiten.

Was Sie jetzt tun können

Der Ausfall der Etagenheizung in Ihrem Mehrfamilienhaus ist weit mehr als nur ein technischer Defekt. Er ist ein Weckruf, der Ihnen die Möglichkeit bietet, Ihre Immobilie umfassend zu modernisieren und zukunftssicher zu gestalten. Mit einer gründlichen Bestandsaufnahme, fundierten Informationen und der Einbindung externer Fachleute schaffen Sie die ideale Grundlage, um die richtige Entscheidung zu treffen – sei es die Beibehaltung dezentraler Systeme oder der Umbau auf eine zentrale Heizungsanlage. In beiden Fällen profitieren Sie langfristig von niedrigeren Betriebskosten, einem reduzierten ökologischen Fußabdruck und einer gesteigerten Wohnqualität.

Nutzen Sie diesen Moment als Chance, sich intensiv mit den Möglichkeiten einer modernen Wärmeversorgung auseinanderzusetzen. Indem Sie gemeinsam mit Ihrer Eigentümergemeinschaft einen klar strukturierten Modernisierungsprozess starten, legen Sie den Grundstein für eine nachhaltige, effiziente und zukunftsorientierte Heizlösung. Seien Sie offen für neue Technologien und Fördermöglichkeiten, und lassen Sie sich von den Empfehlungen qualifizierter Experten unterstützen. So stellen Sie sicher, dass Ihre Immobilie nicht nur den aktuellen gesetzlichen Anforderungen genügt, sondern auch bestens auf zukünftige Herausforderungen vorbereitet ist.

Ergreifen Sie die Initiative, informieren Sie sich umfassend. Ihre Entscheidung hat weitreichende Auswirkungen – für den Werterhalt Ihrer Immobilie, für den ökonomischen Erfolg und für den Schutz unserer Umwelt. Setzen Sie auf Transparenz, Fachkompetenz und einen kontinuierlichen Dialog in Ihrer Gemeinschaft. So wird der Übergang von veralteten Heizsystemen zu modernen, energieeffizienten Anlagen zu einem erfolgreichen Projekt, von dem nicht nur Sie, sondern auch kommende Generationen profitieren werden. Nehmen Sie diese Herausforderung an und leisten Sie Ihren Beitrag zu einer nachhaltigen Zukunft – zum Wohle Ihrer Immobilie, zum Schutz der Umwelt und zur Stärkung des Gemeinschaftsgefühls.

7.5 Welche Vorgaben gelten für Kaminöfen?

»Veränderung bringt uns voran –
auch wenn sie manchmal unbequem erscheint.«

Wenn Sie in Ihrem Zuhause auf einen Kaminofen setzen, der bereits seit vielen Jahren treue Dienste leistet, stehen Sie seit Januar 2025 vor einer neuen Realität: Strengere Emissionsgrenzwerte und umfassende Modernisierungsmaßnahmen werden den Betrieb vieler alter Kaminöfen nachhaltig verändern. Diese Regelungen betreffen vor allem Geräte, die älter als zehn Jahre sind und oft nicht mehr den heutigen Umweltstandards entsprechen. Gleichzeitig bieten sie aber auch die Chance, Ihre Heizsituation zukunftssicher und umweltfreundlicher zu gestalten.

7.5.1 Neue Emissionsgrenzwerte und Fristen

Mit Ablauf des 31. Dezember 2024 endete die letzte Frist der 1. Bundes-Immissionsschutzverordnung (1. BImSchV). Seit dem 1. Januar 2025 gelten nun verschärfte Grenzwerte für Feinstaub und Kohlenmonoxid, die für alle Feuerstätten – einschließlich Kaminöfen – verbindlich sind. Konkret bedeutet dies, dass veraltete Holzöfen, die zwischen dem 1. Januar 1995 und dem 31. März 2010 zugelassen wurden, entweder stillgelegt, nachgerüstet oder ausgetauscht werden müssen, sofern sie nicht den strengeren Anforderungen der zweiten Stufe der 1. BImSchV entsprechen. Diese Geräte dürfen künftig nicht mehr als 4 Gramm Kohlenmonoxid pro Kubikmeter Abgas und höchstens 0,15 Gramm Staub pro Kubikmeter Abgas ausstoßen. Für einige ältere Modelle endete die Frist sogar schon im Jahr 2020. Die Zielsetzung dieser Maßnahmen ist klar: die Reduzierung der Luftbelastung und die umweltfreundlichere Nutzung von Holz als Heizmittel.

Nicht alle Kaminöfen und Feuerstätten sind von diesen Regelungen betroffen. Geräte, die bereits die Anforderungen der ersten Stufe der Verordnung erfüllen, genießen Bestandsschutz und sind von der Sanierungspflicht ausgenommen. Darüber hinaus gibt es weitere spezifische Ausnahmen, die Sie als Betreiber berücksichtigen sollten:

- Kamine und Öfen, die vor 1950 errichtet wurden, bleiben unberührt.
- Einzelraumfeuerungsanlagen, die als einzige Heizquelle in einer Wohneinheit dienen, müssen nicht nachgerüstet werden.
- Fest verbaute Kachelöfen sowie andere Wärmespeicheröfen sind ebenfalls von der Pflicht ausgenommen.
- Holzherde, Holzbacköfen (mit einer Heizleistung von weniger als 15 Kilowatt) und Badeöfen unterliegen nicht der Nachrüstungspflicht.
- Auch offene Kamine, die maximal acht Tage im Monat je höchstens fünf Stunden in Betrieb sind, fallen nicht unter die strengen neuen Vorgaben.

Diese Ausnahmen sollen sicherstellen, dass traditionelle und historisch gewachsene Heizsysteme, die einen besonderen kulturellen oder praktischen Wert besitzen, nicht zwangsläufig modernisiert oder stillgelegt werden müssen.

Moderne Kaminöfen, die nach dem Jahr 2010 auf den Markt gekommen sind, erfüllen in der Regel automatisch die neuen Emissionsvorgaben. Dennoch ist auch hier der Nachweis über die Einhaltung der Grenzwerte erforderlich. Dieser Nachweis wird im Rahmen der regelmäßigen Feuerstättenschau vom Schornsteinfeger kontrolliert und muss diesem vorgelegt werden. Bei vielen Geräten wird dies durch ein Typenschild oder eine entsprechende Kennzeichnung an der Anlage dokumentiert. Sollten Zweifel an der Einhaltung bestehen, können Sie in den Herstellerunterlagen nachsehen oder die Online-Datenbank des Industrieverbands Haus-, Heiz- und Küchentechnik (HKI) konsultieren. Selbstverständlich steht Ihnen auch Ihr Bezirksschornsteinfeger beratend zur Seite und kann Ihnen detaillierte Auskünfte geben – sei es durch eine schriftliche Bestätigung des Herstellers oder durch eine Messung vor Ort.

7.5.2 Fördermöglichkeiten und Finanzierungshilfen

Neben den technischen und rechtlichen Anforderungen bieten sich Ihnen auch finanzielle Unterstützungen an, um den Umstieg auf moderne, emissionsarme Feuerstätten zu erleichtern. Die staatliche KfW-Bank hat ihre Förderrichtlinien bereits im Juli 2024 angepasst. Für den Einbau von Einzelraumfeuerungsanlagen – zu denen moderne Kaminöfen, holzbefeuerte Küchenherde, Kachelöfen, Heizkamine und auch Pelletöfen mit zugehörigen Schornsteinen zählen – gelten nun neue Rahmenbedingungen. Insbesondere in neu gebauten, klimafreundlichen Wohnhäusern ist der Einbau solcher Anlagen erlaubt.

Seit dem 1. Januar 2024 gibt es die Bundesförderung für effiziente Gebäude (BEG) für den Umstieg auf umweltfreundliche Heizsysteme. Insbesondere für neue Scheitholzheizungen, Pelletkessel oder Pelletöfen mit Wassertasche können Sie Fördermittel beantragen. Selbstnutzende Hauseigentümer mit einem zu versteuernden Haushaltsjahreseinkommen bis 40.000 Euro erhalten dabei einen zusätzlichen Zuschuss von 30 Prozent. Außerdem wird ein sogenannter Klimageschwindigkeitsbonus gewährt – vorausgesetzt, dass Biomasseheizungen in Kombination mit einer Solarthermieanlage, einer Photovoltaikanlage zur Warmwasserbereitung oder einer Warmwasserwärmepumpe installiert werden. Informieren Sie sich hier bitte bei der zuständigen Energieagentur in Ihrer Kommune. Der Förderdschungel ist hier zum Teil sehr unübersichtlich und zudem ständigen Anpassungen unterworfen.

Im Rahmen des Gebäudeenergiegesetzes, das ebenfalls zum 1. Januar 2024 in Kraft getreten ist, regelt § 71g GEG die Anforderungen an Heizungsanlagen zur Nutzung fester Biomasse. Hier wird ausdrücklich festgelegt, dass der Betreiber einer Feuerungsanlage sicherstellen muss, dass die Nutzung in einem automatisch beschickten Biomasseofen mit Wasser als Wärmeträger oder in einem Biomassekessel erfolgt. Zudem dürfen ausschließlich bestimmte Arten von Biomasse eingesetzt werden, die auch den Vorgaben der Europäischen Union entsprechen. In diesem Zusammenhang gelten Holz und Pellets im GEG 2024 als klimaneutrale Optionen, sofern sie zur Erreichung des Ziels von mindestens 65 Prozent erneuerbarer Energie beitragen. Eine detaillierte Liste der förderfähigen Anlagen können Sie auf der BAFA-Website einsehen.

Sollte Ihre Holzfeuerung von den neuen Emissionsgrenzwerten betroffen sein und nicht modernisiert werden, erlischt automatisch die Betriebserlaubnis. Ab 2025 müssen die betroffenen Feuerstätten mit entsprechenden Emissionsminderungsmaßnahmen – wie dem Einbau von Katalysatoren oder Staubabscheidern – nachgerüstet werden. Je nach Gerät können die Staubabscheider im Rauchabzug, direkt im Schornstein oder an der Schornsteinmündung installiert werden. Insbesondere bei handwerklich anspruchsvollen Wohnraumfeuerstätten kann die Nachrüstung eine wirtschaftlich sinnvolle Alternative zum kompletten Abriss und Neuaufbau darstellen.

Die Umsetzung dieser Maßnahmen wird im Rahmen der regelmäßigen Feuerstättenschau durch den Schornsteinfeger kontrolliert. Sollte er einen Verstoß feststellen, ist der Schornsteinfeger verpflichtet, die zuständige Behörde zu informieren. Bei einem Verstoß – beispielsweise, wenn ein Kaminofen weiterhin ohne den vorgeschriebenen Filter betrieben wird – drohen empfindliche Bußgelder, die bis zu 50.000 Euro betragen können.

Die neuen Regelungen für Kaminöfen seit Januar 2025 zwingen Sie nicht nur dazu, den Zustand Ihrer Feuerstätte kritisch zu überprüfen, sondern bieten Ihnen auch die Chance, Ihre Heiztechnik nachhaltig zu modernisieren. Nutzen Sie diese Gelegenheit, um durch den Einbau moderner, emissionsarmer Systeme nicht nur den gesetzlichen Anforderungen gerecht zu werden, sondern auch Ihren ökologischen Fußabdruck zu reduzieren und langfristig von niedrigeren Betriebskosten zu profitieren.

Die Entscheidung, Ihre Kaminöfen zu modernisieren und die neuen Emissionsgrenzwerte einzuhalten, ist ein bedeutender Schritt in Richtung einer umweltfreundlichen und nachhaltigen Zukunft.

7.6 Heizungsoptimierung: Mehr Effizienz statt Neuanschaffungen

»Die effizienteste Energie ist die,
die gar nicht erst verschwendet wird.«

Eine moderne, effiziente Heizung ist eine der besten Investitionen in die Zukunft einer Immobilie. Doch nicht immer ist es nötig, die gesamte Heizungsanlage auszutauschen, um Energie zu sparen und die Betriebskosten zu senken. Oft genügt es, bestehende Systeme zu optimieren, um signifikante Einsparungen zu erzielen. Heizungsoptimierung umfasst eine Vielzahl von Maßnahmen, die dazu beitragen, den Energieverbrauch zu reduzieren, die Wärmeverteilung zu verbessern und den Wohnkomfort zu steigern – und das unabhängig vom Energieträger.

Während viele Menschen beim Thema Heizungsmodernisierung sofort an den Austausch der alten Gas- oder Ölheizung gegen eine Wärmepumpe oder eine Biomasseheizung denken, bleibt ein wesentlicher Punkt oft unbeachtet: Eine schlecht eingestellte oder hydraulisch unausgeglichene Heizungsanlage kann selbst bei modernster Technik unnötig viel Energie verbrauchen. Genau hier setzt die Heizungsoptimierung an.

7.6.1 Warum ist Heizungsoptimierung so wichtig?

Viele Heizsysteme arbeiten ineffizient, weil sie nicht optimal auf das Gebäude und den tatsächlichen Wärmebedarf abgestimmt sind. Häufige Probleme sind überdimensionierte Heizkessel, ungleichmäßige Wärmeverteilung oder schlecht eingestellte Heizkurven. Das führt dazu, dass manche Räume überhitzt sind, während andere zu kalt bleiben. Zudem verbrauchen schlecht eingestellte Pumpen oder alte Thermostate unnötig viel Strom.

Die Heizungsoptimierung bietet eine Lösung, die mit relativ geringen Investitionen erhebliche Energieeinsparungen ermöglicht. Studien zeigen, dass durch gezielte Optimierungsmaßnahmen 10 bis 20 Prozent des Heizenergieverbrauchs eingespart werden können – oft sogar mehr. Angesichts steigender Energiepreise kann sich eine Optimierung bereits nach wenigen Jahren amortisieren.

7.6.2 Hydraulischer Abgleich – das Herzstück der Heizungsoptimierung

Ein zentraler Bestandteil der Heizungsoptimierung ist der hydraulische Abgleich. Dieses Verfahren sorgt dafür, dass jede Heizfläche im Gebäude genau die Wärmemenge erhält, die sie benötigt, um eine gleichmäßige und angenehme Raumtemperatur zu gewährleisten. Ohne einen hydraulischen Abgleich kann es passieren, dass einige Heizkörper überversorgt werden und überhitzen, während andere nicht genügend Wärme bekommen.

Der hydraulische Abgleich gleicht diese Ungleichgewichte aus, indem die Wassermenge in den Heizkreisläufen exakt auf den Bedarf abgestimmt wird. Dadurch arbeitet die Heizung effizienter, da die Heizpumpe nicht mehr Energie verbraucht als nötig. Auch die Raumtemperaturen lassen sich besser steuern, was den Wohnkomfort erheblich verbessert.

Ein praktisches Beispiel: Ein schlecht eingestelltes Heizsystem ist wie ein Auto mit zu viel Luft in den Vorderreifen und zu wenig in den Hinterreifen. Es fährt zwar, aber der Kraftstoffverbrauch ist höher, das Fahrverhalten ungleichmäßig, und es kommt schneller zu Verschleiß. Der hydraulische Abgleich stellt gewissermaßen sicher, dass alle Reifen den richtigen Druck haben – oder in diesem Fall, dass alle Heizkörper optimal mit Wärme versorgt werden.

Die Vorteile des hydraulischen Abgleichs liegen auf der Hand:

- gleichmäßige Raumtemperaturen
- weniger Energieverbrauch durch optimal eingestellte Heizkreise
- Reduzierung von Strömungsgeräuschen in den Heizleitungen
- Entlastung der Heizpumpe, was deren Stromverbrauch senkt

Die Umsetzung eines hydraulischen Abgleichs sollte durch einen Fachbetrieb erfolgen. Dabei wird der Wärmebedarf jedes Raums genau berechnet und die Heizkörperventile entsprechend eingestellt. Besonders effektiv ist dieses Verfahren bei Fußbodenheizungen, da dort geringe Temperaturunterschiede große Auswirkungen haben können.

Jetzt weiß natürlich niemand, wie viele Heizungen im Gebäudebestand schlecht eingestellt sind. Aber man geht allgemein von einer Energiekosteneinsparung von 15–20 Prozent aus. Haben Sie ein Haus aus den 1980er-Jahren mit 150 m² Wohnfläche, haben Sie wahrscheinlich einen Wärmebedarf von ungefähr 30.000 kWh pro Jahr. Wie würde es Ihnen gefallen, wenn Sie nur durch diese Maßnahme bis zu 6.000 kWh Wärmeenergie pro Jahr einsparen könnten?

7.6.3 Der Heizungscheck: Analyse und Optimierung

Neben dem hydraulischen Abgleich ist der Heizungscheck eine weitere Möglichkeit, bestehende Heizsysteme effizienter zu gestalten. Beim Heizungscheck wird die gesamte Anlage überprüft – vom Heizkessel über die Pumpen bis hin zu den Thermostaten und der Steuerungstechnik.

Dabei werden folgende Aspekte analysiert:

- Ist der Heizkessel richtig dimensioniert oder zu groß für den tatsächlichen Bedarf?
- Sind die Heizkurven optimal eingestellt?
- Sind die Rohrleitungen gut gedämmt, oder gehen unnötig große Mengen an Wärme verloren?
- Sind die Heizkörperventile und Pumpen aufeinander abgestimmt?

Schon einfache Maßnahmen wie das Entlüften der Heizkörper, der Austausch alter Pumpen durch moderne Hocheffizienzpumpen oder das Nachjustieren der Heizkurve können eine erhebliche Energieeinsparung bewirken.

Ein Heizungscheck kann bei allen Heizsystemen durchgeführt werden, unabhängig davon, ob es sich um eine Gas-, Öl-, Biomasse- oder Wärmepumpenheizung handelt. Auch Gebäude, die an ein Fernwärmenetz angeschlossen sind, profitieren von einer regelmäßigen Überprüfung.

Intelligente Steuerung und smarte Thermostate

Ein weiterer entscheidender Punkt in der Heizungsoptimierung ist die Steuerungstechnik. Intelligente Thermostate, die sich per App oder über smarte Heizungssteuerungen regulieren lassen, sorgen für eine bedarfsgerechte Temperaturregelung. So kann beispielsweise die Heizung automatisch heruntergefahren werden, wenn niemand zu Hause ist, und sich kurz vor der Rückkehr wieder einschalten.

Moderne Heizungssteuerungen ermöglichen es auch, unterschiedliche Heizprofile für verschiedene Räume einzustellen. Während das Wohnzimmer angenehm warm bleibt, kann das Schlafzimmer kühler gehalten werden – was nicht nur Energie spart, sondern auch für besseren Schlaf sorgt.

7.6.4 Wann lohnt sich eine Heizungsoptimierung?

Grundsätzlich ist eine Heizungsoptimierung in jedem Gebäude sinnvoll, in dem die Heizung schon einige Jahre in Betrieb ist und nicht optimal eingestellt wurde. Besonders lohnenswert ist sie:

- bei Heizungen, die älter als zehn Jahre sind
- wenn Heizkörper oder Fußbodenheizungen ungleichmäßig warm werden
- wenn die Heizkosten überdurchschnittlich hoch sind
- wenn Strömungsgeräusche in den Heizungsrohren auftreten

Besonders empfehlenswert ist eine Optimierung vor der Heizperiode, um sicherzustellen, dass das System für den Winter optimal vorbereitet ist.

7.6.5 Fördermöglichkeiten für die Heizungsoptimierung

Die gute Nachricht: Viele Maßnahmen zur Heizungsoptimierung werden finanziell gefördert. Das Bundesamt für Wirtschaft und Ausfuhrkontrolle (BAFA) sowie die KfW-Bank bieten Förderprogramme für den hydraulischen Abgleich, den Austausch alter Pumpen und andere Optimierungsmaßnahmen an. Je nach Maßnahme können Hausbesitzer bis zu 30 Prozent der Kosten erstattet bekommen.

Die Heizungsoptimierung ist eine der kostengünstigsten und effektivsten Maßnahmen zur Reduzierung des Energieverbrauchs. Sie sorgt für gleichmäßigere Raumtemperaturen, senkt die Heizkosten und schont die Umwelt – und das alles, ohne dass die bestehende Heizungsanlage komplett ersetzt werden muss.

Wer jetzt in eine Heizungsoptimierung investiert, kann profitieren, indem er seinen Energieverbrauch senkt. Gleichzeitig trägt jede eingesparte Kilowattstunde dazu bei, die CO_2-Emissionen zu reduzieren und den Gebäudesektor klimafreundlicher zu gestalten. Es lohnt sich also, die eigene Heizungsanlage genau unter die Lupe zu nehmen – denn oft steckt in kleinen Maßnahmen ein großes Einsparpotenzial. Wer jetzt handelt, sichert sich nicht nur niedrigere Heizkosten, sondern auch einen deutlich gesteigerten Wohnkomfort.

7.7 Wirkungsgrade bei der Wärmeerzeugung: Wie effizient sind Heizsysteme wirklich?

»Energie ist kostbar – nutzen wir sie mit maximaler Effizienz.«

Die Wahl eines Heizsystems ist eine langfristige Entscheidung, die sowohl finanzielle als auch ökologische Auswirkungen hat. Doch wie effizient sind verschiedene Heiztechnologien eigentlich? Der Wirkungsgrad gibt an, wie viel der eingesetzten Energie tatsächlich in nutzbare Wärme umgewandelt wird. Dabei sind moderne Heizsysteme mit Brennwerttechnik oder erneuerbaren Energien wesentlich effizienter als ältere Technologien. Aber auch innerhalb der verschiedenen Heiztechniken gibt es erhebliche Unterschiede, die es bei der Planung und Auswahl einer neuen Heizlösung zu berücksichtigen gilt.

7.7.1 Konventionelle Systeme – bewährt, aber begrenzt effizient

Ölheizungen haben einen Wirkungsgrad zwischen 85 und 95 Prozent. Ältere Kessel ohne Brennwerttechnik nutzen einen Teil der eingesetzten Energie nicht vollständig aus, da Wärme durch die Abgase verloren geht. Moderne Brennwertkessel hingegen können durch die Rückgewinnung der Abgaswärme Wirkungsgrade von bis zu 95 Prozent erreichen. Es wird also nicht die komplette eingebrachte Energie in Wärmeenergie umgewandelt – mit einem Wirkungsgrad von 0,95 aber schon ganz ordentlich. Dennoch bleibt das Grundproblem bestehen: Heizöl ist ein fossiler Brennstoff, dessen Preis schwankt und dessen Nutzung langfristig durch gesetzliche Vorgaben eingeschränkt wird.

Gasheizungen haben einen ähnlichen Wirkungsgrad wie Ölheizungen, wobei moderne Brennwerttechnik bis zu 98 Prozent Effizienz erreicht. Die Vorteile von Gas liegen in der stabileren Verbrennung und dem geringeren Wartungsaufwand im Vergleich zu Ölheizungen. Doch auch hier gilt: Der CO_2-Preis und gesetzliche Vorgaben machen die Zukunftsfähigkeit fraglich. Auch hier haben wir immer noch keinen Wirkungsgrad von 1!

Wasserstoffheizungen werden oft als mögliche Zukunftslösung diskutiert. Ihre Effizienz liegt mit 90 bis 95 Prozent ähnlich hoch wie bei Gasheizungen. Dieser Wirkungsgrad spiegelt jedoch nur den reinen Heizprozess wieder. Der Wirkungsgrad von Wasserstoffheizungen hängt stark von der Effizienz der Wasserstoffproduktion, dessen Heizwert und den Verlusten entlang der gesamten Prozesskette ab.

Wasserstoff wird hauptsächlich durch Elektrolyse aus Wasser hergestellt, wofür elektrischer Strom benötigt wird. Die Elektrolyse hat einen Wirkungsgrad von etwa 60 bis 80 Prozent, das heißt, aus 100 Kilowattstunden elektrischer Energie entstehen etwa 60 bis 80 Kilowattstunden Wasserstoffenergie. Anschließend muss der Wasserstoff komprimiert, gespeichert und transportiert werden, was weitere Energieverluste von etwa 10 bis 15 Prozent verursacht.

Der Heizwert von Wasserstoff beträgt rund 33,3 Kilowattstunden pro Kilogramm. Allerdings hat Wasserstoff eine sehr geringe volumetrische Energiedichte, sodass für die Speicherung und den Transport aufwendige Technologien wie Hochdruckspeicher oder Verflüssigung erforderlich sind.

Beim Einsatz in einer Brennstoffzelle kann Wasserstoff einen Gesamtwirkungsgrad von 50 bis 60 Prozent erreichen, da die chemische Energie direkt in elektrische Energie umgewandelt wird. Wird der Wasserstoff hingegen in einem herkömmlichen Heizkessel verbrannt, liegt der Wirkungsgrad nur bei etwa 30 bis 40 Prozent, da durch die hohen Verbrennungstemperaturen und Abgasverluste viel Energie ungenutzt bleibt.

Betrachtet man die gesamte Prozesskette von der Wasserstoffproduktion bis zur Wärmeerzeugung, benötigt man für jede Kilowattstunde nutzbare Wärme aus einer Wasserstoffheizung etwa 2,5 bis 3 Kilowattstunden erneuerbare Energie. Im Vergleich dazu benötigen Wärmepumpen nur etwa 0,3 bis 0,5 Kilowattstunden Strom für eine Kilowattstunde Wärme, da sie Umweltwärme nutzen und eine hohe Effizienz haben. Wasserstoffheizungen brauchen also bis zu zehnmal so viel Energie für die gleiche Leistung: die Wohnung warm zu halten.

Eine Wasserstoffheizung ist deshalb nur dann sinnvoll, wenn überschüssiger grüner Wasserstoff vorhanden ist oder wenn dieser als Nebenprodukt in industriellen Prozessen anfällt. Aufgrund der hohen Verluste entlang der gesamten Prozesskette ist es energetisch ineffizient, Wasserstoff direkt für die Gebäudeheizung zu verwenden. Wesentlich effizienter ist es, erneuerbaren Strom direkt in Wärmepumpen oder Wärmenetze einzuspeisen, um fossile Energieträger zu ersetzen. Zudem gibt es noch keine flächendeckende Wasserstoffinfrastruktur für den Gebäudesektor.

7.7.2 Wärmepumpen – Effizienzmeister der Wärmeerzeugung

Wärmepumpen arbeiten nach einem völlig anderen Prinzip als konventionelle Heizsysteme. Sie nutzen Umweltwärme aus Luft, Wasser oder dem Erdreich und wandeln sie mithilfe von Strom in nutzbare Heizenergie um. Dadurch können sie mehr Energie erzeugen, als sie selbst verbrauchen.

Die Effizienz von Wärmepumpen wird mit der Jahresarbeitszahl (JAZ) angegeben. Diese beschreibt das Verhältnis zwischen der zugeführten elektrischen Energie und der erzeugten Heizwärme über ein Jahr hinweg. Eine Wärmepumpe mit einer JAZ von 4 erzeugt aus 1 kWh Strom also 4 kWh Wärme. Ein Wirkungsgrad von 400 Prozent! Das kann sich sehen lassen.

Luft-Wasser-Wärmepumpen sind die am häufigsten installierte Variante. Sie entziehen der Außenluft Wärme und erreichen eine Effizienz von etwa 300 Prozent. Allerdings ist ihre Leistung bei sehr niedrigen Außentemperaturen eingeschränkt, weshalb sie in kalten Regionen oft mit einer zusätzlichen Heizquelle kombiniert werden.

Sole-Wasser-Wärmepumpen nutzen die konstante Temperatur des Erdreichs über Erdkollektoren oder Tiefensonden. Ihr Wirkungsgrad ist mit 350 bis 450 Prozent deutlich höher als bei Luft-Wasser-Wärmepumpen, da die Wärmequelle stabiler ist.

Wasser-Wasser-Wärmepumpen erreichen mit bis zu 500 Prozent die höchste Effizienz. Sie nutzen das Grundwasser als Wärmequelle, das selbst im Winter relativ hohe Temperaturen hat. Diese Technik erfordert jedoch eine behördliche Genehmigung, da Grundwasser entnommen und wieder zurückgeführt wird.

Kein anderes Heizsystem holt aus der eingesetzten Energie mehr Wärmeenergie raus als das System Wärmepumpe. Wirkungsgrade mit bis zu 500 Prozent sind hier möglich. Daher sind auch die Unterhaltskosten so niedrig.

7.7.3 Weitere Heizsysteme – Nischenlösungen und Alternativen

Infrarotheizungen haben einen Wirkungsgrad von nahezu 100 Prozent, da sie elektrische Energie direkt in Wärme umwandeln. Allerdings sind sie nicht für die Beheizung ganzer Gebäude geeignet, da Strom als Energieträger in Deutschland noch immer vergleichsweise teuer ist. Allerdings sind die Installationskosten vergleichsweise niedrig. So können Infrarotheizungen eine tolle Lösung für Spitzenlast oder nur selten beheizte Räume sein – außerdem natürlich für hocheffiziente Häuser, die sowieso nur sehr wenig Wärmeenergie benötigen.

Nah- und Fernwärmenetze nutzen zentrale Wärmequellen und verteilen die Wärme über Rohrsysteme an angeschlossene Gebäude. Ihr Wirkungsgrad liegt typischerweise zwischen 80 und 90 Prozent. Allerdings hängt die Effizienz stark von der Erzeugungsart und den Netzverlusten ab. Moderne Fernwärmesysteme setzen zunehmend auf erneuerbare Energien und industrielle Abwärme, um den CO_2-Fußabdruck zu reduzieren.

Hackschnitzel- und Biomasseheizungen erreichen Wirkungsgrade von 85 bis 90 Prozent. Sie sind eine Alternative zu fossilen Brennstoffen, da sie mit nachwachsenden Rohstoffen betrieben werden. Allerdings müssen Lagerkapazitäten für die Brennstoffe vorhanden sein, und die Feinstaubemissionen stellen eine Herausforderung dar.

Kalte Nahwärme ist ein innovatives Konzept, das Umweltwärme mit sehr niedrigen Temperaturen über ein Rohrnetz transportiert. Die angeschlossenen Gebäude nutzen Wärmepumpen, um die Wärme auf das benötigte Niveau zu bringen. Die Gesamteffizienz solcher Systeme kann sehr hoch sein, da sie sowohl zum Heizen als auch zur Kühlung genutzt werden können. Der Wirkungsgrad beträgt hier in der Regel zwischen 75 und 90 Prozent.

Was bedeutet das für Hausbesitzer?

Die Wahl der richtigen Heiztechnik hängt nicht nur von der Effizienz des Systems ab, sondern auch von den individuellen Gegebenheiten eines Gebäudes. Ein gut gedämmtes Haus kann mit einer Wärmepumpe äußerst effizient beheizt werden, während ein unsanierter Altbau möglicherweise weiterhin auf ein wassergeführtes System mit höheren Vorlauftemperaturen angewiesen ist. Das dürfte aber nur bei sehr schlecht gedämmten Häusern der Fall sein.

Eine umfassende Analyse der Forschungsstelle für Energiewirtschaft in München ergab, dass etwa 75 Prozent der rund 19 Millionen Wohngebäude in Deutschland für den Einsatz von Wärmepumpen geeignet sind. Das entspricht ungefähr 14,25 Millionen Gebäuden.

Diese Studie, bekannt als Wärmepumpen-Ampel, untersuchte verschiedene Wärmepumpen-Technologien und deren Anwendungsmöglichkeiten. Luft-Wärmepumpen sind für etwa 65 Prozent der Gebäude geeignet, Erdsonden-Wärmepumpen für 47 Prozent, Erdkollektor-Wärmepumpen für 24 Prozent und Solar-Eisspeicher-Wärmepumpen für 37 Prozent. Da sich die Potenziale der verschiedenen Technologien überschneiden, ergibt sich das Gesamtpotenzial von 75 Prozent. Diese Ergebnisse zeigen, dass ein Großteil des deutschen Gebäudebestands für die Umstellung auf Wärmepumpen geeignet ist, was ein erhebliches Potenzial für die Reduzierung von CO_2-Emissionen und die Förderung erneuerbarer Energien im Heizungssektor bietet.

Deutschland hat bei der Verbreitung von Wärmepumpen noch deutlichen Nachholbedarf, während viele europäische Länder bereits zeigen, wie es geht. Die nordischen Länder sind Spitzenreiter, wenn es um den Einsatz dieser effizienten Heiztechnologie geht. In Finnland kommen auf 1.000 Haushalte rund 69 Wärmepumpen, in Norwegen sind es 62 und in Schweden 39. In Schweden haben Wärmepumpen sogar einen Marktanteil von etwa 90 Prozent erreicht.

Auch in anderen europäischen Ländern ist die Entwicklung weiter fortgeschritten als in Deutschland. Dänemark, Estland, Italien, Frankreich und die Niederlande setzen bereits in größerem Umfang auf diese Technologie. Deutschland liegt mit gerade einmal 5,8 Wärmepumpen pro 1.000 Haushalte weit zurück, und der Anteil von Wärmepumpen am gesamten Gebäudebestand beträgt bei uns nur rund 2 Prozent.

Der Rückstand hat verschiedene Gründe. Die Abhängigkeit von fossilen Heizsystemen ist historisch gewachsen und regulatorische Hürden sowie langsam umgesetzte Förderprogramme haben die Entwicklung gebremst. Doch es gibt eine positive Entwicklung: Im Neubau spielt die Wärmepumpe bereits eine zentrale Rolle. 2022 wurden in 57 Prozent der Einfamilienhäuser und 30 Prozent der Mehrfamilienhäuser Wärmepumpen als primäre Heizlösung installiert.

Jetzt ist der richtige Zeitpunkt, den Rückstand aufzuholen und die Wärmewende voranzutreiben. Länder wie Schweden oder Finnland zeigen, dass eine großflächige Umstellung funktioniert und wirtschaftlich sinnvoll ist. Mit den richtigen politischen Rahmenbedingungen, attraktiven Förderungen und einem klaren Fokus auf erneuerbare Energien kann auch Deutschland den Wandel schaffen. Wer heute auf eine Wärmepumpe setzt, profitiert nicht nur von niedrigeren Betriebskosten, sondern trägt aktiv zur Klimawende bei. Es gibt keinen Grund zu warten – die Technik ist erprobt, effizient und zukunftssicher.

Zusammenfassung: Effizienz im Überblick

1. **Konventionelle Systeme:**
   - Gas und Öl haben hohe Wirkungsgrade (85–98 Prozent), sind aber nicht zukunftssicher.
   - Wasserstoff könnte eine Rolle spielen, ist aber noch nicht etabliert.
2. **Wärmepumpen:**
   - Wärmepumpen nutzen Umweltwärme mit einer Effizienz von 300 bis 500 Prozent.
   - Sole-Wasser- und Wasser-Wasser-Wärmepumpen sind effizienter als Luft-Wasser-Wärmepumpen.
3. **Nah- und Fernwärme:**
   - Der Wirkungsgrad variiert stark je nach Erzeugung.
   - Moderne Systeme integrieren erneuerbare Energien zunehmend.

4. **Biomasseheizungen:**
   - Ihre Effizienz ist vergleichbar mit Heizungen, die mit fossilen Brennstoffen betrieben werden – sie sind aber nachhaltiger.
   - Die Feinstaubproblematik ist beachten.
5. **Innovative Lösungen:**
   - Kalte Nahwärme ist neue Möglichkeit zur umweltfreundlichen Wärmeversorgung.
   - Infrarotheizungen sind effizient, aber nur für spezielle Anwendungsfälle geeignet.

Die Entscheidung für ein Heizsystem sollte auf einer Kombination aus Effizienz, Zukunftssicherheit und individuellen Bedürfnissen basieren. Die Wärmewende ist in vollem Gange – und wer sich heute richtig entscheidet, spart heute und auch langfristig Kosten.

7.8 Betriebskosten von Heizsystemen: Was kostet die Wärme im Alltag?

»Jede Kilowattstunde, die nicht verschwendet wird, ist eine Investition in die Zukunft.«

Die Entscheidung für ein Heizsystem ist nicht nur eine Frage der Anschaffungskosten, sondern vor allem der langfristigen Betriebskosten. Während der Kaufpreis eines neuen Heizsystems oft auf den ersten Blick ins Gewicht fällt, sind es die jährlichen Heizkosten, die über Jahrzehnte hinweg die größte finanzielle Belastung darstellen. Energiepreise schwanken, Wartungskosten variieren und auch die Gebäudeeffizienz spielt eine entscheidende Rolle. Doch wie schneiden die verschiedenen Heizsysteme im direkten Vergleich ab?

Ein durchschnittliches Einfamilienhaus mit einem jährlichen Wärmebedarf von 20.000 kWh dient als Basis für den Kostenvergleich. Dabei zeigt sich: Die Unterschiede sind erheblich.

7.8.1 Ölheizung: Bewährt, aber teuer und nicht zukunftssicher

Ölheizungen gehören zu den klassischen Heizsystemen, doch sie sind teuer im Betrieb und stehen unter politischem Druck. Die Heizkosten belaufen sich bei einem Jahresverbrauch von 20.000 kWh auf bis zu 2.000 Euro. 20.000 kWh Wärme entspricht einem Ölverbrauch von 2.000 Liter. Hinzu kommen Wartungskosten von durchschnittlich 300 Euro pro Jahr. Ein großes Problem von Ölheizungen ist die starke Abhängigkeit von schwankenden Ölpreisen. In Zeiten geopolitischer Krisen können die Preise sprunghaft ansteigen.

Zudem sind Ölheizungen durch die steigende CO_2-Bepreisung langfristig keine günstige Lösung mehr. Während moderne Brennwerttechnik die Effizienz verbessert, bleibt der Grundnachteil bestehen: Der fossile Brennstoff wird immer teurer.

7.8.2 Gasheizung: Noch weit verbreitet, aber mit steigenden Kosten

Gasheizungen sind mit einem Anteil von über 30 Prozent nach wie vor die meistgenutzte Heiztechnologie in Deutschland. Der Betrieb kostet bei einem Jahresverbrauch von 20.000 kWh bis zu 2.200 Euro. Die Wartungskosten liegen bei mindestens 250 Euro pro Jahr.

Zwar sind moderne Gasbrennwertheizungen hocheffizient und erreichen Wirkungsgrade von bis zu 98 Prozent, doch die Preisentwicklung von Erdgas bleibt ein Unsicherheitsfaktor. Auch hier macht sich die CO_2-Bepreisung zunehmend bemerkbar, und politische Vorgaben zur Dekarbonisierung drängen auf einen Ausstieg aus fossilen Brennstoffen.

7.8.3 Wärmepumpe: Effizient und kostensparend, aber abhängig vom Strompreis

Wärmepumpen gelten als zukunftssichere Heiztechnologie und profitieren von ihrem hohen Wirkungsgrad. Mit einer Jahresarbeitszahl von 3 bis 5 erzeugen sie aus einer Kilowattstunde Strom 3 bis 5 Kilowattstunden Wärme.

Die jährlichen Heizkosten liegen zwischen 1.000 und 1.650 Euro, je nach Effizienz der Wärmepumpe und der Gebäudeisolierung. Die Wartungskosten sind mit durchschnittlich 220 Euro pro Jahr vergleichsweise gering. Die Kosten hier sind allerdings nur mit Bezugsstrom so hoch. Setzen Sie hier bitte auch eigenen Solarstrom ein. Denn besonders vorteilhaft wird die Wärmepumpe in Kombination mit einer Photovoltaikanlage. Eigenproduzierter Strom senkt die Heizkosten drastisch und macht die Haushalte unabhängiger von steigenden Strompreisen. Dennoch bleibt der Strompreis eine Unsicherheitskomponente, die bei der langfristigen Planung berücksichtigt werden sollte.

7.8.4 Pelletheizung: Nachhaltig, aber mit hohem Wartungsaufwand

Pelletheizungen bieten eine klimafreundliche Alternative zu Gas- und Ölheizungen. Die jährlichen Heizkosten belaufen sich auf etwa 1.600 Euro, abhängig vom Pelletpreis, der in den letzten Jahren starken Schwankungen unterlag.

Die Wartungskosten liegen mit 100 bis 400 Euro pro Jahr etwas höher als bei anderen Systemen, da neben der regelmäßigen Reinigung der Brennkammer auch das Nachfüllen der Pellets berücksichtigt werden muss. Dennoch bleibt die Pelletheizung für viele eine attraktive Lösung, insbesondere für Haushalte, die eine nachhaltige Alternative zu fossilen Brennstoffen suchen.

7.8.5 Fernwärme: Komfortabel, aber abhängig vom Anbieter

Fernwärme ist in vielen städtischen Gebieten verfügbar und bietet eine komfortable Heizlösung, da keine eigene Heizanlage gewartet werden muss. Die jährlichen Heizkosten für ein 110 Quadratmeter großes Einfamilienhaus belaufen sich auf etwa 1.835 Euro.

Die Kosten hängen stark vom lokalen Anbieter ab, da die Preisgestaltung von Stadt zu Stadt unterschiedlich ist. In vielen Fällen ist Fernwärme günstiger als eine mit fossilen Brennstoffen betriebene Heizung, insbesondere wenn die Energie aus erneuerbaren Quellen oder Abwärme stammt. Allerdings gibt es auch Netze mit hohen Anschlusskosten oder langfristigen Vertragsbindungen, die den Wechsel erschweren.

7.8.6 Kalte Nahwärme: Innovativ, aber noch nicht flächendeckend verfügbar

Kalte Nahwärme ist eine vergleichsweise neue Technologie, die Umweltwärme aus dem Erdreich oder Grundwasser nutzt. In Verbindung mit Wärmepumpen kann sie eine äußerst kostengünstige Lösung sein.

Die Betriebskosten sind projektabhängig, können jedoch niedriger sein als bei klassischen Systemen. Besonders vorteilhaft ist die Möglichkeit, im Sommer kostenlos zu kühlen, was den Stromverbrauch für Klimaanlagen reduziert. Die Unterhaltskosten hier sind jedoch sehr stark projektabhängig. Sie haben ein kaltes Nahwärmenetz das Sie nutzen können? Ihr Anbieter kann Ihnen hier die Kosten aufschlüsseln.

7.8.7 Infrarotheizungen

Eine Infrarotheizung für eine Wohnfläche von 110 Quadratmetern verbraucht jährlich etwa 11.880 Kilowattstunden Strom. Bei einem Strompreis von 30 Cent pro Kilowattstunde ergeben sich daraus jährliche Betriebskosten von rund 3.564 Euro. Während der Heizperiode von sechs Monaten bedeutet das monatliche Kosten von etwa 594 Euro.

Die Effizienz einer Infrarotheizung hängt von mehreren Faktoren ab. Eine gute Gebäudedämmung reduziert den Wärmeverlust und senkt damit den Energieverbrauch. Die Platzierung der Heizelemente spielt ebenfalls eine Rolle, da eine optimale Positionierung die Wärmeverteilung verbessert. Besonders in Räumen, die nicht dauerhaft beheizt werden müssen, kann eine Infrarotheizung vorteilhaft sein. Durch intelligente Thermostate lässt sich die Temperatur bedarfsgerecht steuern, was die Effizienz zusätzlich steigert. Auch die Art des verwendeten Stroms ist entscheidend. Wird die Infrarotheizung mit Ökostrom oder Strom aus einer eigenen Photovoltaikanlage betrieben, verbessert sich die Umweltbilanz erheblich.

Insgesamt kann eine Infrarotheizung in bestimmten Situationen eine sinnvolle Lösung sein, insbesondere in gut gedämmten Gebäuden oder als Ergänzung zu bestehenden Heizsystemen. Die Wirtschaftlichkeit hängt jedoch stark vom Strompreis und der Nutzung erneuerbarer Energiequellen ab. Da die Betriebskosten mit 3.564 Euro pro Jahr relativ hoch sind, kann die Kombination mit einer Photovoltaikanlage oder günstigerem Nachtstrom die Attraktivität einer Infrarotheizung erheblich steigern.

7.8.8 Welche Heizlösung ist langfristig die beste?

Die beste Heizlösung ist aber nicht nur eine Frage der Betriebskosten, sondern auch der Zukunftssicherheit. Während Gas- und Ölheizungen noch weit verbreitet sind, steigen die Betriebskosten kontinuierlich, insbesondere durch die CO_2-Bepreisung. Wärmepumpen bieten langfristig die beste Effizienz, insbesondere wenn sie mit eigenem Solarstrom kombiniert werden.

Für Hausbesitzer, die auf eine neue Heizung umsteigen, sind folgende Punkte entscheidend:

- **Langfristige Energiekosten:** Welche Preisentwicklung ist zu erwarten?
- **Unabhängigkeit von fossilen Brennstoffen:** Wie sicher ist die zukünftige Versorgung?
- **Wartung und Betrieb:** Wie hoch sind die laufenden Kosten und der Aufwand?
- **Fördermöglichkeiten:** Welche staatlichen Zuschüsse gibt es?

Zusammenfassung der Betriebskosten

- **Ölheizung:** bis zu 2.000 Euro Heizkosten, 300 Euro Wartung
- **Gasheizung:** bis zu 2.200 Euro Heizkosten, 250 Euro Wartung
- **Wärmepumpe:** 1.000 bis 1.650 Euro Heizkosten, 220 Euro Wartung
- **Pelletheizung:** 1.600 Euro Heizkosten, 100 bis 400 Euro Wartung
- **Fernwärme:** durchschnittlich 1.835 Euro Heizkosten
- **Infrarotheizung:** durchschnittlich 3.564 Euro Heizkosten

Die Heizkosten sind nicht nur von der gewählten Technologie abhängig, sondern auch von individuellen Faktoren wie Gebäudeisolierung, Standort und Energiepreisen. Wer sich jetzt für ein neues Heizsystem entscheidet, sollte langfristige Trends berücksichtigen.

Eine detaillierte Planung, gegebenenfalls mit einer professionellen Energieberatung, ist der Schlüssel zu einer wirtschaftlichen und nachhaltigen Heizlösung.

Am Ende bleibt die Frage: Welche Heizung passt zu Ihnen? Wer die Betriebskosten im Blick hat und sich für ein effizientes, zukunftssicheres System entscheidet, spart nicht nur bares Geld, sondern sichert sich langfristige Versorgungssicherheit und Wohnkomfort.

7.9 Das passende Heizsystem finden

»Der Schlüssel zu einer nachhaltigen Zukunft liegt in der bewussten Auswahl der richtigen Technologie.«

Wenn Sie sich mit der Frage auseinandersetzen, welche Heiztechnik für Ihr Gebäude die optimale Wahl ist, stehen Ihnen unterschiedliche Optionen zur Verfügung – jede mit ihren eigenen Vorzügen und idealen Einsatzgebieten. Entscheidend für die Auswahl ist dabei vor allem der jährliche Heizenergiebedarf Ihres Gebäudes, gemessen in Kilowattstunden pro Quadratmeter (kWh/m²/Jahr). Doch nicht nur der Energiebedarf, sondern auch Faktoren wie die Dämmung, der verfügbare Platz, die lokale Infrastruktur und Ihre persönlichen Präferenzen fließen in diese Entscheidung ein. Eine fundierte Energieberatung wird Ihnen dabei helfen, eine maßgeschneiderte Lösung zu finden, die sowohl wirtschaftlich als auch ökologisch überzeugt.

Infrarotheizung

Infrarotheizungen eignen sich vor allem für Gebäude mit einem sehr geringen Heizenergiebedarf – in der Regel bis ca. 50 kWh/m²/Jahr. Besonders in gut gedämmten Niedrigenergiehäusern und auf kleineren Wohnflächen von bis zu 100 m² finden Infrarotheizungen ihren idealen Einsatz. Sie funktionieren, indem sie Wärme in Form von Infrarotstrahlung direkt an Objekte und Personen abgeben, ähnlich wie die Sonne. Das macht sie besonders effektiv in Räumen mit temporärer Heizlast, etwa in Badezimmern, wo sich hohe Luftfeuchtigkeit und kurzzeitiger Wärmebedarf ideal ergänzen.

Wärmepumpe

Die Wärmepumpe bietet sich für ein breiteres Spektrum an Heizlasten an. Optimal ist ihr Einsatz in Gebäuden mit einem jährlichen Heizenergiebedarf von bis zu ca. 100 kWh/m²/Jahr. In gut gedämmten Neubauten oder sanierten Bestandsgebäuden kann sie sogar effizient arbeiten, wenn der Bedarf bis etwa 150 kWh/m²/Jahr liegt – wobei höhere Werte mit einem sinkenden Wirkungsgrad verbunden, technisch aber trotzdem kein Problem sind. Bei einem schlecht gedämmten Gebäude hatte Ihre bisherige Öl- oder Gasheizung ja auch ordentlich zu arbeiten, damit Ihr Wohnraum warm wird. Wärmebedarfswerte um die 150 kWh/m²/Jahr finden Sie oftmals in Gebäuden aus dem Zeitraum 1977 bis 2002 oder wenn Ihr Energieausweis die Energieeffizienzklasse »E« ausweist. Wärmepumpen nutzen Umweltwärme aus der Luft, dem Erdreich oder dem Grundwasser, um Wärme zu erzeugen, und bieten somit eine nachhaltige Alternative zu fossilen Brennstoffen. Ihre Effizienz, gemessen an der sogenannten Jahresarbeitszahl, macht sie zu einer der modernsten und umweltfreundlichsten Technologien auf dem Markt. Durch den Einsatz von Wärmepumpen können Sie nicht nur Ihre Energiekosten langfristig senken, sondern auch aktiv zum Klimaschutz beitragen.

Die Wärmenetze

Ein weiterer wichtiger Ansatz sind Wärmenetze, auch als Nah- oder Fernwärme bekannt. Hierbei handelt es sich um ein System, das Wärme zentral in einem Heizkraftwerk erzeugt und über ein Netzwerk von Rohrleitungen an verschiedene Gebäude liefert. Diese Technologie zeichnet sich durch ihre Flexibilität aus: Es gibt keine strikte Begrenzung des Jahresenergiebedarfs, sodass Wärmenetze sowohl in dicht besiedelten städtischen Gebieten als auch in größeren Gebäudekomplexen und Mehrfamilienhäusern eingesetzt werden können. Besonders in urbanen Zentren, wo der Platz begrenzt und die Bevölkerungsdichte hoch ist, bieten Wärmenetze eine wirtschaftliche und effiziente Lösung, um viele Gebäude zentral zu versorgen. Dabei kann die eingespeiste Wärme oft aus erneuerbaren Energiequellen oder Kraft-Wärme-Kopplungsanlagen stammen, was einen zusätzlichen ökologischen Vorteil darstellt.

In der Regel transportieren diese Netze Wärme im Temperaturbereich von 70 bis 130 °C. Ihr Anbieter kann Ihnen die genauen Temperaturen sagen. Durch die hohe Temperatur lassen sich bisherige Verbrennersysteme immer ersetzen. Sie können damit alle Energieeffizienzklassen betreiben. Der Vorteil liegt in den höheren Vorlauftemperaturen von etwa 60 bis 70 °C, was insbesondere in älteren Gebäuden mit bestehenden Radiatorsystemen sehr gut funktioniert. Ob das natürlich immer sinnvoll ist, hängt von Ihrem individuellen Fall ab. Und ob Sie aktuell oder in Zukunft auch Maßnahmen an der Gebäudehülle und am Energieverbrauch planen.

Pelletheizung

Schließlich sei noch die Pelletheizung erwähnt, die sich durch ihre hohe Flexibilität auszeichnet. Pelletheizungen sind ab einem jährlichen Heizenergiebedarf von ca. 100 kWh/m²/Jahr einsetzbar und besitzen – im Gegensatz zu den anderen Systemen – keine strikte obere Begrenzung des Energiebedarfs. Diese Heiztechnik verwendet komprimierte Holzpellets als Brennstoff und eignet sich daher besonders für größere Wohnflächen und Gebäude mit einem hohen Wärmebedarf. Ein weiterer Vorteil der Pelletheizung liegt in der Fähigkeit, höhere Vorlauftemperaturen von etwa 60 bis 70 °C zu erreichen, was insbesondere in älteren Gebäuden mit bestehenden Radiatorsystemen von Bedeutung sein kann. Durch den Einsatz von Pellets als erneuerbaren Brennstoff profitieren Sie zudem von einer konstanten Brennstoffversorgung und einer guten Wirtschaftlichkeit, auch wenn die Anschaffungskosten im Vergleich zu anderen Systemen etwas höher ausfallen können.

Zusammenfassend lässt sich festhalten, dass

- **Infrarotheizungen** besonders für Gebäude mit sehr geringem Heizenergiebedarf (bis ca. 50 kWh/m²/Jahr) und kleine Wohnflächen ideal sind.
- **Wärmepumpen** optimal in Gebäuden mit einem Bedarf von bis zu ca. 100 kWh/m²/Jahr eingesetzt werden können und auch bei einem Bedarf von bis zu ca. 150 kWh/m²/Jahr noch effizient arbeiten.
- **Wärmenetze** flexibel und ohne strikte Begrenzung des Energiebedarfs in verschiedensten Gebäudetypen angewendet werden können, vor allem in dicht besiedelten Gebieten.
- **Pelletheizungen** sich ab einem Bedarf von ca. 100 kWh/m²/Jahr eignen und auch bei höheren Wärmebedarfen eine wirtschaftliche Lösung darstellen, insbesondere wenn höhere Vorlauftemperaturen erforderlich sind.

Die richtige Wahl treffen

Die Wahl der optimalen Heiztechnik hängt nicht allein vom jährlichen Energiebedarf ab, sondern auch von weiteren Faktoren wie der Dämmung des Gebäudes, dem vorhandenen Platz, der regionalen Infrastruktur und Ihren individuellen Bedürfnissen. Nutzen Sie das Fachwissen erfahrener Energieberater, vergleichen Sie die spezifischen Vor- und Nachteile der einzelnen Systeme und treffen Sie eine Entscheidung, die sowohl ökologisch als auch ökonomisch überzeugt.

7.10 Was bedeutet eigentlich »technologieoffen«?

»Eine Entscheidungsfreiheit ohne Orientierung ist keine Freiheit, sondern eine Last.«
Viktor Frankl

Die Wärmewende im eigenen Heizungskeller: Wenn Technologieoffenheit zur Belastungsprobe wird
Im Keller von Familie Müller aus Mittelstadt steht eine 24 Jahre alte Gasheizung, die langsam aber sicher ihrem Lebensende entgegengeht. Thomas Müller, 58, Eigentümer eines typischen Einfamilienhauses aus den 1980er-Jahren, sitzt am Küchentisch vor einem Stapel Broschüren, Angeboten und Zeitungsartikeln. Er legt die Stirn in Falten: »Ich will ja eigentlich das Richtige tun – für das Klima und für meinen Geldbeutel. Aber je mehr ich recherchiere, desto verwirrter bin ich.«

Was Familie Müller erlebt, spielt sich derzeit in Tausenden Häusern in Deutschland ab. Hausbesitzer stehen vor Entscheidungen, die weitreichende Konsequenzen haben – finanziell und ökologisch. Dabei werden sie mit dem politischen Mantra der »Technologieoffenheit« konfrontiert, das oft mehr Fragen aufwirft als beantwortet. Und keine Entscheidung bedeutet eben, dass auch nichts vorangeht!

»Der Installateur hat mir gesagt, ich solle auf Wasserstoff-Readiness achten«, erzählt Thomas Müller. »Gleichzeitig lese ich überall, dass Wasserstoff für private Haushalte völlig unwirtschaftlich sein wird. Aber wenn selbst die Fachleute unterschiedlicher Meinung sind, wie soll ich dann wissen, was richtig ist?« Die Situation in Thomas Müllers Heizungskeller ist exemplarisch für die Herausforderungen der Wärmewende. Während die Politik das Prinzip der Technologieoffenheit beschwört, müssen Hausbesitzer konkrete Entscheidungen treffen – Entscheidungen, die jahrzehntelange Auswirkungen haben und hohe Investitionen erfordern.

»Letzte Woche war ein Vertreter für Wärmepumpen da. Der meinte, eine Luft-Wasser-Wärmepumpe wäre ideal für mein Haus. Gestern kam der Gasinstallateur und erklärte mir, eine neue Gasheizung mit Wasserstoff-Readiness sei viel sinnvoller. Und heute habe ich einen Brief von den Stadtwerken bekommen, dass in unserem Viertel eventuell in ein paar Jahren ein Wärmenetz gebaut werden könnte – aber sicher sei das noch nicht. Was soll ich denn jetzt machen?«

Seine Frage ist berechtigt. Gerade bei der Wasserstoff-Option zeigt sich die Problematik einer falsch verstandenen Technologieoffenheit. Wasserstoff als Heizenergie für private Haushalte ist aus energetischer Sicht äußerst ineffizient. Für die Erzeugung von grünem Wasserstoff wird zunächst Strom benötigt, um Wasser in seine Bestandteile zu zerlegen. Dieser Prozess birgt bereits erhebliche Energieverluste. Der Transport, die Speicherung und schließlich die Verbrennung im Heizkessel führen zu weiteren Verlusten.

Während eine Wärmepumpe aus einer Kilowattstunde Strom etwa drei bis vier Kilowattstunden Wärme erzeugen kann (also 300–400 Prozent Wirkungsgrad), liefert der Umweg über Wasserstoff für dieselbe Strommenge nur etwa 0,3 Kilowattstunden Wärme. Der Unterschied ist so gravierend, dass Wasserstoff für die Gebäudeheizung absehbar um ein Mehrfaches teurer bleiben wird als andere Alternativen. Einziger Vorteil: Die Photovoltaikleistung muss in Deutschland um ein Vielfaches ausgebaut werden, um den ganzen grünen Wasserstoff zu erzeugen.

»Mir hat man erzählt, dass Wasserstoff die Zukunft sei«, sagt Thomas Müller. »Aber wenn ich die Zahlen anschaue, scheint das volkswirtschaftlicher Unsinn zu sein. Warum hält die Politik dann trotzdem diese Option offen? Das verunsichert mich nur.« Diese Verunsicherung ist kein Einzelfall. Während in Nachbarländern wie Dänemark oder den Niederlanden längst klare Strategien für die Wärmewende verfolgt werden, mit eindeutigen Quartiersplänen und konkreten Zeitfenstern für den Ausstieg aus mit fossilen Brennstoffen betriebenen Heizungen, bleibt die Situation in Deutschland oft unklar.

In der Gemeinde von Familie Müller gibt es zwar mittlerweile eine kommunale Wärmeplanung, aber diese bleibt in vielen Bereichen vage. Für das Wohngebiet der Müllers ist sowohl eine »potenzielle Wärmenetzeignung« als auch »Eignung für dezentrale Lösungen« vermerkt. »Im Grunde kann ich damit nichts anfangen«, klagt Thomas Müller. »Das ist wie ein Arzt, der sagt: ›Sie könnten Operation A oder Medikament B nehmen, beides hat Vor- und Nachteile, entscheiden Sie selbst.‹ So funktioniert das doch nicht.« Die Krux: Politik und Verwaltung haben oft Angst, sich festzulegen und klare Empfehlungen auszusprechen. Zu groß ist die Sorge vor Protesten oder vor dem Vorwurf, bestimmte Branchen zu bevorzugen. Stattdessen wird das Banner der Technologieoffenheit hochgehalten – mit der Konsequenz, dass der einzelne Hausbesitzer mit komplexen technischen und wirtschaftlichen Abwägungen allein gelassen wird.

»Ich bin kein Energieexperte«, betont Thomas Müller. »Ich kann nicht beurteilen, ob Wasserstoff in zehn Jahren eine realistische Option sein wird oder nicht. Ich kann nicht einschätzen, ob ein Wärmenetz in unserer Straße wirtschaftlich sinnvoll wäre. Das sind doch Entscheidungen, die auf übergeordneter Ebene getroffen werden müssten – mit entsprechender Fachexpertise.« Besonders frustrierend ist für viele Hausbesitzer, dass sie unter Zeitdruck stehen. Wenn die alte Heizung ausfällt, muss schnell eine Entscheidung her. »Ich kann nicht zwei Jahre warten, bis die Gemeinde vielleicht entscheidet, ob hier ein Wärmenetz kommt oder nicht«, sagt Thomas Müller. »Wenn meine Heizung morgen kaputt geht, brauche ich eine Lösung – und zwar sofort.«

Die Folge dieser Unsicherheit: Viele Hausbesitzer entscheiden sich aus Vorsicht für den vermeintlich sicheren Weg und installieren weiterhin Heizungen, die mit fossilen Brennstoffen laufen – oft mit dem nebulösen Attribut »H2-ready«, obwohl Experten längst darauf hinweisen, dass reiner Wasserstoff in den wenigsten Wohngebieten eine realistische Perspektive darstellt.

In anderen Kommunen geht man bereits pragmatischer vor. Die Stadt Freiburg beispielsweise hat ihre Wärmeplanung mit konkreten Handlungsempfehlungen für jedes Quartier verbunden. »In Gebiet A wird ein Wärmenetz kommen – hier lohnt sich eine Übergangslösung. In Gebiet B ist keine zentrale Wärmeversorgung geplant – hier empfehlen wir langfristig eine Wärmepumpe.« Solche klaren Aussagen wünscht sich auch Thomas Müller. »Wenn mir jemand mit Fachkenntnis sagen würde: ›In Ihrer Straße wird in den nächsten 15 Jahren kein Wärmenetz kommen, daher ist eine Wärmepumpe die beste Lösung‹ – dann könnte ich planen. Oder wenn es hieße: ›In zwei Jahren wird hier ein Wärmenetz verlegt, überbrücken Sie die Zeit mit einer Mietheizung‹ – auch das wäre eine klare Ansage.«

Stattdessen verlieren sich viele Kommunen und politische Entscheidungsträger in einem Nebel der Technologieoffenheit, der letztlich Verwirrung stiftet und konkrete Investitionsentscheidungen behindert. Was als Freiheit verkauft wird, entpuppt sich für den einzelnen Hausbesitzer oft als Belastung.

Die Absurdität zeigt sich besonders deutlich am Beispiel Wasserstoff. Während zahlreiche wissenschaftliche Studien die extreme Ineffizienz und die damit verbundenen hohen Kosten von Wasserstoff für die Gebäudeheizung belegen, wird diese Option politisch weiterhin offengehalten. Der Wirkungsgrad bei der Nutzung von Wasserstoff ist so schlecht, dass die Heizkosten unbezahlbar wären – dennoch werden Hausbesitzer ermutigt, in »H2-ready«-Technik zu investieren.

»Ich habe gelesen, dass man für die Erzeugung von grünem Wasserstoff etwa fünfmal so viel Strom braucht wie für den direkten Betrieb einer Wärmepumpe«, sagt Thomas Müller. »Warum sollte ich mich dann für eine Technologie entscheiden, die absehbar viel teurer sein wird? Und wenn es so offensichtlich ist, warum sagt das niemand klar?« Die Antwort liegt oft in einer Mischung aus industriepolitischen Interessen, mangelndem Mut zu klaren Aussagen und der Scheu, bestimmten Branchen Veränderungen zuzumuten. Das Resultat ist eine Verwirrung, die letztlich den Fortschritt bei der Wärmewende behindert.

Nach wochenlanger Recherche hat Thomas Müller eine Entscheidung getroffen: »Ich werde in eine Wärmepumpe investieren. Die Technik ist ausgereift, die Energieeffizienz überzeugend, und selbst wenn irgendwann ein Wärmenetz kommen sollte, habe ich zumindest für die nächsten 15 bis 20 Jahre eine zukunftsfähige Lösung.« Eine Entscheidung, die er aus eigener Kraft getroffen hat – trotz, nicht wegen der politischen Rahmenbedingungen.

Was Familie Müller und Tausende andere Hausbesitzer bräuchten, wäre keine falsch verstandene Technologieoffenheit, sondern klare Orientierung: verbindliche Quartierspläne, eindeutige Zeitfenster für Infrastrukturmaßnahmen und ehrliche Kosten- und Effizienzvergleiche verschiedener Technologien. Nur so können Hausbesitzer fundierte Entscheidungen treffen, die sowohl ökologisch als auch ökonomisch sinnvoll sind.

Lassen Sie sich nicht verunsichern

Sie stehen möglicherweise vor ähnlichen Herausforderungen wie Familie Müller. Lassen Sie sich nicht von politischen Schlagworten wie »Technologieoffenheit« verunsichern. Informieren Sie sich über die energetischen Grundprinzipien verschiedener Heiztechnologien und deren tatsächliche Wirtschaftlichkeit. Wenden Sie sich an unabhängige Energieberatungsstellen und fordern Sie von Ihrer Kommune klare Aussagen zur zukünftigen Infrastrukturentwicklung in Ihrem Wohngebiet. Nur so können Sie trotz unzureichender politischer Rahmenbedingungen eine Entscheidung treffen, die langfristig tragfähig ist und Sie vor kostspieligen Fehlinvestitionen bewahrt. Und letztendlich soll Ihnen ja auch dieses Buch hier den optimalen Weg weisen, der für Sie am besten passt. Neutral und pragmatisch!

7.11 Investitionskosten der einzelnen Heizsysteme

»Investieren Sie in Ihre Zukunft –
denn eine moderne Heizung ist mehr als nur Wärme.«

Die Entscheidung für ein bestimmtes Heizsystem beruht nicht allein auf ökologischen und betrieblichen Gesichtspunkten. Ein wesentlicher Faktor, der Ihre Wahl maßgeblich beeinflusst, sind die Investitionskosten. Diese umfassen nicht nur die reinen Anschaffungskosten der Anlage, sondern auch die Installationsaufwände, den notwendigen baulichen Aufwand sowie eventuelle Zusatzkomponenten, wie etwa Speicherlösungen oder Regelungstechnik. In diesem Kapitel erhalten Sie einen detaillierten Einblick in die typischen Investitionskosten verschiedener Heizsysteme – von der Infrarotheizung über Wärmepumpen und Fernwärme bis hin zur Pelletheizung. Ziel ist es, Ihnen eine klare Orientierung zu bieten, sodass Sie – idealerweise in Verbindung mit einer professionellen Energieberatung – die für Ihre Immobilie optimale Lösung finden können. Bitte bedenken Sie, dass es sich hier nur um Pauschalwerte handelt, die Sie entscheidungsfähig machen sollen. Wie es sich bei Ihrer Immobilie genau verhält, ist so individuell wie der Geschmack Ihrer Lieblingsspeise.

Infrarotheizungen

- **Anschaffung:** Da Infrarotheizungen als elektrische Paneele konzipiert sind, liegen die Anschaffungskosten in der Regel im niedrigen Bereich. Einzelne Paneele können bereits ab ca. 200 bis 500 Euro erhältlich sein.
- **Installation:** Die Installation gestaltet sich oftmals unkompliziert, da keine aufwendigen Rohrleitungen oder großflächigen Anlagen erforderlich sind. Somit entfallen häufig hohe Installationskosten – in vielen Fällen genügt eine fachgerechte Montage an der Wand oder Decke.
- **Einsatz im Gesamtgefüge:** Da diese Technik eher für kleine Flächen geeignet ist, summieren sich die Kosten bei einer flächendeckenden Lösung für ein ganzes Haus zumeist zu einer deutlich geringeren Investition im Vergleich zu zentralen Heizsystemen.
  Sinnvoll kann das oft sein, wenn Sie bisher eine Nachtspeicherheizung hatten. Denn die Leitungswege sind dann schon geschaffen.

Für kleinere, gut gedämmte Gebäude oder als Ergänzungslösung stellen Infrarotheizungen eine kostengünstige Investition dar. Allerdings sind sie nicht als alleinige Lösung für Gebäude mit höherem Heizbedarf geeignet.

Wärmepumpen

- **Anschaffung:** Je nach Art der Wärmepumpe (Luft-Wasser, Sole-Wasser oder Wasser-Wasser) variieren die Kosten. Typischerweise bewegen sich die Anschaffungskosten für eine Luft-Wasser-Wärmepumpe in einem Bereich von etwa 10.000 bis 20.000 Euro. Erd- oder Wasser-Wärmepumpen, die häufig höhere Effizienzwerte erreichen, können zwischen 15.000 und 25.000 Euro oder auch mehr kosten.
- **Installation und Zusatztechnik:** Neben der eigentlichen Anlage fallen zusätzliche Kosten für die Installation an. Dazu gehören der Auf- oder Tiefbau (bei Erdwärmepumpen), verrohrungstechnische Maßnahmen und die Integration in das bestehende Heizsystem. Diese Installationskosten können weitere 3.000 bis 10.000 Euro ausmachen.
- **Fördermöglichkeiten:** Staatliche Förderprogramme von KfW oder BAFA können hier eine erhebliche Entlastung bieten, sodass sich die Nettokosten spürbar reduzieren lassen.

Wärmepumpen stellen zwar eine deutlich höhere Investition dar als einfache elektrische Systeme, bieten aber langfristig durch niedrige Betriebskosten und hohe Energieeffizienz einen attraktiven Return on Investment – insbesondere in gut gedämmten Gebäuden. Schauen Sie sich hier nochmals den Abschnitt »Betriebskosten von Heizsystemen« (Kap. 7.8) an.

Wärmenetze (Nah- und Fernwärme)

- **Anschlusskosten:** Anders als bei eigenständigen Heizsystemen trägt in der Regel der Betreiber des Fernwärmenetzes den Großteil der Investitionskosten für die zentrale Erzeugungsanlage. Für den Anschluss Ihres Gebäudes an das Fernwärmenetz fallen jedoch Anschlussgebühren an, die je nach Region und Gebäudetyp variieren können – typischerweise zwischen einigen Hundert bis zu mehreren Tausend Euro.
- **Infrastruktur und Erweiterung:** In Neubaugebieten oder bei einer Erneuerung des bestehenden Netzes können weitere Investitionskosten entstehen, die jedoch meist von kommunaler Seite oder Netzbetreibern getragen werden.
- **Betriebskosten:** Die Betriebskosten hängen stark von der lokalen Preisgestaltung und dem Wirkungsgrad des Netzes ab. Oftmals bieten Fernwärmesysteme langfristig stabile Kostenstrukturen, die insbesondere in dicht besiedelten Gebieten wirtschaftlich attraktiv sind.

Wärmenetze sind besonders attraktiv für städtische Bereiche, in denen die Anbindung an ein bestehendes Netz relativ kostengünstig realisiert werden kann. Die Investitionskosten für den Gebäudeeigentümer beschränken sich zumeist auf Anschlussgebühren, während der Großteil der Infrastrukturkosten bereits durch den Netzbetreiber gedeckt wird.

Pelletheizungen

- **Anschaffung:** Die Kosten für eine Pelletheizung liegen in der Regel im mittleren bis hohen Preissegment. Für ein Einfamilienhaus bewegen sich die Anschaffungskosten häufig zwischen 15.000 und 30.000 Euro, abhängig von der Leistung und dem Hersteller.
- **Installation und Zusatzausstattung:** Neben der Heizanlage fallen Kosten für die Installation, den Bau eines Pelletlagers sowie für Schornstein- und Regelungstechnik an. Diese zusätzlichen Aufwendungen können weitere 5.000 bis 10.000 Euro betragen.
- **Wirtschaftlichkeit und Betrieb:** Auch wenn die Investition zunächst höher erscheint, profitieren Sie langfristig von stabilen Brennstoffkosten und einer guten Wirtschaftlichkeit – insbesondere wenn staatliche Förderungen genutzt werden.
- **Förderungen:** Förderprogramme der KfW und BAFA unterstützen den Einbau moderner Biomasse-Heizsysteme, sodass die Nettokosten erheblich reduziert werden können.

Pelletheizungen sind eine flexible und nachhaltige Lösung für Gebäude mit höherem Wärmebedarf. Trotz der höheren Investitionskosten bieten sie durch niedrige Betriebskosten und den Einsatz erneuerbarer Brennstoffe eine langfristig attraktive Alternative zu mit fossilen Brennstoffen betriebenen Systemen.

Die Investitionskosten der einzelnen Heizsysteme variieren erheblich und hängen maßgeblich von der jeweiligen Technologie, den baulichen Gegebenheiten und dem individuellen Heizenergiebedarf ab. Während Infrarotheizungen für kleine, gut gedämmte Räume mit geringem Bedarf kostengünstig realisierbar sind, erfordern Wärmepumpen und Pelletheizungen – insbesondere in größeren Gebäuden – deutlich höhere Anfangsinvestitionen. Wärmenetze hingegen bieten eine interessante Lösung in urbanen Gebieten, bei denen die Infrastruktur bereits vorhanden ist und die Anschlusskosten für den Eigentümer relativ moderat ausfallen.

Natürlich gibt es noch eine große Anzahl von weiteren Heiztechniken. Die hier beschriebenen sind die meistgenutzten. Was noch alles unter dem Begriff »Technologieoffenheit« kommen mag, wissen wahrscheinlich nicht mal die Parteien, die sich darauf versteifen. Nutzen Sie bewährte Systeme, die funktionieren. Denn Zuverlässigkeit und Einfachheit macht hier immer Sinn!

Letztlich sollten Sie aber bei der Wahl des Heizsystems nicht nur den reinen Investitionsaufwand betrachten, sondern das Gesamtpaket – bestehend aus Anschaffungs-, Installations- und Betriebskosten – in Ihre Entscheidung einbeziehen. Nutzen Sie zudem die vielfältigen Fördermöglichkeiten von KfW und BAFA, um Ihre Investition zu entlasten. Ihre Entscheidung wirkt sich nicht nur auf die Energieeffizienz Ihres Gebäudes aus, sondern auch auf den langfristigen Werterhalt. Informieren Sie sich umfassend, ziehen Sie qualifizierte Experten hinzu und nutzen Sie staatliche Förderprogramme – so treffen Sie eine fundierte Entscheidung, die sowohl ökonomisch als auch ökologisch überzeugt. Aber dazu gleich mehr.

8 Ein Heizungstausch steht an

8.1 Finanzierung und Fördermittel

»Veränderung beginnt mit klaren Entscheidungen – und die richtigen Förderpartner ebnen Ihnen den Weg.«

Die Transformation hin zu energieeffizienten Gebäuden ist ein zentrales Element der deutschen Klimapolitik. Dabei spielen zwei Institutionen eine maßgebliche Rolle: das Bundesamt für Wirtschaft und Ausfuhrkontrolle (BAFA) und die Kreditanstalt für Wiederaufbau (KfW). Beide unterstützen Sie bei der Umsetzung moderner, umweltfreundlicher Heiz- und Sanierungsmaßnahmen – wenn auch auf unterschiedliche Weise.

8.1.1 Aufgaben der BAFA und der KfW: Ihre Partner auf dem Weg zu mehr Energieeffizienz

Auf die Förderprogramme von BAFA und KfW kann man sich leider nicht wirklich verlassen – und das hat gute Gründe. Die Regeln ändern sich gefühlt ständig, mal gibt es mehr Geld, mal weniger, mal werden ganze Programme plötzlich gestrichen. Wer sich darauf verlässt, dass eine heute angekündigte Förderung in ein paar Monaten noch genauso gilt, kann am Ende ganz schön dumm dastehen.

Das größte Problem ist die Finanzierung. Oft wird ein großes Förderpaket geschnürt, aber dann reichen die Gelder nicht so lange, wie ursprünglich geplant. Bestes Beispiel: Die plötzliche Einstellung der KfW-Förderung für energieeffiziente Gebäude Anfang 2022. Viele Bauherren hatten fest mit den Zuschüssen gerechnet – und standen plötzlich mit leeren Händen da. Ähnlich läuft es auch bei den BAFA-Zuschüssen für Heizungen oder Sanierungen. Die Fördersätze werden ständig angepasst, Anforderungen ändern sich, und was heute noch gefördert wird, kann morgen schon wieder rausfliegen.

Dazu kommt die Bürokratie. Wer schon mal einen BAFA- oder KfW-Antrag gestellt hat, weiß, dass man da einige Nerven lassen kann. Und selbst wenn alles passt: Die Nachfrage ist oft so hoch, dass die Fördergelder schnell aufgebraucht sind. Dann heißt es: Warten oder leer ausgehen.

Auf dem Laufenden bleiben

Deshalb gilt die goldene Regel: Bevor Sie eine Maßnahme planen, checken Sie bitte unbedingt den aktuellen Stand der Förderung – am besten direkt bei der BAFA, KfW oder mit einem erfahrenen Energieberater. Nur so können Sie sicher sein, dass Sie am Ende nicht auf Kosten sitzen bleiben, die Sie eigentlich nicht eingeplant hatten.

BAFA – Bundesamt für Wirtschaft und Ausfuhrkontrolle

Das BAFA ist dafür zuständig, Förderprogramme im Bereich der Energieeffizienz und der Heizungsoptimierung zu verwalten und zu verteilen. Seine Aufgaben umfassen dabei insbesondere:

- **Förderung bestehender Gebäude**
  Das BAFA unterstützt Betreiber und Hauseigentümer bei Maßnahmen zur energetischen Optimierung bestehender Gebäude. Dies beinhaltet beispielsweise den Austausch veralteter Heizungen, den Einbau moderner Heiztechnik oder die Optimierung der Wärmeverteilung.
- **Zuschüsse für Heizungsmodernisierungen**
  Im Rahmen der Bundesförderung für effiziente Gebäude (BEG) stellt das BAFA Zuschüsse bereit, die insbesondere für den Austausch alter Heizungsanlagen in Bestandsgebäuden gedacht sind. Diese Förderungen entlasten Sie finanziell und erleichtern den Umstieg auf umweltfreundlichere Systeme.
- **Umsetzung von Energieeffizienzmaßnahmen**
  Neben der Heizungsoptimierung fördert das BAFA auch andere Maßnahmen, die den Energieverbrauch senken. Dazu zählen beispielsweise die Dämmung von Gebäuden oder die Integration erneuerbarer Energien in den Wärmeversorgungskreislauf.
- **Verwaltung und Überwachung**
  Das BAFA ist verantwortlich für die Vergabe der Fördermittel und stellt sicher, dass die beantragten Maßnahmen den gesetzlichen und technischen Vorgaben entsprechen. Dadurch wird die ordnungsgemäße Umsetzung der Projekte und eine nachhaltige Wirkung der Investitionen gewährleistet.

Kurz gesagt: Das BAFA steht Ihnen als direkter Förderer zur Seite, wenn es darum geht, bestehende Gebäude energieeffizienter zu gestalten. Mit zielgerichteten Zuschüssen und klar strukturierten Förderprogrammen unterstützt es Sie dabei, den Heizungstausch oder andere Modernisierungsmaßnahmen wirtschaftlich attraktiv umzusetzen.

KfW – Kreditanstalt für Wiederaufbau

Die KfW ist eine staatliche Förderbank, die sich auf die finanzielle Unterstützung von Bau- und Sanierungsmaßnahmen konzentriert. Ihre Hauptaufgaben lassen sich wie folgt zusammenfassen:

- **Bereitstellung von zinsgünstigen Krediten**
  Die KfW fördert sowohl den Neubau als auch die energetische Sanierung von Gebäuden, indem sie zinsgünstige Darlehen vergibt. Diese Kredite helfen Ihnen, die

oft beträchtlichen Investitionskosten für moderne Heizsysteme und energetische Maßnahmen zu finanzieren.

- **Förderprogramme für energieeffizientes Bauen und Sanieren**
  Über verschiedene Programme – wie beispielsweise das KfW-Effizienzhaus-Programm – unterstützt die KfW Projekte, die den CO_2-Ausstoß senken und den Energieverbrauch reduzieren. Diese Programme sind nicht nur für Neubauten, sondern auch für Bestandsimmobilien konzipiert, bei denen eine umfassende energetische Modernisierung geplant ist.
- **Langfristige Finanzierung und Sicherheit**
  Die KfW bietet flexible Tilgungsmodelle und eine langfristige Finanzierung, die es Ihnen ermöglichen, Ihre Investition nachhaltig zu planen. Dadurch wird der finanzielle Druck beim Umstieg auf moderne Heizsysteme spürbar reduziert.
- **Ganzheitliche Beratung**
  Neben der reinen Finanzierungszusage unterstützt die KfW auch mit Beratungsangeboten. So erhalten Sie wertvolle Informationen darüber, welche Maßnahmen im Rahmen der Förderprogramme am besten zu Ihrem Objekt passen – von der Sanierung der Gebäudefassade bis hin zum kompletten Heizungstausch.

Während das BAFA hauptsächlich als Förderer von Zuschüssen für Energieeffizienzmaßnahmen in bestehenden Gebäuden agiert, stellt die KfW Ihnen die nötigen finanziellen Mittel in Form von zinsgünstigen Krediten und umfassenden Förderprogrammen zur Verfügung. Diese beiden Institutionen ergänzen sich ideal, sodass Sie als Eigentümer oder Entscheider in der Immobilienbranche optimal unterstützt werden – egal, ob es um den Austausch veralteter Heizungen oder um eine komplette energetische Sanierung geht.

8.1.2 Wie profitieren Sie als Immobilienbesitzer?

Die Kombination aus BAFA-Zuschüssen und KfW-Darlehen reduziert Ihre anfänglichen Investitionskosten erheblich. Während das BAFA direkte Zuschüsse gewährt, helfen Ihnen KfW-Kredite, die finanziellen Belastungen über einen längeren Zeitraum zu verteilen. Beide Institutionen stellen sicher, dass Ihre Projekte den aktuellen gesetzlichen und technischen Standards entsprechen. Das gibt Ihnen Planungssicherheit und schützt vor späteren Nachrüstpflichten.

Durch die Förderung moderner, energieeffizienter Technologien tragen Sie aktiv zum Klimaschutz bei und erhöhen gleichzeitig den langfristigen Werterhalt Ihrer Immobilie. Profitieren Sie von den Beratungsangeboten beider Institutionen. Ob Sie sich über die optimalen Maßnahmen zur Heizungsmodernisierung informieren oder detaillierte Finanzierungskonzepte erstellen möchten – hier erhalten Sie maßgeschneiderte Unterstützung.

Informieren Sie sich

Setzen Sie sich frühzeitig mit einem qualifizierten Energieberater in Verbindung, um den energetischen Istzustand Ihrer Immobilie zu erfassen. Informieren Sie sich parallel über die aktuellen Förderprogramme und Finanzierungsmöglichkeiten – etwa über die Internetseiten www.bafa.de und www.kfw.de. Nutzen Sie die Beratung, um ein maßgeschneidertes Modernisierungskonzept zu entwickeln, das sowohl technisch als auch finanziell zu Ihren Zielen passt.

Indem Sie die Angebote des BAFA und der KfW effektiv nutzen, schaffen Sie die Grundlage für einen erfolgreichen Heizungstausch und eine nachhaltige Modernisierung Ihrer Immobilie und zur Sicherung des langfristigen Werterhalts. Packen Sie es an und gehen Sie den Weg in eine zukunftssichere, energieeffiziente Zukunft.

8.2 Zwischen gesetzlichen Vorgaben und Förderung

»Zwischen Regulierung und Anreiz
liegt der Pfad der nachhaltigen Transformation.«
Amory Lovins

Die Wärmewende im Gebäudesektor steht seit Jahren im Zentrum energiepolitischer Debatten in Deutschland. Was als sachliche Diskussion darüber beginnen sollte, wie unsere Gebäude klimafreundlicher werden können, hat sich zu einem komplexen Geflecht aus gesetzlichen Vorgaben, Förderrichtlinien und politischen Kompromissen entwickelt. Das Gebäudeenergiegesetz (GEG) und die Bundesförderung für effiziente Gebäude (BEG) sind dabei die zentralen Instrumente, die kontinuierlich angepasst und verändert werden.

8.2.1 Warum beim Thema Heizungstausch noch viele zögern

Die häufigen Änderungen der rechtlichen Rahmenbedingungen stellen alle Beteiligten vor erhebliche Herausforderungen. Für Energieberatende bedeutet dies, sich ständig auf dem Laufenden zu halten und neue Bestimmungen in ihre tägliche Arbeit zu integrieren. Heizungsunternehmen müssen ihre Angebote und Beratungsleistungen entsprechend anpassen. Am stärksten betroffen sind jedoch Sie als Eigentümerin oder Eigentümer, da die Situation viele – womöglich auch Sie – verunsichert und dazu verleitet, Investitionsentscheidungen aufzuschieben. Diese Zurückhaltung spiegelt sich in einem merklichen Einbruch des Marktes für energetische Sanierungen wider – eine Entwicklung, die angesichts der Klimaziele äußerst kontraproduktiv ist. Das zeigt sich zunehmend an der immer weiter sinkenden Sanierungsquote.

Besonders die Neuregelungen zur 65-Prozent-Erneuerbare-Energien-Pflicht im GEG tragen deutlich die Handschrift eines politischen Kompromisses. Zahlreiche der aufgeführten Erfüllungsoptionen sind entweder wenig praxistauglich oder stark erklärungsbedürftig. Das Heizen mit Wasserstoff über leitungsgebundene Lieferung ist beispielsweise eine Option, die in der Realität für die überwiegende Mehrheit der Gebäude auf absehbare Zeit keine praktikable Lösung darstellt, dennoch aber im Gesetz verankert wurde. Ähnlich verhält es sich mit dem Heizen durch Stromdirektheizungen – eine Möglichkeit, die zwar grundsätzlich besteht, aber an viele Voraussetzungen geknüpft ist, die für Laien kaum durchschaubar sind.

Ein wichtiger Aspekt der aktuellen Wärmewende ist die Verzahnung des GEG mit der kommunalen Wärmeplanung. Dieser Ansatz ist grundsätzlich sinnvoll: Die 65-Prozent-Pflicht für erneuerbare Energien gilt erst dann, wenn die jeweilige Kommune ihre Wärmeplanung abgeschlossen hat. Dies soll Fehlinvestitionen vermeiden und eine koordinierte Transformation ermöglichen. Gleichzeitig führt diese Regelung aber zu neuen Unsicherheiten, da der Zeitpunkt der Wirksamkeit von Kommune zu Kommune unterschiedlich sein kann. Und in den meisten Kommunen gibt es noch gar keinen Umsetzungsfahrplan. Der kommunale Wärmeplan, wenn bereits erstellt, stellt für Sie als Verbraucher meist nur die technischen Möglichkeiten dar, nicht aber den Umsetzungsfahrplan. Für Gebäudeeigentümer, die etwa in Grenzgebieten zwischen verschiedenen Gemeinden Immobilien besitzen, kann dies zu unterschiedlichen Anforderungen für ähnliche Gebäude führen. Glücklicherweise sind Sie nicht gebunden. Sie dürfen Ihre eigenen Entscheidungen treffen.

Die kommunale Wärmeplanung selbst stellt für die beteiligten Akteure eine neue Herausforderung dar. Tausende Kommunen in Deutschland müssen nun Wärmepläne erstellen, während gleichzeitig ein Mangel an qualifizierten Fachbüros und Beratenden besteht, die diese Aufgabe übernehmen können. Dieses Missverhältnis zwischen Angebot und Nachfrage wird zwangsläufig zu Verzögerungen bei der Umsetzung führen, was wiederum den gesamten Transformationsprozess im Gebäudesektor verlangsamt. Machen Sie daher Ihr eigenes Ding!

Bei der Durchführung der kommunalen Wärmeplanung ist eine umfassende Akteursbeteiligung vorgeschrieben. Das lokale Handwerk, insbesondere die Sanitär-, Heizungs- und Klimabranche, muss einbezogen werden. Sinnvollerweise sollten darüber hinaus auch Energieberatende beteiligt sein, da sie letztlich diejenigen sind, die die Ergebnisse der Wärmeplanung den Gebäudeeigentümern vermitteln und in konkrete Maßnahmen übersetzen müssen.

Die Ökobilanzierung (Life Cycle Assessment, LCA) wird zukünftig eine immer wichtigere Rolle bei der Bewertung von Gebäuden spielen. Bislang ist sie nur in der Neubauförderung verpflichtend, doch die EU-Gebäuderichtlinie sieht vor, dass sie ab 2028 für

Neubauten über 1.000 Quadratmeter und ab 2030 für alle Neubauten obligatorisch wird. Dies bedeutet, dass jeder, der in der energetischen Gebäudebewertung tätig ist, sich mit dieser Methodik vertraut machen muss.

Die Ökobilanzierung ermöglicht eine ganzheitliche Betrachtung der Umweltauswirkungen eines Gebäudes über seinen gesamten Lebenszyklus – von der Herstellung der Baumaterialien über die Nutzungsphase bis hin zum Rückbau und der Entsorgung oder Wiederverwertung. Dieser Ansatz geht deutlich über die bisherige Fokussierung auf den Energiebedarf während der Nutzungsphase hinaus und kann zu einer wesentlich nachhaltigeren Bauweise führen. So können beispielsweise Gebäude mit etwas höherem Energiebedarf, aber deutlich geringerer »grauer Energie« in den Baumaterialien, in der Gesamtbilanz besser abschneiden als hochgedämmte Konstruktionen mit energieintensiven Materialien.

Die europäischen Vorgaben zur Gebäudeeffizienz setzen zunehmend den Rahmen für die nationale Gesetzgebung. Im Mai 2023 ist eine Neufassung der EU-Gebäuderichtlinie in Kraft getreten, die bis Mai 2026 in nationales Recht umgesetzt werden muss. Sie bringt mehrere wichtige Neuerungen mit sich: Zum einen den Zero-Emission-Standard für Neubauten, der ab 2028 für öffentliche Gebäude und ab 2030 für alle Neubauten gilt. Zum anderen werden erstmals verbindliche Sanierungsvorgaben für Bestandsgebäude gemacht, allerdings mit Unterschieden zwischen Wohn- und Nichtwohngebäuden.

Für Wohngebäude gibt die EU-Richtlinie ein Gesamtziel vor: Der durchschnittliche Energiebedarf aller Wohngebäude eines Landes muss bis 2030 um einen bestimmten Prozentsatz sinken. Die konkrete Umsetzung bleibt den nationalen Regierungen überlassen – sei es durch ordnungsrechtliche Vorgaben oder verstärkte Förderung. Bei Nichtwohngebäuden hingegen gibt es klare Sanierungspflichten für die energetisch schlechtesten Gebäude: Die untersten 16 Prozent müssen bis 2030 saniert werden, bis 2033 erweitert sich diese Anforderung auf die schlechtesten 26 Prozent. Diese Regelung wird besonders öffentliche Einrichtungen treffen, da Kommunen oft viele energetisch schlechte Gebäude in ihrem Bestand haben.

Die im »Effort Sharing«-Programm der EU festgelegten Emissionsreduktionsziele stellen eine weitere wichtige Rahmenbedingung dar. Nach aktuellen Berechnungen wird Deutschland diese Vorgaben um etwa 110 Millionen Tonnen CO_2 überschreiten, was Strafzahlungen von etwa 7,7 Milliarden Euro nach sich ziehen könnte. Angesichts dieser drohenden finanziellen Belastung erscheint es wirtschaftlich sinnvoller, jetzt in Fördermaßnahmen und Emissionsreduktionen zu investieren, als später Strafen zu zahlen.

Die Bundesförderung für effiziente Gebäude (BEG) spielt eine zentrale Rolle bei der Finanzierung der Wärmewende. Trotz der vorläufigen Haushaltsführung und des Regierungswechsels läuft sie derzeit uneingeschränkt weiter. Die Finanzierung ist gesichert, solange 45 Prozent der im Haushaltsentwurf vorgesehenen Mittel nicht aufgebraucht sind. Es besteht sogar vorsichtiger Optimismus für die Zukunft: Nach jüngsten Meldungen sollen 100 Milliarden Euro zusätzlich in den Klima- und Transformationsfonds fließen – den Fonds, aus dem auch die BEG finanziert wird (Stand März 2025).

8.2.2 Wie steht es um die praktische Umsetzbarkeit der Vorgaben?

Für eine erfolgreiche Wärmewende im Gebäudesektor ist neben den rechtlichen und finanziellen Rahmenbedingungen auch die praktische Umsetzbarkeit entscheidend. Der Fachkräftemangel in relevanten Handwerksberufen wie der Heizungsinstallation, der Gebäudetechnik und der energetischen Sanierung stellt ein erhebliches Hindernis dar. Die »Kompetenzagenda für Europa« adressiert dieses Problem mit spezifischen Maßnahmen zur Förderung der Ausbildung und Umschulung. Ein »Pakt für Kompetenzen« im Bausektor sieht bis 2025 die Weiterbildung von mindestens einer Million Beschäftigten im Bereich nachhaltiges Bauen vor. Ob diese Maßnahmen ausreichen werden, um den Bedarf zu decken, bleibt abzuwarten.

Die verschiedenen EU-Mitgliedstaaten weisen zudem sehr unterschiedliche Ausgangslagen auf. Während einige nordeuropäische Länder wie Dänemark bereits einen hohen Anteil erneuerbarer Energien in ihrer Wärmeversorgung erreicht haben und über gut ausgebaute Fernwärmenetze verfügen, sind andere Regionen, insbesondere in Süd- und Osteuropa, noch stark von fossilen Brennstoffen abhängig und haben einen hohen Anteil energetisch ineffizienter Gebäude. Diese Heterogenität erfordert differenzierte Ansätze und maßgeschneiderte Unterstützungsmaßnahmen.

In der Praxis zeigt sich, dass die energetische Sanierung des Gebäudebestands eine Mammutaufgabe ist, die Jahrzehnte in Anspruch nehmen wird. Sie erfordert langfristiges Denken und Handeln – sowohl von der Politik als auch von den Akteuren vor Ort. Ständig wechselnde Rahmenbedingungen und Förderkulissen sind hier kontraproduktiv. Stattdessen wäre eine Phase der Kontinuität und Verlässlichkeit wünschenswert, in der sich alle Beteiligten auf die Umsetzung der bereits beschlossenen Maßnahmen konzentrieren können.

Sie finden in Ihrem jetzigen Job keine Erfüllung? Dann empfehle ich Ihnen, sich irgendwo in der gesamten Wertschöpfungskette der energetischen Sanierung einzubringen. Das erleichtert die Gesamtsituation für unsere Generationsaufgabe und Sie werden garantiert niemals arbeitslos.

8.2.3 Diese Möglichkeiten haben Sie

Die Vielfalt der technischen Optionen für die Wärmewende bietet sowohl Chancen als auch Herausforderungen. Wärmepumpen gelten als Schlüsseltechnologie für die Dekarbonisierung der individuellen Wärmeversorgung. Sie nutzen Umweltwärme aus Luft, Erdreich oder Grundwasser und heben diese mithilfe von Strom auf ein nutzbares Temperaturniveau an. Mit Jahresarbeitszahlen zwischen 3 und 5 arbeiten moderne Wärmepumpen äußerst effizient, was bedeutet, dass sie mit einer Kilowattstunde Strom drei bis fünf Kilowattstunden Wärme erzeugen können. Diese hohe Effizienz macht sie zur bevorzugten Option für viele Anwendungsfälle, besonders in Kombination mit Photovoltaikanlagen, die den benötigten Strom teilweise selbst erzeugen können.

In dicht besiedelten Gebieten bietet die Fernwärme eine effiziente Alternative. Die überarbeitete Energieeffizienzrichtlinie verpflichtet Städte mit mehr als 50.000 Einwohnern, lokale Wärme- und Kälteplanungen zu erstellen, wobei der Schwerpunkt auf der Integration erneuerbarer Energien und der Nutzung von Abwärme liegen soll. Dänemark demonstriert eindrucksvoll das Potenzial moderner Fernwärmesysteme: Über 60 Prozent der dänischen Haushalte werden mit Fernwärme versorgt, die zunehmend aus erneuerbaren Quellen gespeist wird. Die Stadt Aarhus betreibt beispielsweise ein innovatives System, das verschiedene Energiequellen kombiniert – von Müllverbrennung mit Kraft-Wärme-Kopplung über Biomassekraftwerke bis hin zu großflächigen Solarthermieanlagen. Mehrere Wärmespeicher gleichen dabei Schwankungen zwischen Angebot und Nachfrage aus und sorgen für eine zuverlässige Versorgung.

Ein oft übersehener, aber zunehmend wichtiger Aspekt der Wärmewende ist die Förderung nachhaltiger Baumaterialien und Kreislaufwirtschaftsprinzipien. Die konventionelle Bauweise verbraucht enorme Ressourcen und erzeugt erhebliche Mengen an Abfall. Die 2022 vorgeschlagene neue Bauprodukteverordnung führt strengere Nachhaltigkeitsanforderungen ein, darunter Vorgaben zur Wiederverwendbarkeit und Recyclingfähigkeit von Materialien, zum Einsatz recycelter Rohstoffe und zur Minimierung des CO_2-Fußabdrucks während des gesamten Lebenszyklus.

Holz als nachhaltiger Baustoff bietet mehrere Vorteile gegenüber konventionellen Materialien wie Beton und Stahl: einen geringeren CO_2-Fußabdruck, natürliche Kohlenstoffspeicherung während der gesamten Lebensdauer, oft bessere thermische Eigenschaften und ein gesünderes Raumklima. Die Initiative »Neues Europäisches Bauhaus« fördert innovative Ansätze, die Nachhaltigkeit, Ästhetik und soziale Inklusion verbinden und so zu einer höheren Akzeptanz nachhaltiger Bauweisen beitragen.

Eine besondere Herausforderung der Wärmewende liegt darin, soziale Härten zu vermeiden. Im Rahmen des »Fit for 55«-Pakets wurde ein Klima-Sozialfonds eingerichtet, der mit 72 Milliarden Euro für den Zeitraum 2025–2032 ausgestattet ist. Dieser Fonds soll Haushalte, Kleinstunternehmen und Verkehrsnutzer unterstützen, die von steigenden Energiepreisen betroffen sind. Die Mittel können für energetische Gebäudesanierungen, den Umstieg auf saubere Heizsysteme, die Integration erneuerbarer Energien und Maßnahmen zur Bekämpfung von Energiearmut verwendet werden.

Die Wärmewende im Gebäudesektor kann nur gelingen, wenn alle Akteure – von der Politik über Kommunen, Energieversorger und Handwerk bis hin zu den einzelnen Gebäudeeigentümern – an einem Strang ziehen. Klare, verlässliche Rahmenbedingungen, ausreichende finanzielle Förderung und eine gute Kommunikation sind dabei entscheidende Erfolgsfaktoren. Die Energieberatung spielt eine Schlüsselrolle bei der Vermittlung zwischen den verschiedenen Ebenen und bei der Übersetzung komplexer Anforderungen in konkrete Handlungsschritte.

Was Sie jetzt tun können

Sie als Hausbesitzerin oder Hausbesitzer können aktiv zur Wärmewende beitragen und gleichzeitig von den zahlreichen Vorteilen profitieren. Informieren Sie sich über die Möglichkeiten, Ihr Gebäude energetisch zu modernisieren – sei es durch Dämmmaßnahmen, den Austausch veralteter Heizungsanlagen oder die Integration erneuerbarer Energien. Lassen Sie sich dabei von qualifizierten Energieberatenden unterstützen, die Ihnen einen individuellen Sanierungsfahrplan erstellen können. Nutzen Sie die verfügbaren Förderprogramme, die den Umstieg auf klimafreundliche Heizsysteme finanziell attraktiv machen.

Denken Sie langfristig: Investitionen in die energetische Modernisierung Ihres Gebäudes zahlen sich mehrfach aus – durch niedrigere Energiekosten, einen höheren Wohnkomfort, eine Wertsteigerung der Immobilie und nicht zuletzt durch einen wichtigen Beitrag zum Klimaschutz. Jeder einzelne Schritt zählt auf dem Weg zu einem klimaneutralen Gebäudebestand. Werden Sie Teil dieser wichtigen Transformation und gestalten Sie aktiv die Zukunft unserer Wärmeversorgung mit.

8.3 Empfehlungen und Ansprechpartner für den Heizungstausch

»Nur wer den ersten Schritt wagt, ebnet den Weg in die Zukunft.«

Wenn Sie einen Heizungstausch in Ihrem Gebäude planen, ist eine umfassende und kompetente Beratung der Schlüssel zu einem erfolgreichen Projekt. Der Austausch alter Heizsysteme erfordert nicht nur technisches Know-how, sondern auch ein strukturiertes Vorgehen, bei dem alle relevanten Aspekte – von der Bestandsaufnahme über die technische Machbarkeit bis hin zu finanziellen Fördermöglichkeiten – berücksichtigt werden. Um Ihnen den Weg zu einer modernen, energieeffizienten und zukunftssicheren Heizlösung zu erleichtern, möchte ich Ihnen im Folgenden praxisnahe Empfehlungen und vertrauenswürdige Ansprechpartner vorschlagen.

Zertifizierte Energieberater
Zunächst sollten Sie sich an zertifizierte Energieberater wenden, die Ihnen helfen, den aktuellen energetischen Zustand Ihrer Immobilie exakt zu erfassen. Diese Experten führen eine gründliche Bestandsaufnahme durch und erstellen ein individuelles Sanierungskonzept, das exakt auf die Gegebenheiten Ihres Gebäudes abgestimmt ist. Zu den Anlaufstellen zählen beispielsweise die Deutsche Energie-Agentur (dena), deren Informationen und Berateradressen Sie unter www.dena.de finden, sowie spezialisierte Plattformen wie www.energie-effizienz-experten.de. Auch Ihre örtliche Industrie- und Handelskammer (IHK) kann Ihnen eine Liste zertifizierter Energieberater zur Verfügung stellen. Eine kompetente Beratung bildet das Fundament für alle weiteren Entscheidungen und sichert, dass Sie langfristig von einer optimalen Heiztechnik profitieren. Leider finden Sie hier nicht alle Energieberater und Energieeffizienz-Experten. Denn viele lassen sich aufgrund der Auftragsüberlastung gar nicht erst eintragen. Suchen Sie daher auch auf den herkömmlichen Wegen in Ihrer Region nach den passenden Fachleuten.

Bezirksschornsteinfeger
Ein weiterer wichtiger Ansprechpartner in Ihrem Vorhaben ist Ihr Bezirksschornsteinfeger. Neben der Überwachung der Einhaltung gesetzlicher Emissionsgrenzwerte verfügt er über fundierte Kenntnisse bezüglich moderner Heiztechnologien und kann Ihnen wertvolle Hinweise zu regionalen Fachbetrieben geben. Ein persönliches Gespräch mit Ihrem Schornsteinfeger bietet Ihnen oft auch die Möglichkeit, praktische Tipps zu erhalten und erfahrene Handwerksbetriebe kennenzulernen, die sich auf den Austausch und die Modernisierung von Heizsystemen spezialisiert haben. So können Sie sicherstellen, dass Ihre neue Anlage nicht nur technisch auf dem neuesten Stand ist, sondern auch die gesetzlichen Vorgaben erfüllt.

KfW, BAFA und BMWK
Die finanzielle Unterstützung spielt bei einem Heizungstausch ebenfalls eine zentrale Rolle. Informieren Sie sich über die aktuellen Förderprogramme, die Ihnen den Umstieg auf eine moderne Heiztechnik erleichtern können. Die KfW-Bank bietet auf www.kfw.de zahlreiche Fördermöglichkeiten, die speziell auf klimafreundliche Neubauten oder den Austausch alter Heizsysteme zugeschnitten sind. Ergänzend dazu finden Sie beim Bundesamt für Wirtschaft und Ausfuhrkontrolle (BAFA) unter www.bafa.de detaillierte Informationen zu Zuschüssen und Förderprogrammen, die Ihnen helfen, die Investitionskosten spürbar zu senken. Auch das Bundesministerium für Wirtschaft und Klimaschutz (BMWK) stellt auf www.bmwk.de relevante Veröffentli-

chungen und Leitfäden zur Verfügung, die Ihnen einen umfassenden Überblick über die gesetzlichen Anforderungen und Förderbedingungen bieten. Diese Informationsquellen ermöglichen es Ihnen, eine fundierte wirtschaftliche Entscheidung zu treffen, die sowohl den technischen als auch den finanziellen Anforderungen gerecht wird.

Regionale Energieagenturen

Neben den bundesweiten Institutionen können regionale Energieagenturen eine wertvolle Unterstützung sein. In vielen Bundesländern gibt es spezialisierte Agenturen, die Ihnen nicht nur bei der Identifikation lokaler Förderprogramme helfen, sondern auch den Kontakt zu erfahrenen Fachbetrieben herstellen. Eine Übersicht der regionalen Energieagenturen finden Sie beispielsweise beim Bundesverband der Energie- und Klimaschutzagenturen Deutschland e.V. unter www.energieagenturen.de. Diese Agenturen bieten oft kostenlose Erstberatungen an und begleiten Sie bei der Planung und Umsetzung Ihres Heizungstauschs – von der Auswahl der richtigen Technologie bis hin zur Beantragung von Fördermitteln. So zum Beispiel auch bei uns in Ulm. Hier haben sich die Stadt, der Landkreis und regionale Energieversorger zur »Regionalen Energieagentur Ulm« www.regionale-energieagentur-ulm.de zusammengeschlossen, um neutrale und unabhängige Erstberatungen kostenlos durchzuführen. Schauen Sie mal in Ihrer Region. Sicherlich gibt es hier durchaus Vergleichbares.

Spezialisierte Internetportale

Für praxisnahe Informationen und einen umfassenden Überblick über aktuelle Entwicklungen in der Heiztechnik können auch spezialisierte Internetportale äußerst hilfreich sein. So bieten beispielsweise die Webseiten der einzelnen Fachverbände umfangreiche Informationen zu aktuellen Trends, Best-Practice-Beispielen und individuellen Beratungsmöglichkeiten. Diese Plattformen zeigen anhand konkreter Fallbeispiele, wie der Heizungstausch gelingen kann, und stellen Ihnen Experten zur Verfügung, die Ihnen persönlich beratend zur Seite stehen. Der direkte Austausch mit diesen Experten, die über langjährige Erfahrung im Bereich der Energieeffizienz verfügen, kann Ihnen entscheidende Impulse geben und Sie in Ihrer Entscheidungsfindung unterstützen.

Handwerksbetriebe

Nicht zuletzt sollten Sie auch den direkten Kontakt zu spezialisierten Handwerksbetrieben in Betracht ziehen. Unternehmen, die sich auf den Austausch und die Modernisierung von Heizungsanlagen spezialisiert haben, bieten häufig einen integrierten Service an – von der Planung über die Umsetzung bis hin zur abschließenden Inbetriebnahme. Diese Betriebe arbeiten in der Regel eng mit Energieberatern und Schornsteinfegern zusammen, sodass Sie von einem ganzheitlichen Betreuungskonzept profitieren. Fragen Sie in Ihrer Region bei Handwerkskammern oder über Branchenportale nach Empfehlungen für qualifizierte Fachbetriebe, die bereits erfolgreiche Projekte vorweisen können.

Zusammenfassend lässt sich sagen, dass der Weg zu einer modernen, energieeffizienten Heiztechnik eine enge Zusammenarbeit verschiedener Experten und Institutionen erfordert. Setzen Sie auf die Expertise zertifizierter Energieberater, den fachkundigen Rat Ihres Bezirksschornsteinfegers sowie die Unterstützung regionaler Energieagenturen und Förderinstitutionen wie KfW und BAFA. Nutzen Sie die umfangreichen Informationsangebote im Internet, um sich ein umfassendes Bild zu machen. So legen Sie den Grundstein für einen strukturierten und zukunftssicheren Heizungstausch.

Indem Sie frühzeitig Kontakt zu den genannten Ansprechpartnern aufnehmen und sich intensiv informieren, sichern Sie nicht nur den reibungslosen Ablauf Ihres Projekts, sondern tragen auch maßgeblich zur Steigerung der Energieeffizienz und zur Reduzierung der Umweltbelastung bei. Nehmen Sie die vielfältigen Beratungsangebote wahr, um eine fundierte und individuell passende Lösung für Ihre Immobilie zu entwickeln. So wird der Heizungstausch zu einem Schritt in Richtung einer nachhaltigen, ökonomisch attraktiven und umweltfreundlichen Zukunft – zum Wohle Ihres Gebäudes und im Interesse zukünftiger Generationen.

8.4 Immer sinnvoll: die Energieberatung

»Wer nicht weiß, welchen Hafen er ansteuern will,
für den ist kein Wind günstig.«
Seneca

Im Bereich der Gebäudeenergie fand in den letzten Jahren ein reger Wandel statt. Das Gebäudeenergiegesetz, kurz GEG, hat sich seit seiner Einführung zu einem zentralen Instrument der deutschen Klimapolitik entwickelt. Mit jeder Novellierung wurden die Anforderungen an Gebäude in Bezug auf Energieeffizienz und CO_2-Einsparung verschärft. Besonders die Verpflichtung, neue Heizungsanlagen mit einem Anteil von mindestens 65 Prozent erneuerbarer Energie zu betreiben, sorgte für Diskussionen und Verunsicherung bei Hausbesitzern und Handwerksbetrieben.

Die häufigen Änderungen sind wirklich kritisch zu betrachten. Diese ständigen Anpassungen stellen für Energieberatende, Heizungsfachbetriebe und Eigenheimbesitzerinnen und -besitzer eine enorme Herausforderung dar. Die Notwendigkeit, sich kontinuierlich über neue Regelungen zu informieren und diese in die Planung einzubeziehen, bedeutet einen erheblichen Mehraufwand. Gleichzeitig gibt es auch Potenzial für Vereinfachungen im aktuellen GEG: Darin stehen viele Dinge, die eigentlich wenig sinnvoll sind – zum Beispiel das Thema Heizen mit Wasserstoff oder Heizen mit Stromdirektheizungen. Das verdeutlicht den Zwiespalt zwischen politischen Zielsetzungen und praktischer Umsetzbarkeit. Während die Bundesregierung ambitionierte Klimaziele verfolgt, müssen die gesetzlichen Rahmenbedingungen auch praktikabel für die Anwendenden sein.

Die Entwicklung des deutschen GEG steht in engem Zusammenhang mit europäischen Vorgaben. Die EU-Gebäuderichtlinie (Energy Performance of Buildings Directive, EPBD) existiert bereits seit über zwei Jahrzehnten und wird regelmäßig aktualisiert. Mit jeder Neufassung müssen die Mitgliedsstaaten die Vorgaben in nationales Recht umsetzen. Im Mai 2024 trat eine neue Version der EPBD in Kraft, deren Umsetzung in Deutschland bis Mai 2026 erfolgen muss. Diese EU-Richtlinie bringt umfangreiche Neuerungen mit sich, insbesondere für den Gebäudebestand. Die Mindestanforderungen an die energetische Sanierung (Minimum Energy Performance Standards, MEPS) werden erhebliche Auswirkungen haben – auch auf die Wertentwicklung Ihrer Immobilie. Während für Wohngebäude keine direkte Sanierungspflicht eingeführt wird, gibt es ein verbindliches Einsparziel für den gesamten Gebäudebestand bis 2030. Für Nichtwohngebäude werden die Vorgaben konkreter: Ab 2026 sollen die energetisch schlechtesten 16 Prozent der Gebäude saniert werden, bis 2033 wird dieser Anteil auf 26 Prozent steigen. Dies bedeutet, dass die Bundesregierung Kriterien entwickeln muss, nach denen die sanierungsbedürftigsten Gebäude identifiziert werden können.

Eine weitere wichtige Neuerung der EU-Gebäuderichtlinie ist die verpflichtende Ökobilanzierung (Life Cycle Assessment, LCA) für Neubauten. Ab 2028 müssen Neubauten mit einer Fläche über 1.000 Quadratmetern eine LCA durchführen, ab 2030 gilt diese Pflicht für alle Neubauten, unabhängig von ihrer Größe. Diese Vorgabe stellt einen Paradigmenwechsel dar: Bisher konzentrierten sich energetische Bewertungen hauptsächlich auf den Betrieb eines Gebäudes. Mit der LCA wird der gesamte Lebenszyklus betrachtet – von der Herstellung der Baumaterialien über die Nutzungsphase bis zum Rückbau und der Entsorgung oder dem Recycling. Dies führt zu einer ganzheitlicheren Betrachtung der Umweltauswirkungen von Gebäuden. Jeder, der sich auch in den nächsten Jahren noch mit energetischen Nachweisen beschäftigen will, muss sich eigentlich in diese Ökobilanzierung einarbeiten.

Neben den Änderungen am GEG und der Umsetzung europäischer Vorgaben gewinnt ein weiteres Instrument zunehmend an Bedeutung: die kommunale Wärmeplanung. Sie bildet die Grundlage für eine strategische Transformation der Wärmeversorgung auf lokaler Ebene und ist eng mit den Zielen des GEG verknüpft. Die kommunale Wärmeplanung ist eine neue Aufgabe für Energieberater, die als Förderberater bei der Wärmeplanung fungieren können. Allerdings haben bisher nur wenige Energieberaterinnen und -berater dieses Aufgabenfeld für sich entdeckt. Der Bedarf an qualifizierten Fachkräften für die Wärmeplanung wird in den kommenden Jahren deutlich steigen. Diese Entwicklung bietet Energieberatern die Chance, ihr Tätigkeitsfeld zu erweitern und sich als Experten für die kommunale Wärmeplanung zu positionieren. Wenn Sie sich hierfür berufen fühlen, machen Sie das. Sie werden dringend gebraucht!

Die Umsetzung der energetischen Sanierung und der Heizungstausch in Bestandsgebäuden hängen maßgeblich von der Förderkulisse ab. Die Bundesförderung für effiziente Gebäude (BEG) bildet gemeinsam mit dem GEG den Rahmen für den Sanierungsmarkt. Ohne attraktive Förderbedingungen werden viele Eigentümer die notwendigen Investitionen scheuen. Die Bedeutung der BEG für die Energiewende im Gebäudesektor kann kaum überschätzt werden. Aufgrund der hohen Kosten für energetische Sanierungen und den Umstieg auf erneuerbare Heizsysteme ist eine finanzielle Unterstützung für viele Eigentümer unerlässlich. Die Förderung dient nicht nur als wirtschaftlicher Anreiz, sondern auch als Signal für die Richtung, in die sich der Markt entwickeln soll. Angesichts der politischen Diskussionen über die Zukunft des GEG und des Regierungswechsels besteht jedoch Unsicherheit über die Förderung. Eigentümer verschieben daher oft Investitionen in der Hoffnung auf bessere Förderbedingungen oder klarere rechtliche Rahmenbedingungen. Fallen Sie darauf bitte nicht herein. Gehen Sie Ihren eigenen Weg. Schließlich wollen Sie ja eine warme Wohnung haben. Da ist es sinnvoll, sich um den richtigen Weg selbst zu kümmern. Abwarten ist keine Strategie!

In diesem komplexen Umfeld aus sich ändernden gesetzlichen Vorgaben, europäischen Richtlinien und Förderprogrammen kommt der Energieberatung eine Schlüsselrolle zu. Suchen Sie sich eine Fachfirma in Ihrer Nähe. Das wird sich immer auszahlen. Energieberaterinnen und -berater fungieren als Übersetzer zwischen den abstrakten gesetzlichen Anforderungen und Ihren konkreten Bedürfnissen als Gebäudeeigentümer. Die Anforderungen an sie steigen kontinuierlich. Neben dem klassischen energetischen Fachwissen müssen sie sich nun auch mit Themen wie Ökobilanzierung, kommunaler Wärmeplanung und sich stetig ändernden Förderbedingungen auseinandersetzen. Regelmäßige Weiterbildungen werden zur Selbstverständlichkeit. Gleichzeitig bieten diese neuen Aufgabenfelder auch Chancen für die Profilierung und Spezialisierung. Wir Energieberater können uns als umfassende Experten für die Transformation des Gebäudebestands positionieren und Sie als Eigentümer durch den komplexen Prozess von der Planung bis zur Umsetzung begleiten.

Die erfolgreiche Umsetzung der Wärmewende hängt nicht nur von technischen und finanziellen Faktoren ab, sondern auch von der Akzeptanz in der Bevölkerung. Die Diskussionen um das »Heizungsgesetz« haben gezeigt, wie emotionsgeladen das Thema sein kann und welche Widerstände entstehen können, wenn Menschen sich überfordert oder bevormundet fühlen. Die Schaffung von Akzeptanz erfordert transparente Kommunikation, praxisnahe Beratung und die Berücksichtigung individueller Situationen. Wir Energieberater spielen dabei eine wichtige Rolle als Vermittler zwischen politischen Zielen und Ihren Sorgen und Bedürfnissen. Zunehmend setzen Kommunen und Beratungsorganisationen auch auf digitale Hilfsmittel, um die Kommunikation zu verbessern und Entscheidungsprozesse zu unterstützen. So machen wir das mittlerweile auch. KI-gestützte Tools helfen uns dabei, Sanierungsoptionen zu visualisieren und deren Auswirkungen auf Energieverbrauch und Wohnkomfort darzustellen. Schauen Sie mal vorbei auf www.eea-ulm.de.

Ein wiederkehrendes Thema in der Diskussion um die Energiewende im Gebäudesektor ist die zunehmende Bürokratie. Komplexe Förderanträge, umfangreiche Nachweispflichten und sich häufig ändernde Regelungen stellen sowohl für Sie als Eigentümer als auch für uns Fachleute eine Belastung dar. Die Vereinfachung bürokratischer Prozesse wird daher zu einer zentralen Forderung von Verbänden und Praktikern. Eine schlanke und verständliche Gesetzgebung, digitalisierte Antragsverfahren und praktikable Nachweisführungen könnten dazu beitragen, die Akzeptanz zu erhöhen und Hemmschwellen abzubauen. Auch hier unterstützen wir Sie.

Die Zukunft des Gebäudeenergiegesetzes und der energetischen Gebäudesanierung in Deutschland wird maßgeblich von der Umsetzung der EU-Gebäuderichtlinie geprägt sein. Die Anforderungen an den Gebäudebestand werden weiter steigen, gleichzeitig muss die praktische Umsetzbarkeit gewährleistet bleiben. Die kommunale Wärmeplanung wird in den kommenden Jahren an Bedeutung gewinnen und die Grundlage für lokale Transformationspfade bilden. Die Integration von Einzelgebäuden in quartiers- und stadtweite Konzepte erfordert eine enge Zusammenarbeit zwischen Eigentümern, Kommunen, Energieversorgern und Beratern. Die Ökobilanzierung von Gebäuden wird als neue Dimension der Bewertung das klassische Energieeffizienzdenken ergänzen. Dies eröffnet Chancen für innovative Bauweisen und Materialien, die nicht nur im Betrieb, sondern über den gesamten Lebenszyklus umweltfreundlich sind.

Für die erfolgreiche Umsetzung der Wärmewende sind jedoch nicht nur technische und regulatorische Aspekte entscheidend, sondern auch die soziale Dimension. Die Transformation muss sozial gerecht gestaltet werden, damit sie von einer breiten Mehrheit der Bevölkerung mitgetragen wird. Die Herausforderungen sind erheblich, aber die Chancen überwiegen. Ein energieeffizienter und klimaneutraler Gebäudebestand kann nicht nur einen bedeutenden Beitrag zum Klimaschutz leisten, sondern auch die Abhängigkeit von Energieimporten reduzieren, Betriebskosten senken und den Wohnkomfort verbessern. Die rechtlichen Rahmenbedingungen wie das GEG und die BEG werden dabei auch in Zukunft die Leitplanken für diesen Transformationsprozess bilden – idealerweise mit zunehmender Klarheit, Konstanz und Praktikabilität. Setzen Sie sich damit auseinander und treffen Sie für sich die beste Entscheidung.

9 Wechselhaft bis stürmisch – ein politischer Wetterbericht

9.1 Klimapolitik in Deutschland – und wie Sie damit umgehen

»Wer selbst den Kurs bestimmt,
lässt sich nicht von stürmischen politischen Winden ablenken.«

Ihre Entscheidung zählt! In Deutschland steht die Wärmewende derzeit im Zentrum hitziger politischer Debatten. Die Klimaziele im Gebäudebereich werden verfehlt, und die einzelnen Parteien verstricken sich immer mehr im Populismus, statt am GEG festzuhalten. Das GEG gibt den Weg sehr klar vor. Und das sehr sinnbehaftet.

Das Gebäudeenergiegesetz (GEG) wurde in zwei zentralen Schritten entwickelt und beschlossen. Die erste Version, das GEG 2020, wurde unter der Großen Koalition aus CDU/CSU und SPD erarbeitet. Am 23. Oktober 2019 legte die Regierung den ersten Entwurf vor, der am 18. Juni 2020 vom Bundestag verabschiedet und am 3. Juli 2020 vom Bundesrat bestätigt wurde. Das Gesetz trat schließlich am 1. November 2020 in Kraft. Ziel war es, verschiedene bestehende Energiegesetze zusammenzuführen und klare Vorgaben für die Energieeffizienz von Gebäuden zu schaffen.

Mit der neuen Bundesregierung aus SPD, Bündnis 90/Die Grünen und FDP wurde das GEG überarbeitet und verschärft. Am 19. April 2023 brachte das Kabinett Scholz die Novelle auf den Weg. Nach intensiven Diskussionen und Anpassungen wurde sie am 8. September 2023 vom Bundestag verabschiedet. Die Regierungsparteien stimmten geschlossen für die Novelle, während CDU/CSU, AfD und Die Linke dagegen votierten. Insgesamt wurde das Gesetz mit 399 Ja-Stimmen, 275 Nein-Stimmen und 5 Enthaltungen angenommen. Die novellierte Fassung des GEG trat am 1. Januar 2024 in Kraft und bringt strengere Anforderungen an den Einsatz erneuerbarer Energien in der Gebäudebeheizung mit sich.

Und wenn Sie die Zeit zwischen der Vertrauensfrage von Olaf Scholz und den Neuwahlen 2025 so anschauen, sehen Sie schnell, dass es an klaren, langfristigen Perspektiven fehlt. Wenn eine CDU/CSU 2019 ein Gesetz auf den Weg bringt, um dann 2023 wieder dagegen zu stimmen, haben Sie keine politische Verlässlichkeit. Doch gerade deshalb ist es wichtig: Als Eigentümer Ihrer Immobilie treffen Sie die Entscheidungen – nicht der politische Diskurs.

Gerade 2025 bei den Neuwahlen haben wir erlebt, wie die Wärmewende zum Spielball politischer Kräfte wurde. In den Medien werden immer wieder Schlagworte wie

GEG-Novelle und BEG-Förderung diskutiert, ohne dass ein konsistenter, langfristiger Plan erkennbar wäre. Experten fordern schon lange ein vorausschauendes politisches Handeln, das über den nächsten Wahlzyklus hinausblickt. Denn die Wärmewende ist eine Generationsaufgabe. Den Blick auf die nächste Wahl zu richten, bringt uns hier nicht weiter. Neue Regierungen müssen einen stabilen regulatorischen Rahmen schaffen – etwa klare Vorgaben im Gebäudeenergiegesetz und in der Bundesförderung für effiziente Gebäude. Bis dies geschieht, geraten viele Investitionen infrage, und viele Eigentümer warten ab. Das hilft wirklich niemandem.

Diese politische Unklarheit sollten Sie jedoch nicht lähmen. Denn letztlich geht es um Ihre Immobilie – und Sie haben die Freiheit, unabhängig von kurzfristigen politischen Schwankungen zu handeln. Sie haben die Macht, Ihre Heizungsanlage so zu modernisieren, dass sie nicht nur den aktuellen Standards entspricht, sondern auch langfristig Ihren Bedürfnissen gerecht wird – ganz ohne den Zwang, auf unsichere politische Entwicklungen zu warten. Die Technik ist heute bereits ausgereift. Ob Sie sich für eine Wärmepumpe, Fernwärme oder auch ergänzende Lösungen wie Solarthermie entscheiden – die Auswahl an bewährten Technologien wächst stetig. Diese Optionen bieten Ihnen klare wirtschaftliche und ökologische Vorteile, während sie gleichzeitig den Weg zu einer nachhaltigen Wärmeversorgung ebnen.

Ihr Vorteil:

- **Unabhängigkeit:** Sie bestimmen die Zukunft Ihrer Immobilie – unabhängig von politischen Unwägbarkeiten.
- **Technologische Vielfalt:** Setzen Sie auf Systeme, die bereits heute marktführend sind, wie Wärmepumpen oder moderne Fernwärme, und profitieren Sie von einem stabilen, zukunftssicheren Konzept.
- **Fördermöglichkeiten:** Staatliche Förderprogramme und Zuschüsse können Ihre Investition erheblich entlasten, sodass Sie nicht auf politische Maßnahmen warten müssen, um Ihre Heiztechnik zu optimieren. So viele Fördermöglichkeiten wie heute gab es noch nie!

Es bedarf eines festen regulatorischen Rahmens, klarer Vorgaben zur Preisgestaltung und langfristiger Planungssicherheit. So wäre beispielsweise eine Senkung des Verhältnisses von Strom- zu Gaspreisen ein wichtiger Schritt – unterstützt durch einen steigenden CO_2-Preis, der den Wechsel zu erneuerbaren Energien begünstigt. Doch bis solche Maßnahmen umgesetzt werden, liegt die Verantwortung bei Ihnen.

Was können Sie also konkret tun?

1. **Informieren und Planen:** Lassen Sie sich von zertifizierten Energieberatern und Fachplanern umfassend beraten. Analysieren Sie den energetischen Zustand Ihrer Immobilie und entwickeln Sie ein individuelles Modernisierungskonzept.

2. **Technologische Entscheidungen treffen:** Entscheiden Sie sich für bereits bewährte Technologien – sei es für eine Wärmepumpe, die in gut gedämmten Gebäuden besonders effizient arbeitet, oder den Anschluss an ein Fernwärmenetz, das in urbanen Gebieten attraktive Vorteile bietet.
3. **Förderprogramme nutzen:** Informieren Sie sich über aktuelle Fördermöglichkeiten, etwa über die KfW oder das BAFA, und stellen Sie sicher, dass Sie Ihre Investitionskosten durch Zuschüsse und zinsgünstige Kredite senken können.
4. **Langfristig denken:** Bauen Sie auf eine nachhaltige und zukunftsorientierte Planung. Ihre Entscheidungen sollten nicht von kurzfristigen politischen Entwicklungen abhängig sein, sondern langfristig den Werterhalt Ihrer Immobilie sichern.

Die derzeitige politische Debatte um die Wärmewende mag komplex und unsicher wirken. Doch als Eigentümer besitzen Sie die Schlüsselkompetenz: Sie entscheiden über die Investition in Ihre Immobilie und deren energetische Zukunft. Nutzen Sie die vorhandenen, bewährten Technologien, holen Sie sich fundierte Beratung und greifen Sie auf staatliche Förderprogramme zurück. So stellen Sie sicher, dass Ihre Wärmeversorgung unabhängig von politischen Schwankungen zukunftssicher, effizient und nachhaltig ist.

Es ist an der Zeit, selbst aktiv zu werden. Ihre Immobilie – Ihre Entscheidung. Packen Sie es an und zeigen Sie, dass Sie als Hausbesitzer die treibende Kraft hinter der Wärmewende sind.

9.2 Kann das GEG wirklich abgeschafft werden?

»›Klimaschutz‹ ist eigentlich das falsche Wort.
Wir schützen, wenn wir das Klima schützen:
Freiheit, menschenwürdiges Leben, Menschlichkeit auf der Erde.«
Robert Habeck

Die politische Unbeständigkeit gefährdet die Energiezukunft unseres Landes. Zudem müssen wir im Kontext internationaler Verpflichtungen die Wärmewende vorantreiben. Da nutzt auch der gesellschaftliche Diskurs zur Wärmewende in Deutschland nichts. Und der hat wirklich eine bemerkenswerte Entwicklung durchlaufen. Was als sachliche energiepolitische Debatte begann, wurde zunehmend zum Spielball politischer Interessen. Das Gebäudeenergiegesetz (GEG), auch als »Heizungsgesetz« bekannt, steht exemplarisch für eine Tendenz, bei der langfristige Klimaziele parteipolitischen Kalkülen untergeordnet werden. Die jüngste Ankündigung der CDU, das Gesetz bei einem Regierungswechsel abschaffen zu wollen, ist symptomatisch für ein grundlegendes Problem deutscher Energiepolitik: die fehlende Verlässlichkeit und Kontinuität. Wenn Sie das Buch in Händen halten, haben Sie bereits Klarheit. Der Regierungswechsel 2025 ist dann bereits erfolgt. Wollen wir mal hoffen, dass alle Maßnahmen zukunftsorientiert sind. Ich habe da so meine berechtigten Zweifel – und bin sehr froh, dass Sie Ihre eigenen Entscheidungen treffen wollen. Dafür lesen Sie ja auch dieses Buch.

Wenn Sie als Hausbesitzer vor Investitionsentscheidungen im fünfstelligen Bereich stehen, benötigen Sie vor allem eines: Planungssicherheit. Genau diese wird durch die fortwährenden energiepolitischen Kehrtwenden systematisch untergraben. Die Ankündigung der potenziellen Abschaffung des GEG ignoriert dabei nicht nur die wirtschaftlichen Realitäten steigender CO_2-Preise, sondern steht auch in klarem Widerspruch zu internationalen Vereinbarungen, die Deutschland rechtsverbindlich eingegangen ist.

Das Pariser Klimaschutzabkommen von 2015 stellt den international verbindlichen Rahmen dar, in dem sich die nationale Klimapolitik bewegen muss. Deutschland hat sich zusammen mit 194 anderen Staaten verpflichtet, die Erderwärmung auf deutlich unter 2 °C, möglichst auf 1,5 °C gegenüber dem vorindustriellen Niveau zu begrenzen. Diese Ziele sind völkerrechtlich bindend und wurden von der Bundesrepublik Deutschland bestätigt. Das Abkommen verpflichtet alle Unterzeichnerstaaten zur regelmäßigen Nachschärfung ihrer Klimaziele und zur transparenten Berichterstattung über die ergriffenen Maßnahmen.

Was bedeutet das konkret? Für den Gebäudesektor, der in Deutschland für einen ordentlichen Teil der Treibhausgasemissionen verantwortlich ist, müssen die CO_2-Emissionen drastisch reduziert werden. Da der größte Teil dieser Emissionen auf die Wärmeerzeugung mit fossilen Brennstoffen entfällt, führt an einer grundlegenden Transformation der Heizungssysteme kein Weg vorbei. Das GEG mit seiner 65-Prozent-Regel für erneuerbare Energien bei neuen Heizungen ist eine direkte Konsequenz dieser internationalen Verpflichtungen.

Der Europäische Green Deal, 2019 von der EU-Kommission vorgestellt, konkretisiert diese Verpflichtungen auf europäischer Ebene. Mit dem Ziel, Europa bis 2050 zum ersten klimaneutralen Kontinent zu machen, setzt er verbindliche Zwischenziele: Eine Reduktion der Netto-Treibhausgasemissionen um mindestens 55 Prozent bis 2030 im Vergleich zu 1990. Dieses Ziel wurde im europäischen Klimagesetz verankert und ist für alle Mitgliedsstaaten rechtsverbindlich.

Der Green Deal umfasst ein ganzes Maßnahmenpaket, bekannt als »Fit for 55«, das die verschiedenen Sektoren der Wirtschaft adressiert. Für den Gebäudesektor besonders relevant ist die Energieeffizienz-Richtlinie, die eine Steigerung der Energieeffizienz und eine Reduktion des Energieverbrauchs in Gebäuden fordert. Diese Richtlinie wurde in nationales Recht umgesetzt – unter anderem durch das GEG.

Wenn Herr Merz nun im April 2025 verkündet, das GEG abschaffen zu wollen, stellt sich unweigerlich die Frage: Mit welchen alternativen Maßnahmen gedenkt er, die verbindlichen europäischen und internationalen Klimaziele zu erreichen? Die politische Rhetorik der vermeintlichen »Wahlfreiheit« und »Technologieoffenheit« verschleiert, dass es ohne wirksame Steuerungsinstrumente nicht gelingen wird, den Gebäudesektor zu dekarbonisieren.

Die Ankündigung einer Abschaffung des GEG ohne Vorstellung eines schlüssigen Alternativkonzepts ist klimapolitisch unverantwortlich, urteilt sogar das Deutsche Institut für Wirtschaftsforschung. Sie schafft Investitionsunsicherheit und verzögert notwendige Transformationsprozesse. Diese Einschätzung teilen zahlreiche Energieexperten, die darauf hinweisen, dass ein weiteres Hinauszögern der Wärmewende die Kosten für die Gesellschaft insgesamt nur erhöht.

Die Faktenlage ist eindeutig: Der CO_2-Preis wird in den kommenden Jahren weiter steigen – von derzeit 55 Euro pro Tonne auf voraussichtlich über 100 Euro bis 2030. Dies ist kein politisches Wunschdenken, sondern eine direkte Folge der europäischen CO_2-Bepreisung im Emissionshandel und des deutschen Brennstoffemissionshandelsgesetzes. Mit fossilen Brennstoffen betriebene Heizungen werden dadurch unabhängig vom GEG kontinuierlich teurer im Betrieb. Eine neue Öl- oder Gasheizung, die heute installiert wird, wird sich daher schon in wenigen Jahren als kostspielige Fehlinvestition erweisen.

In der niederländischen Stadt Utrecht hat man die Bedeutung politischer Verlässlichkeit erkannt. Dort wurde ein langfristiger Wärmeplan entwickelt, der die schrittweise Umstellung auf erneuerbare Energien bis 2040 vorsieht – unabhängig von Regierungswechseln. »Wir können es uns nicht leisten, die Energiewende alle vier Jahre neu zu erfinden«, erklärt der verantwortliche Stadtrat. »Die Investoren, die Unternehmen und die Bürger brauchen Sicherheit.« Das wäre natürlich auch in Deutschland sehr wünschenswert. Eigentlich absolut erforderlich!

Denn diese Sicherheit fehlt in Deutschland. Das GEG wurde bereits während seiner Entstehung mehrfach verändert und abgeschwächt. Die nun angekündigte mögliche Abschaffung setzt einen problematischen Trend fort: eine Politik der kurzfristigen Effekte statt langfristiger Strategie. Dies steht in direktem Gegensatz zu den Mechanismen des Pariser Abkommens, das auf kontinuierliche Verbesserung und Nachschärfung der Klimaschutzmaßnahmen setzt. Es ist wichtig zu verstehen, dass das Pariser Abkommen keine unverbindliche Absichtserklärung darstellt, sondern einen völkerrechtlich bindenden Vertrag. Artikel 4 des Abkommens verpflichtet die Vertragsparteien, ihre nationalen Klimaschutzbeiträge regelmäßig zu verschärfen, nicht zu verwässern. Eine Abschaffung zentraler Klimaschutzgesetze wie des GEG ohne adäquaten Ersatz würde diesem Prinzip der Progression widersprechen.

Die europäische Dimension des Problems wird oft unterschätzt. Der Green Deal ist keine isolierte Initiative, sondern ein System von Rechtsakten und Verordnungen, die ineinandergreifen. Die EU-Gebäuderichtlinie etwa schreibt vor, dass ab 2030 alle neuen Gebäude emissionsfrei sein müssen. Diese Vorgabe ist nicht verhandelbar und wird durch eine Abschaffung des GEG nicht aufgehoben. Die Rahmenbedingungen des GEG bieten aber zumindest eine Handlungssicherheit und letztendlich auch die Grundlage der Fördermöglichkeiten über das BEG.

Klimaziele müssen umgesetzt werden

Es ist eine gefährliche Illusion zu glauben, dass Deutschland seine Klimapolitik im nationalen Alleingang gestalten könnte. Die europäischen Vorgaben gelten unabhängig davon, ob es ein nationales GEG gibt oder nicht. Die Frage ist nicht, ob wir den Gebäudesektor dekarbonisieren, sondern wie wir es am effizientesten tun.

Ein Blick nach Dänemark zeigt, welche Vorteile eine langfristig angelegte Wärmestrategie bieten kann. Bereits in den 1970er-Jahren begann das Land, systematisch auf Fernwärme und erneuerbare Energien umzustellen. Heute sind über 64 Prozent der dänischen Haushalte an Fernwärmenetze angeschlossen, die zunehmend mit erneuerbaren Energien betrieben werden. Die Planungssicherheit ermöglichte es Unternehmen, in innovative Technologien zu investieren. Dänemark ist heute führend bei der Entwicklung effizienter Wärmepumpen und anderer klimafreundlicher Heiztechnologien.

In Deutschland hingegen hat die politische Instabilität zu einer zögerlichen Transformation geführt. Die Heizungsindustrie beklagt die schwankenden Rahmenbedingungen. Die Branche hat massiv in die Entwicklung klimafreundlicher Heizsysteme investiert, weil sie sich auf die politischen Zielvorgaben verlassen hat. Eine erneute Kehrtwende würde nicht nur diese Investitionen entwerten, sondern auch Arbeitsplätze gefährden.

Es ist bemerkenswert, dass Herr Merz in seiner Kritik am GEG die internationale und europäische Dimension vollständig ausblendet. Sein Fokus auf vermeintliche »Bürokratie« und »Überregulierung« ignoriert die Tatsache, dass Deutschland verpflichtet ist, wirksame Maßnahmen zur CO_2-Reduktion im Gebäudesektor zu ergreifen. Die Frage ist nicht, ob wir handeln müssen, sondern wie wir es am sozialverträglichsten tun können. Und da zeigt uns das GEG wirklich gute Wege auf.

Der Verweis auf »Technologieoffenheit« klingt zunächst plausibel, verschleiert aber, dass ohne klare Leitplanken kaum jemand in neue, zunächst teurere Technologien investieren wird. Die historische Erfahrung zeigt, dass der Markt allein den notwendigen Transformationsprozess nicht in der erforderlichen Geschwindigkeit vorantreibt.

Staatliche Rahmensetzung und Anreizsysteme sind unverzichtbar, um die nötige Dynamik zu erzeugen.

Die Kosten der Untätigkeit werden dabei oft unterschätzt. Jedes Jahr, in dem wir die Wärmewende verzögern, steigen die gesamtwirtschaftlichen Kosten. Je später der Umstieg auf erneuerbare Heizsysteme erfolgt, desto teurer wird er für die Gesellschaft insgesamt. Dies liegt zum einen an den steigenden CO_2-Preisen, zum anderen an den Kosten, die durch den Klimawandel selbst entstehen. Eine Studie des Deutschen Instituts für Wirtschaftsforschung beziffert die volkswirtschaftlichen Kosten einer verzögerten Wärmewende auf mehrere Milliarden Euro pro Jahr. Diese Kosten werden letztlich von allen getragen – auch von denen, die keine Immobilien besitzen. Es ist daher irreführend, wenn die GEG-Kritiker suggerieren, eine Abschaffung des Gesetzes würde die Bürger finanziell entlasten. Das Gegenteil ist der Fall: Die Gesamtkosten steigen, sie werden nur anders verteilt.

Was bedeutet dies für Sie als Hausbesitzer? Es bedeutet, dass Sie sich bei Ihren Investitionsentscheidungen nicht von kurzfristigen politischen Schwankungen leiten lassen sollten. Die grundsätzliche Richtung ist durch internationale Abkommen und europäische Gesetze vorgegeben: Die Zukunft des Heizens liegt in erneuerbaren Energien, nicht in fossilen Brennstoffen.

Selbst wenn das GEG in seiner jetzigen Form abgeschafft werden sollte, würden andere Mechanismen greifen. Der steigende CO_2-Preis macht mit fossilen Brennstoffen betriebene Heizungen zunehmend unwirtschaftlich. Die europäische Gebäuderichtlinie wird weiterhin höhere Effizienzstandards fordern. Und auch eine mögliche neue Regierung würde an der grundsätzlichen Notwendigkeit der Dekarbonisierung nicht vorbeikommen.

Die kommunale Wärmeplanung, die unabhängig vom GEG voranschreitet, bietet eine wichtige Orientierung. In vielen Städten und Gemeinden werden derzeit Wärmepläne erstellt, die aufzeigen, welche Quartiere künftig mit Fernwärme versorgt werden und wo Einzellösungen wie Wärmepumpen sinnvoll sind. Diese Pläne basieren auf technischen und wirtschaftlichen Analysen und sind weniger anfällig für politische Schwankungen.

In der schwedischen Stadt Växjö hat man bereits vor zwanzig Jahren einen verbindlichen Wärmeplan erstellt, der seither kontinuierlich umgesetzt wird – ungeachtet wechselnder politischer Mehrheiten. Heute ist die Stadt nahezu klimaneutral im Wärmesektor. Der Schlüssel zum Erfolg ist die langfristige Planungssicherheit. Alle Akteure müssen sich darauf verlassen, dass die einmal beschlossene Strategie nicht alle paar Jahre geändert wird.

Die Wissenschaft ist sich einig: Um das 1,5-Grad-Ziel zu erreichen, müssen die globalen CO_2-Emissionen bis 2030 um 45 Prozent sinken und bis 2050 auf netto null reduziert werden. Für den Gebäudesektor bedeutet dies eine beschleunigte Umstellung auf erneuerbare Heizsysteme. Das GEG ist nichts anderes als die nationale Umsetzung dieser wissenschaftlich fundierten Notwendigkeit.

Es ist daher irreführend, wenn die Debatte so geführt wird, als ob die Wärmewende eine beliebige politische Entscheidung wäre, die je nach Regierungsmehrheit revidiert werden könnte. Die grundsätzliche Richtung ist nicht verhandelbar, wenn Deutschland seine internationalen Verpflichtungen erfüllen will. Die Regierung müsste, um glaubwürdig zu sein, darlegen, mit welchen alternativen Maßnahmen sie die verbindlichen Klimaziele im Gebäudesektor erreichen will. Doch dafür fehlen die Konzepte und Umsetzungsrichtlinien.

Während andere Länder konsequent auf die Förderung zukunftsfähiger Technologien setzen, droht Deutschland durch politische Zickzackkurse seinen technologischen Vorsprung zu verspielen. Wir alle brauchen Verlässlichkeit und Planungssicherheit, um international wettbewerbsfähig zu bleiben. Die Zukunft gehört den erneuerbaren Energien, unabhängig davon, ob das GEG in seiner jetzigen Form bestehen bleibt oder nicht.

Eine qualifizierte Energieberatung kann Ihnen helfen, die für Ihr Gebäude optimale Lösung zu finden. Dabei sollten nicht nur die aktuellen Anschaffungskosten, sondern auch die langfristigen Betriebskosten unter Berücksichtigung steigender CO_2-Preise einbezogen werden. In vielen Fällen erweisen sich Wärmepumpen oder der Anschluss an ein Wärmenetz bereits heute als wirtschaftlich vorteilhaft – unabhängig von politischen Förderungen oder Vorgaben. Schauen Sie doch mal in meiner EnergieEffizienz-Agentur (www.eea-ulm.de) vorbei. Da können Sie schnell eine Marschrichtung für sich festlegen.

Die kommunale Wärmeplanung bietet eine wichtige Orientierung für Ihre persönliche Entscheidung. Erkundigen Sie sich bei Ihrer Kommune, ob bereits ein Wärmeplan existiert oder in Arbeit ist. Dieser zeigt auf, welche Gebiete künftig mit Fernwärme versorgt werden sollen und wo dezentrale Lösungen wie Wärmepumpen sinnvoll sind. Diese planerischen Festlegungen sind in der Regel langfristig angelegt und weniger anfällig für politische Schwankungen.

Die Wärmewende ist nicht optional

Es ist erschreckend und besorgniserregend zugleich, dass die notwendige Transformation des Wärmesektors zum Spielball politischer Interessen geworden ist. Die wissenschaftlichen Fakten zur Klimakrise sind eindeutig. Die internationalen und europäischen Verpflichtungen Deutschlands sind rechtlich bindend. In dieser Situation ist es verantwortungslos, wenn politische Akteure den Eindruck erwecken, die Wärmewende sei optional oder könnte beliebig verschoben werden.

Die Ankündigung, das GEG abschaffen zu wollen, ist in diesem Kontext nicht nur klimapolitisch problematisch, sondern auch wirtschaftspolitisch kurzsichtig. Sie ignoriert die langfristigen Trends und internationalen Verpflichtungen und schafft unnötige Verunsicherung bei Verbrauchern und Unternehmen.

Es wird Zeit, dass die Energiepolitik in Deutschland auf eine langfristige, parteiübergreifende Basis gestellt wird, die unabhängig von Wahlzyklen Bestand hat. Nur so kann die notwendige Planungssicherheit für Investitionen in klimafreundliche Technologien geschaffen werden. Andere Länder wie Dänemark, Schweden oder die Niederlande haben vorgemacht, wie dies gelingen kann.

Treffen Sie Ihre Entscheidungen auf Basis dieser langfristigen Perspektive, nicht aufgrund kurzfristiger politischer Signale. Die Wärmewende ist keine politische Mode, die mit der nächsten Wahl verschwinden wird. Sie ist eine ökologische und ökonomische Notwendigkeit, die sich aus den wissenschaftlichen Fakten und internationalen Verpflichtungen ergibt. Und aus Ihrer persönlichen Notwendigkeit, bezahlbare Wärme in Ihrer Immobilie zu haben. Je früher wir dies kollektiv akzeptieren und entsprechend handeln, desto geringer werden die Kosten und desto größer die Chancen für innovative Unternehmen und zukunftsfähige Arbeitsplätze.

Als Bürger haben Sie ein Recht auf ehrliche und faktenbasierte Politik. Lassen Sie sich nicht von populistischen Vereinfachungen täuschen. Die Transformation des Wärmesektors ist komplex und herausfordernd, aber sie ist alternativlos, wenn wir unsere Klimaziele erreichen und zukünftigen Generationen einen lebenswerten Planeten hinterlassen wollen. Fordern Sie von Ihren politischen Vertretern Ehrlichkeit, Konsistenz und einen langfristigen Blick, der über den nächsten Wahltermin hinausreicht.

Nehmen Sie die Zukunft Ihrer Wärmeversorgung selbst in die Hand. Informieren Sie sich, werden Sie aktiv und treffen Sie Entscheidungen, die langfristig tragfähig sind. Ihre Investitionen in klimafreundliche Heizsysteme sind ein wichtiger Beitrag zum Klimaschutz und zugleich eine Absicherung gegen steigende Energiepreise und CO_2-Kosten. Lassen Sie sich dabei nicht von politischen Versprechungen leiten, sondern von den langfristigen Trends und wissenschaftlichen Erkenntnissen. Denn eines ist sicher: Die Zukunft des Heizens ist erneuerbar – mit oder ohne GEG.

10 Ein Blick in die Zukunft

»Wer den eigenen Weg geht, braucht keine leeren Versprechungen – er schafft seine Zukunft selbst.«

Stellen Sie sich ein Deutschland vor, in dem bis 2045 alle Gebäude, Industrien und Verkehrssysteme klimaneutral sind – eine Zukunft, die wir durch Eigenverantwortung und gezieltes Handeln erreichen können. In dieser Vision stammt Strom zu 100 Prozent aus erneuerbaren Quellen. Wind und Sonne liefern die Energie, die nicht nur unsere Haushalte, sondern auch unsere Industrien und Infrastrukturen antreibt. Dabei ist die Stromnachfrage zwar deutlich gestiegen, doch ein hocheffizientes, intelligentes Energiesystem stellt sicher, dass jede einzelne Kilowattstunde optimal genutzt wird. Denken Sie an ein modernes Orchester, in dem jede Sektion präzise zusammenspielt – so wird auch unser Energiesystem in Zukunft harmonisch und leistungsstark funktionieren.

Häuser werden vermehrt aus recycelten und nachwachsenden Materialien gebaut – Materialien, die CO_2 binden und so aktiv zum Klimaschutz beitragen. Innovative Technologien dominieren die Wärmeversorgung. Regionale Wärmespeicher, die ganze Stadtviertel mit Wärme versorgen, sorgen dafür, dass auch in kalten Wintern die Energie im Überfluss vorhanden ist.

Industrie und Wirtschaft – Deutschlands Aufbruch in die Zukunft
Die Industrie in Deutschland wird nahezu vollständig klimaneutral arbeiten und dabei international wettbewerbsfähig bleiben. Heute schon sind viele Unternehmen auf dem Weg, ihre Produktionsprozesse zu optimieren – in einem Umfeld, in dem Nachhaltigkeit und wirtschaftlicher Erfolg kein Widerspruch mehr sind. Deutschland avanciert zum Leitmarkt für Klimaschutztechnologien. Diese Entwicklung ist nicht nur ein technischer Fortschritt, sondern auch ein wirtschaftlicher Impuls, der Arbeitsplätze sichert und neue Geschäftsfelder eröffnet.

Die Prognosen zur Schaffung neuer Arbeitsplätze durch die Energiewende bis 2030 gehen alle nach oben. Bis 2030 rechnen einige Studien mit einem Zuwachs von mindestens 40.000 neuen Arbeitsplätzen, während andere Schätzungen von bis zu 600.000 Beschäftigten im Bereich erneuerbare Energien ausgehen. Die Wahrheit liegt ganz sicher dazwischen. Aber »im Mittel 320.000 neue Arbeitsplätze« ist schon eine klare Ansage.

Zum Vergleich: der Sektor Verkehr
Die Transformation zur Elektromobilität bringt erhebliche Veränderungen für die Beschäftigung in der Automobilindustrie mit sich. Studien prognostizieren, dass bis 2035

rund 186.000 Arbeitsplätze in Deutschland verloren gehen könnten. Bereits zwischen 2019 und 2023 sind 46.000 Stellen weggefallen, und in den kommenden zehn Jahren wird mit einem weiteren Abbau von etwa 140.000 Arbeitsplätzen gerechnet.

Der Hauptgrund für diesen Stellenrückgang liegt in der Umstellung von Verbrennungsmotoren auf elektrische Antriebe, die wesentlich weniger Bauteile benötigen und damit einen geringeren Personalbedarf in der Produktion mit sich bringen. Besonders betroffen sind Zulieferer, die sich auf Komponenten für Verbrennungsmotoren spezialisiert haben.

Während Arbeitsplätze in klassischen Industrieberufen wie Maschinenbau und Metallbearbeitung zurückgehen, entstehen neue Stellen in Bereichen wie Kraftfahrzeugtechnik, Forschung und Entwicklung, Informatik, Elektrotechnik und Softwareentwicklung. Seit 2019 ist die Beschäftigung in IT-Berufen innerhalb der Automobilbranche um etwa 25 Prozent gestiegen.

Insgesamt wird erwartet, dass der Arbeitsplatzabbau etwa 15 bis 20 Prozent der aktuellen Beschäftigung in der Automobilbranche ausmacht. Doch es gibt auch gute Nachrichten. Trauen Sie unserer Automobilindustrie ruhig zu, dass sie auch bei der Verkehrswende mitmachen kann. Tolle Autos bauen wir seit über 100 Jahren – das können wir auch ohne Verbrennungsmotor. Die deutsche Automobilbranche hat sich immer wieder neu erfunden und wird auch die Mobilität der Zukunft mitgestalten.

Der Verkehrssektor ist einer der größten Verursacher von CO_2-Emissionen. Er war im Jahr 2023 für etwa 22 Prozent der gesamten CO_2-Emissionen in Deutschland verantwortlich. Das sind ungefähr 50 Prozent über dem Gebäudesektor. Dort waren es 2023 knapp über 15 Prozent. Um die Klimaziele zu erreichen, ist eine Umstellung auf emissionsfreie Antriebe unvermeidlich. Elektromobilität bietet hier die größte Chance, die Emissionen signifikant zu senken und gleichzeitig neue Arbeitsplätze in zukunftssicheren Bereichen zu schaffen.

Diese Unterschiede zeigen, dass die tatsächliche Entwicklung stark von der Umsetzung der Energiewendemaßnahmen, der politischen Rahmenbedingungen und der gesamtwirtschaftlichen Lage abhängt. Die Energiewende wird zweifellos Arbeitsplätze schaffen. Dadurch können sehr viele Verschiebungen zwischen den Branchen aufgefangen werden. Denn die Zukunft kommt sowieso. Ob Sie wollen oder nicht.

Stellen Sie sich vor, wie deutsche Firmen in einer Welt, die zunehmend auf grüne Technologien setzt, als Vorreiter glänzten – und Sie als Eigentümer profitieren von einer stark aufgewerteten Immobilie.

In Zukunft hat sich auch der Verkehrssektor radikal verändert. Der Großteil der Mobilität wird elektrisch betrieben, und nachhaltige Mobilitätskonzepte dominieren das Stadtbild. Autonome Elektrofahrzeuge, effiziente öffentliche Verkehrssysteme und innovative Carsharing-Modelle sorgen dafür, dass sich der Alltag leise und umweltfreundlich bewegt. Dies entlastet nicht nur das Klima, sondern schafft auch neue Lebensqualitäten in urbanen Räumen.

Die Transformation vollzieht sich in klar definierten Schritten:

- **2024:** Neubauten in modernen, klimafreundlichen Wohngebieten müssen bereits zu mindestens 65 Prozent mit erneuerbaren Energien beheizt werden.
- **2026:** Großstädte mit mehr als 100.000 Einwohnern stehen in der Pflicht, ihre Wärmeplanung abzuschließen.
- **2028:** Auch kleinere Kommunen müssen ihren Weg finden – und die 65-Prozent-Regel gilt dann für alle Neubauten und Heizungstausch in Bestandsgebäuden.
- **2030:** Erste Meilensteine zeigen eine Reduktion der Treibhausgasemissionen um 65 Prozent gegenüber 1990.
- **2035:** Das Stromsystem erreicht nahezu klimaneutrale Zustände, unterstützt durch eine verstärkte Elektrifizierung des Wärmesektors.
- **2040:** Die Emissionen sinken weiter – um 88 Prozent gegenüber 1990.
- **2045:** Deutschland erreicht die Klimaneutralität – ein Ziel, das uns allen gehört.

Ist das nicht ein schönes Zukunftsbild? Und Sie sind dabei! Mit Ihrer Eigenverantwortung – Ihrer Chance zur Veränderung.

Inmitten all dieser Entwicklungen stehen Sie als Eigentümer im Zentrum. Die Politik mag noch im Zwiespalt über kurzfristige Maßnahmen und langfristige Ziele verharren, doch Ihre Entscheidung liegt in Ihren Händen. Sie müssen nicht auf klare politische Perspektiven warten, um den Weg in eine klimaneutrale Zukunft zu gehen. Stattdessen haben Sie die Möglichkeit, Ihre Immobilie selbst zu transformieren – basierend auf fundiertem Fachwissen, innovativen Technologien und maßgeschneiderten Lösungen, die exakt zu den Gegebenheiten Ihres Gebäudes passen.

11 Gemeinsam die Wärmewende gestalten

»Ein Gebäude, das nicht auf erneuerbare Wärme umstellt, wird in Zukunft nicht nur teuer, sondern auch wertlos.«

Die Schlüsseltechnologie auf dem Weg zur Wärmewende ist zweifellos die Wärmepumpe. Benachbarte Länder machen uns das seit vielen Jahren vor. Und diese sind zumeist klimatisch schlechter gestellt als Deutschland. Zusammen mit der dezentralen Nutzung von Fernwärme, der Ergänzung durch Solarthermie und auch Biomasse-Anwendungen bieten diese Systeme eine solide Basis für eine nachhaltige Wärmeversorgung. Moderne, hocheffiziente Wärmepumpen, kombiniert mit intelligenten Wärmespeichern – wie sie bereits in Finnland mit einer Speicherkapazität von 90 Gigawattstunden erprobt werden –, zeigen, dass innovative Lösungen vorhanden sind, um auch saisonale Schwankungen abzufangen.

Auch wenn politische Diskussionen um das Gebäudeenergiegesetz (GEG) und die Bundesförderung für effiziente Gebäude (BEG) weiterhin für Unsicherheit sorgen, müssen Sie sich davon nicht aufhalten lassen. Die Macht liegt bei Ihnen: Entscheiden Sie sich für eine Technologie, die bewährt ist, und nutzen Sie die vorhandenen Fördermöglichkeiten, um Ihre Investition zu optimieren.

Die Wärmewende ist ein gesamtgesellschaftlicher Kraftakt. Sie betrifft nicht nur einzelne Haushalte, sondern die gesamte Wirtschaft und Infrastruktur unseres Landes. Während politische Debatten oft hitzig und kurzfristig geführt werden, zeigt sich die wahre Stärke in der Kooperation – von der Energieberatung über die Handwerksbetriebe bis hin zu den lokalen Versorgungsunternehmen. Es ist eine gemeinsame Aufgabe, den Übergang zu nachhaltigen Energielösungen zu gestalten und dabei die eigenen Interessen als Immobilieneigentümer nicht aus den Augen zu verlieren. Und diese Aufgabe ist alternativlos. Machen Sie mit!

Zudem dürfen Sie stolz darauf sein, dass Sie mit Ihrer Entscheidung auch einen Beitrag zur internationalen Wettbewerbsfähigkeit und zur Energiesicherheit leisten. Deutschland hat das Potenzial, als Leitmarkt für Klimaschutztechnologien zu agieren – und Sie können ein Teil dieses Fortschritts sein.

Die Vision eines klimaneutralen Deutschlands 2045 ist nicht nur ein fernes Zukunftsszenario – sie ist erreichbar, wenn Sie die Initiative ergreifen. Es liegt in Ihrer Verantwortung, Ihre Immobilie so zu modernisieren, dass sie den Herausforderungen der Zukunft gewachsen ist. Nutzen Sie die Chance, sich umfassend beraten zu lassen, vergleichen Sie die verschiedenen Technologien und treffen Sie eine Entscheidung, die auf den individuellen Gegebenheiten Ihres Gebäudes basiert.

Sehen Sie die politischen Unklarheiten nicht als Hindernis, sondern als Ansporn, selbst aktiv zu werden. Informieren Sie sich, investieren Sie in bewährte Technologien und setzen Sie auf Eigenverantwortung – denn am Ende sind es Ihre Entscheidungen, die den Weg in eine nachhaltige und klimafreundliche Zukunft ebnen.

Ihre Immobilie ist Ihr persönliches Fundament – und Sie haben die Macht, es für kommende Generationen zu stärken. Indem Sie in moderne Heiztechniken investieren und den Transformationsprozess selbst in die Hand nehmen, gestalten Sie nicht nur den Werterhalt Ihrer Immobilie, sondern auch eine lebenswerte Zukunft für uns alle. Lassen Sie sich von den Herausforderungen nicht entmutigen, sondern motivieren Sie sich durch die Vision eines klimaneutralen Deutschlands 2045. Ergreifen Sie die Initiative, handeln Sie eigenverantwortlich und werden Sie zur treibenden Kraft in der Wärmewende.

Ihre Zukunft beginnt jetzt – und sie liegt in Ihren Händen.

»Einfach mal machen! Könnte ja gut werden.«

Wolf Probst, Sterngasse 14, 89073 Ulm – 16. April 2025

Stichwortverzeichnis

Z